中国地方黄牛
的保种与选育

陈 宏◎主编

中国农业出版社
北 京

编 写 人 员

主　编：陈　宏
副主编：雷初朝　黄永震　蓝贤勇　刘　贤
　　　　张子敬
编　者：陈　宏　雷初朝　黄永震　蓝贤勇
　　　　刘　贤　张子敬　陈宁博　房兴堂
　　　　任　刚　党瑞华　张春雷　黄锡霞
　　　　王二耀　王　丹　吴胜军　吕世杰
　　　　秦本源
主　审：张英汉

前言

随着分子遗传学的迅速发展，带动了动物、植物、微生物整个生命科学的快速发展。在这个知识迅猛发展的大背景下，以黄牛为对象的遗传、育种及保种等涉及黄牛遗传资源领域的研究技术、方法以及应用取得了重要进展，为黄牛遗传资源的保护、高效选育和种质创新提供了重要的理论基础和技术支撑。

为了使所取得的技术和方法能够快速应用于中国地方黄牛遗传资源的保种与高效选育，以加快我国奶牛和肉牛种业的种质创新，促进我国牛业持续、健康、稳定发展，我们课题组在多年研究成果的基础上，组织编写了《中国地方黄牛的保种与选育》一书，以供高等院校及科研院所的畜牧学研究生、动物科学、动物医学、智慧牧业等相关专业本科生、专科生，以及从事肉牛和奶牛遗传、育种、繁殖及生产领域的教学人员、科研人员和生产人员参考。

本书共九章，具体为第一章中国黄牛分类学地位、起源与分类，第二章中国地方黄牛种质资源特性与现状，第三章中国黄牛繁育技术发展历程，第四章中国地方黄牛遗传资源评价，第五章中国黄牛遗传性能测定，第六章中国黄牛遗传资源保护策略与方法，第七章中国黄牛遗传资源的选育技术，第八章中国黄牛种质资源的开发与利用，第九章中国黄牛品种简介。

参与本书编写的人员主要为西北农林科技大学动物基因组与功能研究团队成员、江苏师范大学细胞与分子生物学研究所的教师以及其他单位相关领域的研究人员。全书由陈宏教授设计、布局，全部书稿由陈宏教授统稿和定稿，雷初朝教授、黄永震副教授、蓝贤勇教授、刘贤高级畜牧师、张子敬副研究员参加了全部书稿的修改与审定。

张英汉教授审阅了全书，为本书的修改和定稿提出了很多宝贵的意见；西北农林科技大学动物科技学院和中国农业出版社在本书编写和出版过程中给予了指导、帮助与支持；一些研究生参与了资料的收集、整理和归纳，在此一并表示衷心的感谢。

　　由于中国地方黄牛保种和选育研究领域不断拓宽，发展迅速，加之编写人员水平有限，缺点和不足在所难免，敬请同行批评指正，以便将来进一步完善。

2025 年 3 月

目 录

前言

第一章　中国黄牛分类学地位、起源与分类 …………………………………………………… 1

　第一节　中国黄牛的分类学地位与起源 ………………………………………………… 1

　　一、中国黄牛的分类地位 ……………………………………………………………… 1

　　二、中国黄牛的起源 …………………………………………………………………… 1

　第二节　中国黄牛的分类 ………………………………………………………………… 8

　　一、按地理分布区域分类 ……………………………………………………………… 8

　　二、按 Y 染色体多态性分类 ………………………………………………………… 9

　　三、按线粒体 DNA 多态性分类 ……………………………………………………… 10

　　四、按 Y 染色体分子标记多态性分类 ……………………………………………… 12

　　五、按全基因组 SNP 分类 …………………………………………………………… 15

　　六、按黄牛文化区域分布分类 ……………………………………………………… 16

　　七、按来源组成分类 ………………………………………………………………… 18

　　八、按经济用途分类 ………………………………………………………………… 19

　　九、按体型大小分类 ………………………………………………………………… 19

　本章小结 …………………………………………………………………………………… 20

　参考文献 …………………………………………………………………………………… 20

第二章　中国地方黄牛种质资源特性与现状 ………………………………………………… 22

　第一节　中国地方黄牛种质资源特性 …………………………………………………… 22

　　一、中国黄牛种质资源优良特性 …………………………………………………… 22

　　二、中国黄牛种质资源劣势特性 …………………………………………………… 23

　第二节　中国黄牛种质资源的现状 ……………………………………………………… 24

　　一、中国黄牛遗传资源品种名录 …………………………………………………… 24

　　二、中国黄牛遗传资源现状 ………………………………………………………… 25

　第三节　中国黄牛种质资源的审定 ……………………………………………………… 26

　　一、黄牛种质资源规范性描述的原则和方法 ……………………………………… 26

二、中国黄牛新遗传资源的审定 ……………………………………………… 27

本章小结 …………………………………………………………………………… 28

参考文献 …………………………………………………………………………… 28

第三章 中国黄牛繁育技术发展历程 …………………………………………… 29

第一节 中国黄牛育种技术发展历程 …………………………………………… 29

一、黄牛选育方向的演变历程 ………………………………………………… 29

二、肉牛育种技术的发展历程 ………………………………………………… 30

三、中国肉牛遗传育种问题与展望 …………………………………………… 34

第二节 中国肉牛繁殖技术的发展历程 ………………………………………… 34

一、传统的肉牛繁殖技术 ……………………………………………………… 35

二、现代肉牛繁殖技术及发展 ………………………………………………… 35

三、黄牛繁殖技术的展望 ……………………………………………………… 39

第三节 中国黄牛选育的三大要素 ……………………………………………… 39

一、种质资源 …………………………………………………………………… 39

二、遗传学理论 ………………………………………………………………… 39

三、种群内遗传多样性 ………………………………………………………… 40

本章小结 …………………………………………………………………………… 40

参考文献 …………………………………………………………………………… 40

第四章 中国地方黄牛遗传资源评价 …………………………………………… 43

第一节 体型外貌评价 …………………………………………………………… 43

一、牛的体型外貌指标 ………………………………………………………… 43

二、牛的外貌鉴定 ……………………………………………………………… 44

三、牛的年龄鉴定 ……………………………………………………………… 45

第二节 线粒体基因组多态性评价 ……………………………………………… 46

一、黄牛 mtDNA 的遗传特征 ………………………………………………… 46

二、黄牛 mtDNA 的遗传多样性及应用 ……………………………………… 46

第三节 Y 染色体 DNA 序列多态性评价 ……………………………………… 48

一、Y 染色体遗传标记 ………………………………………………………… 48

二、中国黄牛 Y 染色体 DNA 类型与起源进化 ……………………………… 49

第四节 全基因组遗传多态性评价 ……………………………………………… 49

一、牛基因组及其遗传多样性 ………………………………………………… 49

二、基于基因组多态性解析世界家牛起源 …………………………………… 51

第五节 黄牛遗传资源评价体系的构建 ………………………………………… 52

一、黄牛遗传资源评价的内容 ………………………………………………… 52

二、黄牛新遗传资源鉴定的实施 ……………………………………………… 53

本章小结 …………………………………………………………………………… 54

参考文献 …………………………………………………………………………… 55

第五章　中国黄牛遗传性能测定 …………………………………………………… 56

第一节　体型外貌测定 ………………………………………………………… 56

第二节　生长发育性能测定 …………………………………………………… 58

一、称重测量 …………………………………………………………………… 58

二、体尺测量 …………………………………………………………………… 58

第三节　宰前要求 ……………………………………………………………… 61

第四节　胴体性能测定 ………………………………………………………… 61

第五节　肉品质性能测定 ……………………………………………………… 64

第六节　泌乳性能测定 ………………………………………………………… 70

一、个体产奶量记录与计算方法 ……………………………………………… 70

二、群体产奶量统计方法 ……………………………………………………… 71

三、乳脂率的测定和计算 ……………………………………………………… 71

四、奶牛生产性能测定 ………………………………………………………… 72

第七节　繁殖性能测定 ………………………………………………………… 72

第八节　牛遗传性能评定 ……………………………………………………… 73

一、早期遗传评定方法 ………………………………………………………… 74

二、动物模型 BLUP 法 ………………………………………………………… 74

三、测定日模型测定 …………………………………………………………… 74

四、其他性能测定 ……………………………………………………………… 74

本章小结 …………………………………………………………………………… 75

参考文献 …………………………………………………………………………… 75

第六章　中国黄牛遗传资源保护策略与方法 …………………………………… 77

第一节　中国黄牛遗传资源保护的策略 …………………………………… 77

一、保种区的划分与建立 ……………………………………………………… 77

二、国家级黄牛遗传资源保护品种名录 ……………………………………… 78

三、国家级黄牛遗传资源保种场 ……………………………………………… 78

第二节　保种的原则和任务 …………………………………………………… 79

一、保种的原则 ………………………………………………………………… 79

二、保种的任务 ………………………………………………………………… 80

第三节　中国黄牛遗传资源的保护方法 …………………………………… 81

一、黄牛的活体保种 …………………………………………………………… 81

二、精液保种 ･･ 84

三、卵子保种 ･･ 86

四、胚胎保种 ･･ 87

五、体细胞和组织保种 ････････････････････････････････････ 89

六、基因保存 ･･ 91

本章小结 ･･･ 94

参考文献 ･･･ 95

第七章　中国黄牛遗传资源的选育技术 ･･･････････････････････ 99

第一节　中国黄牛的常规育种 ･･････････････････････････････ 99

一、本品种选育 ･･ 99

二、品系育种 ･･ 102

三、杂交育种 ･･ 105

四、横交固定 ･･ 107

第二节　中国黄牛的分子标记辅助选择育种 ･････････････････ 115

一、分子标记技术的类型 ････････････････････････････････ 115

二、黄牛分子标记的应用 ････････････････････････････････ 119

三、分子标记辅助选择的概念 ････････････････････････････ 121

四、分子标记辅助选择的实施 ････････････････････････････ 121

第三节　中国黄牛的全基因组选择育种 ･････････････････････ 125

一、全基因组选择的概念 ････････････････････････････････ 125

二、全基因组选择的步骤 ････････････････････････････････ 125

三、全基因组选择的实施 ････････････････････････････････ 126

四、影响全基因组选择准确性的因素 ････････････････････ 127

五、全基因组选种预期效果与局限性 ････････････････････ 128

第四节　中国黄牛的转基因育种 ･･･････････････････････････ 129

一、转基因动物的概念 ･･････････････････････････････････ 129

二、转基因动物技术的一般步骤 ････････････････････････ 129

三、导入外源基因的方法 ････････････････････････････････ 129

四、转基因动物检测的方法 ･･････････････････････････････ 131

五、黄牛转入基因的选择 ････････････････････････････････ 131

六、转基因动物的研究现状与应用前景 ････････････････････ 132

第五节　中国黄牛的基因组编辑育种 ･･･････････････････････ 133

一、基因组编辑育种的概念 ･･････････････････････････････ 133

二、基因组编辑育种的步骤 ･･････････････････････････････ 134

三、中国黄牛基因组编辑育种的实施 ･･･････････････････････ 135

四、基因组编辑技术的未来与发展 ……………………………………………… 138

第六节 中国黄牛的胚胎克隆育种 ………………………………………………… 138

一、胚胎克隆育种的概念 ………………………………………………… 139

二、胚胎克隆育种的方法及步骤 ………………………………………… 139

三、胚胎克隆育种的实施 ………………………………………………… 140

第七节 中国黄牛的体细胞克隆育种 ……………………………………………… 141

一、体细胞克隆育种的概念 ……………………………………………… 141

二、体细胞克隆育种的方法及步骤 ……………………………………… 141

三、体细胞克隆育种的实施 ……………………………………………… 145

四、牛体细胞克隆育种的作用与问题 …………………………………… 146

第八节 黄牛育种的趋势及展望 …………………………………………………… 147

本章小结 …………………………………………………………………………… 147

参考文献 …………………………………………………………………………… 148

第八章 中国黄牛遗传资源的开发与利用 ………………………………………… 157

第一节 中国地方黄牛遗传资源的开发 …………………………………………… 157

一、利用现有杂交群体培育新品种 ……………………………………… 157

二、对现有纯种黄牛品种的种质创新 …………………………………… 158

三、利用现代生物技术种质创新 ………………………………………… 160

第二节 中国黄牛遗传资源的杂交利用 …………………………………………… 162

一、杂交的概念与作用 …………………………………………………… 162

二、经济性杂交的类型 …………………………………………………… 163

三、配合力的测定 ………………………………………………………… 166

四、杂交优势的利用 ……………………………………………………… 167

五、杂交亲本的选择 ……………………………………………………… 170

六、杂交效果的预测 ……………………………………………………… 171

七、运用杂交应注意的问题 ……………………………………………… 172

第三节 提高黄牛养殖经济效益的措施 …………………………………………… 173

一、遗传资源的评估与利用 ……………………………………………… 173

二、遗传资源的快繁技术与创新 ………………………………………… 174

三、遗传资源的适应性培养 ……………………………………………… 174

四、遗传资源的国内外市场效益 ………………………………………… 175

本章小结 …………………………………………………………………………… 175

参考文献 …………………………………………………………………………… 176

第九章 中国黄牛品种简介 ………………………………………………………… 178

第一节 中国黄牛地方品种 ………………………………………………………… 178

1. 秦川牛 ·· 178

2. 南阳牛 ·· 178

3. 鲁西牛 ·· 179

4. 晋南牛 ·· 179

5. 延边牛 ·· 180

6. 冀南牛 ·· 181

7. 太行牛 ·· 181

8. 平陆山地牛 ······································ 182

9. 蒙古牛 ·· 182

10. 复州牛 ··· 183

11. 徐州牛 ··· 183

12. 温岭高峰牛 ····································· 184

13. 舟山牛 ··· 184

14. 大别山牛 ······································· 185

15. 皖南牛 ··· 185

16. 闽南牛 ··· 186

17. 广丰牛 ··· 186

18. 吉安牛 ··· 186

19. 锦江牛 ··· 187

20. 渤海黑牛 ······································· 188

21. 蒙山牛 ··· 188

22. 郏县红牛 ······································· 189

23. 枣北牛 ··· 189

24. 巫陵牛 ··· 190

25. 雷琼牛 ··· 191

26. 隆林牛 ··· 191

27. 南丹牛 ··· 191

28. 涠洲牛 ··· 192

29. 巴山牛 ··· 193

30. 川南山地牛 ····································· 193

31. 峨边花牛 ······································· 194

32. 甘孜藏牛 ······································· 195

33. 凉山牛 ··· 195

34. 平武牛 ··· 195

35. 三江牛 ··· 196

36. 务川黑牛 ······································· 197

37. 黎平牛 ……………………………………………………………… 197

38. 威宁牛 ……………………………………………………………… 198

39. 关岭牛 ……………………………………………………………… 198

40. 邓川牛 ……………………………………………………………… 199

41. 迪庆牛 ……………………………………………………………… 200

42. 滇中牛 ……………………………………………………………… 200

43. 文山牛 ……………………………………………………………… 200

44. 云南高峰牛 ………………………………………………………… 201

45. 昭通牛 ……………………………………………………………… 201

46. 西藏牛 ……………………………………………………………… 202

47. 阿沛甲咂牛 ………………………………………………………… 203

48. 日喀则驼峰牛 ……………………………………………………… 203

49. 樟木牛 ……………………………………………………………… 204

50. 柴达木牛 …………………………………………………………… 205

51. 哈萨克牛 …………………………………………………………… 205

52. 阿勒泰白头牛 ……………………………………………………… 205

53. 台湾牛 ……………………………………………………………… 206

54. 皖东牛 ……………………………………………………………… 206

55. 夷陵牛 ……………………………………………………………… 207

56. 江城黄牛 …………………………………………………………… 208

57. 空山牛 ……………………………………………………………… 209

58. 天台牛 ……………………………………………………………… 209

第二节　中国培育牛品种 ……………………………………………… 210

1. 中国荷斯坦牛 ……………………………………………………… 210

2. 中国西门塔尔牛 …………………………………………………… 211

3. 三河牛 ……………………………………………………………… 211

4. 新疆褐牛 …………………………………………………………… 212

5. 中国草原红牛 ……………………………………………………… 212

6. 夏南牛 ……………………………………………………………… 213

7. 延黄牛 ……………………………………………………………… 213

8. 辽育白牛 …………………………………………………………… 214

9. 蜀宣花牛 …………………………………………………………… 215

10. 云岭牛 ……………………………………………………………… 215

11. 华西牛 ……………………………………………………………… 216

第三节　中国主要引进牛品种 ………………………………………… 217

1. 荷斯坦牛 …………………………………………………………… 217

2. 西门塔尔牛 ……………………………………………………………… 217

3. 夏洛来牛 ………………………………………………………………… 218

4. 利木赞牛 ………………………………………………………………… 218

5. 安格斯牛 ………………………………………………………………… 219

6. 娟姗牛 …………………………………………………………………… 219

7. 德国黄牛 ………………………………………………………………… 220

8. 南德文牛 ………………………………………………………………… 221

9. 皮埃蒙特牛 ……………………………………………………………… 222

10. 短角牛 …………………………………………………………………… 222

11. 海福特牛 ………………………………………………………………… 223

12. 和牛 ……………………………………………………………………… 223

13. 比利时蓝牛 ……………………………………………………………… 224

14. 瑞士褐牛 ………………………………………………………………… 224

15. 挪威红牛 ………………………………………………………………… 225

16. 婆罗门牛 ………………………………………………………………… 226

本章小结 ……………………………………………………………………… 226

参考文献 ……………………………………………………………………… 227

第一章
中国黄牛分类学地位、起源与分类

第一节　中国黄牛的分类学地位与起源

一、中国黄牛的分类地位

牛在动物分类学上的地位是脊索动物门（Chordata）、脊椎动物亚门（Vertebrata）、哺乳动物纲（Mammalia）、偶蹄目（Artiodactyla）、反刍动物亚目（Ruminantia）、牛科（Bovidae）、牛亚科（Bovinae）中家牛属（*Bos*）、牦牛属（*Poephagus*）、水牛属（*Bubalus*）、亚洲野牛属（*Bibos*）、美洲野牛属（*Bison*）和非洲野牛属（*Syncerus*）的总称，属大型的草食反刍动物。

家牛属根据形态和生活习性的不同在动物分类学中又分为无肩峰的普通牛（*Bos taurus*）和有肩峰的瘤牛（*Bos indicus*）。

由于我国的家牛多呈黄色，故称中国黄牛。我国大部分黄牛品种属于普通牛与瘤牛及其融合品种，许多中国黄牛品种在驯化和利用过程中受到瘤牛的影响。因此，中国黄牛在动物分类学上的地位属于脊索动物门（Chordata），脊椎动物亚门（Vertebrata）、哺乳动物纲（Mammalia）、偶蹄目（Artiodactyla）、反刍动物亚目（Ruminantia）、牛科（Bovidae）、牛亚科（Bovinae）、家牛属（*Bos*）中的普通牛（*Bos taurus*）和瘤牛（*Bos indicus*）。

二、中国黄牛的起源

目前，已有的研究普遍认为，世界各地的家牛的祖先是曾经生活在欧亚和北非地区的野生原牛，具有多个亚种，大约在史前年代被人类所驯化，到如今世界各地的原牛均已灭绝。相关的考古研究表明，家牛至少在两个地区各自独立驯化。一是位于西亚、北非地区的两河文明的发源地——新月沃地，在一万年前人类驯化了当地的普通温带原牛，从而产生了目前的普通牛。二是印度河流域，人类在 8 000 年前驯化了当地的热带原牛成为现今的瘤牛。后来，随着人类向世界各地的迁徙，家牛也随之扩散。在我国 5 000 多年的历史中，黄牛为中华民族的发展做出了卓越的贡献，形成了中国特有的黄牛文化。在我国，黄牛的起源有不同的说法。考古学家对化石进行鉴定后认为，两河流域的野牛就是我国家牛的祖先。对于出土牛骨的发掘发现，距今 10 000 年左右，我国可能已有家养的黄牛。但根据目前研究初步确定中国家养黄牛的起源至少可以追溯到距今 4 000～4 500 年。

根据中国 5 处遗址（山西省襄汾县陶寺遗址、河南省偃师市二里头遗址、青海省大通县长宁遗址、内蒙古赤峰市大山前遗址、新疆维吾尔自治区罗布泊地区小河墓地遗址为距今 3 500～4 500 年）出土的 42 个黄牛标本进行线粒体 DNA 分析。其认为中国古代的北方牛由 3 个世系构成，即 T2、T3 和 T4。T2 世系的传播路线由新疆、西北地区和中原路线构成，T4 世系由欧亚草原、东北亚和中原路线构成，而 T3 世系包括 T2 世系和 T4 世系。

根据陈宁博等（2022）利用全基因组测序所作的最新研究，在基因组水平上可以将世界上的家牛分为五大类：欧洲普通牛、欧亚普通牛、东亚普通牛、中国南方瘤牛、印度瘤牛。陈宁博等的研究表明，中国黄牛的血统来源可以分为三部分，包括东亚普通牛、欧亚普通牛和中国南方瘤牛。

在大约 4 000 年前，东亚普通牛迁徙到了中国，随后广泛分布于中国北部地区，并且在 3 600 年前跟着小麦的传播一起扩散到了西藏。在 1 000 年前，随着东西方游牧民族的碰撞交流，欧亚普通牛也随之进入中国，这批进入中国的欧亚普通牛大规模替换掉了最早到来的东亚普通牛血统。因此，现今只有西藏地区和东北亚地区因为地理位置特殊而仍然保留有较纯的东亚普通牛血统。

以往的观点认为中国南方地区的瘤牛起源于印度瘤牛，而陈宁博等（2022）的研究发现中国南方瘤牛与印度瘤牛有着长达 4 万年的分歧时间。不过由于瘤牛生存于热带丛林环境，考古研究极为有限，导致中国瘤牛的具体来源和传播历史尚未可知。陈宁博等（2022）推测中国瘤牛和印度瘤牛可能来源于不同的祖先，或者印度瘤牛向东迁徙时吸收了东南亚或中国瘤原牛的血统而形成。

中国家牛与周边的近缘牛种存在着广泛的基因交流。爪哇牛是适应东南亚湿热环境的代表性牛种。陈宁博等（2022）研究发现大约在 2 900 年前爪哇牛与中国南方瘤牛产生了基因交流，导致中国南方瘤牛基因组中含有 2.93% 的爪哇牛血统，这可能是中国南方瘤牛在被驯化并带到南方的过程中，由于意外杂交，而获得了爪哇牛的遗传信息。同样牦牛作为适应青藏高原高寒环境的代表牛种，研究也发现在 1 900 年前西藏普通牛与牦牛发生了杂交，因此西藏普通牛基因组中有 1.2% 的牦牛血统。这种跨物种的杂交，提高了中国黄牛在这些地方的适应性，尤其是爪哇牛的渗入大大提高了中国南方瘤牛的多样性。

黄牛是指除水牛和牦牛之外的家牛的总称，在中国俗称黄牛，在国际上通常称家牛。中国黄牛包括普通牛和瘤牛 2 个种，其分歧时间在 20 万～30 万年，这两个牛种可以杂交且后代没有生殖隔离，因此全世界的家牛为普通牛、瘤牛和两者的杂交后代，由于杂交后代中普通牛和瘤牛血统比例不同，因此形成了非常多的地方品种和群体。与黄牛关系密切的牛种还有牦牛、爪哇牛、大额牛与印度野牛。我国的大额牛主要分布于西藏南部林芝市的工布江达县、察隅县及云南贡山独龙族怒族自治县的独龙江一带，故亦称独龙牛，为半生半家养的珍贵畜种。印度野牛别名白肢野牛，主要分布于南亚和东南亚，即缅甸、印度与中国的边境地带，在我国境内仅分布于云南省普洱、西双版纳等地，也被称为云南野牛或亚洲野牛。

中国黄牛的起源及驯化一直是遗传学家和考古学家共同关注的热点问题。中国拥有丰富的牛品种资源，仅中国地方黄牛品种就多达 58 个，境内及周边还分布着能与黄牛杂交的近缘牛种，这导致中国黄牛的起源和形成历史非常复杂。

（一）基于 DNA 研究中国黄牛的驯化及传播历史

黄牛的祖先为原牛，目前已经灭绝。在全新世，原牛广泛分布在欧洲、亚洲及非洲北部。根据其形态学及地理分布，分为 3 个大陆亚种：普通原牛、瘤原牛和非洲原牛。遗传学家主要通过分析 mtDNA 和 Y 染色体 DNA 遗传变异来分别追溯家牛的母系和父系起源。随着高通量测序技术和古 DNA 技术的发展，可以利用常染色体遗传标记包括单核苷酸多态性（SNP）来更加准确地鉴定家牛的起源和传播。

1. 基于线粒体 DNA 基因组研究中国黄牛的起源

原牛的线粒体 DNA 支系包括 P、Q、R、E、C、T 和 I 等支系。现代黄牛的主要线粒体 DNA 支系为 T 和 I，分别属于普通牛和瘤牛支系，也有零星的其他原牛支系，表明现代普通牛主要驯化于 T 支系的原牛，瘤牛主要驯化于 I 支系的瘤原牛。线粒体 DNA 的遗传模式和多样性证明普通牛和瘤牛来自地理分离和遗传分化的两个原牛群体，分别来自西亚和南亚地区，这与考古证据相一致，普通牛最初在 11 000 年前在近东地区被驯化，瘤牛在 8 500 年前在印度河河谷地区被驯化。

普通牛的线粒体 DNA 支系包括 T1、T2、T3、T4 等，所有支系在驯化地近东地区呈现最高的遗传多样性，几个支系均有一定的频率分布，而多样性随着向周边地区扩散而逐渐降低，证明近东地区为主要的驯化地。欧洲现代普通牛的线粒体 DNA 多样性明显低于近东地区，且地理分布规律也支持欧洲牛的母系祖先是来自近东的普通牛。普通牛的线粒体 DNA 支系具有一定的谱系地理分布规律：T3 支系主要分布在欧洲地区，T2 支系主要分布在意大利、巴尔干半岛和亚洲普通牛群体中，T1 支系特异地分布在非洲地区，而在其他地区的频率非常低。非洲 T1 支系的独特性也让学者提出非洲普通牛属于独立驯化的假说。T4 属于东亚特异的支系，但是线粒体 DNA 基因组的精细分析表明，T4 支系是 T3 支系的一个分支，因而独立驯化的可能性较小。家牛从西亚向东亚的扩散过程产生 T4 支系，主要分布在东亚普通牛群体中，包括西伯利亚东部、中国、韩国和日本的普通牛。在西伯利亚北部的雅库特牛中也发现了 T4 支系，表明古代东亚和西伯利亚家牛之间有密切的联系。

瘤原牛的线粒体 DNA 为 I 支系，又分成 I1 和 I2，瘤牛的驯化主要在印度次大陆北部。虽然线粒体 DNA 研究结果结合考古证据，显示印度河谷（印度河和恒河）是最初的瘤牛驯化中心，但是 I2 支系在印度北方邦和恒河流域的高频分布，间接说明瘤牛对当地 I2 支系瘤原牛的二次吸收。在这种假设下，在距今 8 000 年前，携带有 I1 支系的瘤原牛在印度河谷被驯化；在距今 4 000～5 500 年前，随着牧业人群扩散迁移至印度南部；在距今 2 500 年前沿东扩散至东南亚和中国南方。在初次传播后，已经驯化的瘤牛群体吸收了印度南部地区携带有 I2 支系的野生瘤原牛血统，从而丰富了瘤牛群体的遗传多样性。

线粒体 DNA 研究证明，中国黄牛有普通牛和瘤牛两大母系来源，且发现中国黄牛的分布与气候背景密切相关。现代普通牛几乎拥有所有的 T 支系，主要分布在中国北方地区；瘤牛的 I1 和 I2 两个支系主要分布在中国南方地区；在西藏普通牛中发现牦牛线粒体 DNA 支系，证明西藏地区的黄牛与牦牛之间存在基因渗入现象。在中国新疆地区的蒙古牛和青藏高原的西藏牛中也发现瘤牛线粒体 DNA 支系，因此推测中国西北和尼泊尔等边境也是南亚瘤牛血统进入中国的主要路线。从基因组上来看，新疆地区的蒙古牛所含的瘤牛血统为印度瘤牛血统，因此瘤牛血统应当是从中亚地区传播过来的，而青藏高原的瘤牛血统则是由尼泊尔地区传播过来的（Chen 等，2018）。

中国北方黄牛也被称为土雷诺-蒙古利亚牛，Xia 等（2021）通过对 80 个土雷诺-蒙古利亚牛的线粒体分析，发现 T3 存在两个亚支系（$T3_{119}$ 和 $T3_{055}$），为东亚家牛所特有，结合之前报道的东亚特有的 T4 支系，目前在东亚家牛中共发现 3 个特有的支系，即 $T3_{119}$、$T3_{055}$ 和 T4 支系。这种现象表明早期驯化的普通牛在向东迁移的过程中 T3 支系产生了新的突变，从而形成了这 3 个支系。通过对新石器时代的石峁古牛线粒体基因组（3 975～3 835YBP）分析，发现 6 个石峁样品的线粒体基因组均为 $T3_{119}$、$T3_{055}$ 和 T4 支系，表明这些支系可能代表最初到达亚洲的驯化家牛群体。另外，在土雷诺-蒙古利亚牛中发现一定比例的原牛单倍型 Q 和 P，可能是由最早在近东驯化的家牛携带来的原牛支系。在现代西藏牛中检测到较高频率的 $T3_{119}$、$T3_{055}$ 和 T4 支系，同时还发现 3 个个体为 Q 支系，表明最早的东亚普通牛进入青藏高原后，由于青藏高原复杂的地理环境，在西藏牛中保留了最原始的家牛遗传资源。

蔡大伟等（2014）和 Cai 等（2014）通过对中国北方地区距今 2 300～4 500 年前的 5 个考古遗址出土的 53 个古代黄牛样品进行线粒体 DNA D-loop 区分析，也得到类似的结果，发现中国北方的古代牛均为普通牛，由 T2、T3 和 T4 支系构成，近东起源的 T3 和 T4 支系在中国古代黄牛中占主导地位，主要属于东亚特有的 $T3_{119}$ 和 $T3_{055}$ 支系。Cai 等（2018）进一步对中国北方 4 个距今 4 000 年左右的遗址的黄牛线粒体 DNA 进行研究，发现 $T3_{119}$、$T3_{055}$ 和 T4 支系的比例更高，在 44 个个体中的比例高达 95.45%。进一步说明，$T3_{119}$、$T3_{055}$ 和 T4 代表的普通牛至少在距今 4 500 年前左右进入中国，遍布于甘肃省、山西省、河南省等黄河流域地区。在青铜器时代早期，中国北方古代黄牛的线粒体 DNA 支系均为普通牛，未见瘤牛，因此，推测瘤牛的母系支系很可能在距今 3 500 年才传入中原。但是线粒体 DNA 只能代表母系遗传，考虑到古代家牛的迁移有可能是雄性个体引导的父系传播，因此关于瘤牛何时传入中国及北上还需要更多的古代样品核基因组信息才能确定。对云南沧源岩画的研究表明，瘤牛出现在云南的时间可能在 3 000 年前。由于古 DNA 数据的缺乏，还无法准确判断瘤牛在中国南方具体出现的时间以及向北迁移的时间和方式。中国南方瘤牛的线粒体 DNA 起源比较单一，Chen 等（2018）通过对现代中国瘤牛的线粒体基因组分析，发现中国瘤牛属于新亚支系 I1a，表明瘤牛的 I1 支系在东迁的过程中产生了新的突变。

2. 基于 Y 染色体基因组研究中国黄牛的起源

基于 Y 染色体特异性微卫星标记的父系起源研究表明，全世界的家牛父系起源有 3 个，分别是 Y1、Y2 和 Y3，其中 Y1 和 Y2 为普通牛起源，Y3 属于瘤牛起源，并且这 3 种支系具有明显的谱系地理结构，Y1 支系主要分布在欧洲北部的家牛品种中，Y2 支系主要分布在整个欧亚大陆牛群中，Y3 则分布在南亚瘤牛群体中。非洲普通牛为 Y2 的一个分支，且表现出很高的遗传多样性。

通过 Y 染色体基因组信息可以对世界家牛和中国黄牛的父系进行更加精细的分类，在原有 Y1、Y2 和 Y3 的基础上，把世界家牛细分为 5 个父系来源，其中 Y2 可以精细分成 Y2a 和 Y2b，Y3 可以精细分为 Y3a 和 Y3b（Chen 等，2018），极大地丰富了家牛 Y 染色体遗传多样性。Y1 的代表性群体为欧洲普通牛，主要分布在欧洲西部，代表性品种为荷斯坦奶牛；Y2a 的代表性群体主要分布在欧洲中南部和中国西北部，代表性品种为蒙古牛；Y2b 主要为东亚普通牛特异的支系，主要分布在青藏高原和东北亚地区，代表性品种为西藏牛和日本和牛，说明东亚普通牛具有独立的遗传分化。Y3a 主要为中国瘤牛支系，在中国东南沿海地区的频率最高，并呈现出由南到北逐渐下降的态势；Y3b 主要为南亚印度瘤牛。Cao 等（2019）和 Xia 等（2019）通过对中国 34 个黄牛品种 908 个公牛样本进行 Y - STRs 和 Y - SNPs 多态性分析，发现 Y2 - 104 - 158 和 Y2 - 102 - 158 单倍型主要分布在中国中部和北部，对应 Y2a 支系；Y3 - 88 - 156 主要分布在中国南方，对应 Y3a 支系；其中 4 个单倍型 Y2 - 108 - 158、Y2 - 110 - 158、Y2 - 112 - 158、Y3 - 92 - 156 属于西藏牛特异的单倍型，对应为 Y2b 支系，这些结果与 Y 染色体基因组的分类结果一致。

综上所述，中国家牛主要有 3 个父系来源，分别是 Y2a、Y2b 和 Y3a。Y2a 支系主要分布在中国西北地区，代表欧亚普通牛起源；而 Y2b 支系主要分布在亚洲东北部和西藏地区，代表东亚普通牛起源；中国南方瘤牛主要为 Y3a 支系，代表中国瘤牛起源。在青藏高原的家牛群体中，发现 Y2b 支系的频率很高，这与线粒体的谱系地理结构相一致，说明 Y2b 支系和 $T3_{119}$、$T3_{055}$、T4 支系一样，属于同一批家牛，代表最原始的中国家牛遗传资源，很好地保存在青藏高原。

3. 基于核基因组研究中国黄牛的起源

基于基因芯片和全基因组研究表明，全世界的普通牛至少可以分为欧洲普通牛、欧亚普通牛、东亚普通牛、非洲普通牛等群体，表明普通牛自西亚驯化后扩散到世界各地，经过不断的自然选择、人工选择，并吸收当地近缘牛种的血统逐渐形成不同的群体；全世界的瘤牛则至少分为印度瘤牛、非洲瘤牛和中国瘤牛 3 大群体（Chen 等，2018）。欧洲普通牛主要分布在欧洲西部的牛品种中；欧亚普通牛主要分布在欧亚大陆；地理位置相分离的青藏高原和亚洲东北部的牛品种形成一个独特的东亚普通牛；印度瘤牛则分布广泛，主要分布在南亚、东南亚、非洲、美洲等地；中国瘤牛主要分布在中国南方。群体遗传学研究显示，世界家牛的类群和父系支系的谱系地理结构相似，即欧洲普通牛对应 Y1 支系；欧亚普通牛对应 Y2a 支系；东亚普通牛对应 Y2b 支系；中国瘤牛对应 Y3a 支系；印度瘤牛对应 Y3b 支系。中国地方黄牛主要来源于 3 个祖先血统：东亚普通牛、欧亚普通牛和中国瘤牛（Chen 等，2018）。

不同地区的当地原牛的渗入对现代家牛品种的形成和适应不同环境发挥了重要作用。对 67 个近东地区的原牛和家牛古 DNA 研究显示，早期在近东驯化的原牛也呈现出不同的地域起源，并且驯化的家牛在迁移过程中吸收了当地原牛的血统，随着长期的地理隔离和分化，逐渐形成了现代家牛的群体结构。例如，现代非洲牛与南黎凡特地区的家牛遗传关系最近，并且吸收了非洲原牛的血统；欧洲普通牛与青铜器时期巴尔干地区的家牛遗传关系最近，并且吸收了欧洲原牛的血统。利用核基因组和线粒体基因组遗传变异，还可以解读瘤牛的传播方式和路线。通过基因组信息，发现西亚地区的家牛在距今 4 000 前左右拥有瘤牛血统，但是线粒体 DNA 仍然表现为普通牛起源；推测在距今 4 200 年前左右的青铜器时期，由于全球气候干旱和人类活动的影响，雄性瘤牛从南亚向西亚地区进行大范围迁移，并通过人为选择雄性瘤牛改良西亚的普通牛，从而提高了西亚牛群对干旱的适应性。这是一个利用古 DNA 核基因组和母系遗传特性来解析家牛传播历史的经典案例。

4. 基于基因组古 DNA 研究中国黄牛的起源

关于中国黄牛古 DNA 的研究主要集中在线粒体 DNA 上，核基因组的古 DNA 研究较少，目前仅见到石峁遗址（Chen 等，2018）和山那树扎遗址（Chen 等，2020）古核基因组 DNA 的研究。石峁遗址地处中国与欧亚草原的交接地带，因此，研究该遗址的古代黄牛样品与东亚现代牛品种的关系，对于理清家牛由西向东的传播路线具有重要意义。东亚家牛拥有两种普通牛的血统，分别是东亚普通牛和欧亚普通牛，那么这两种普通牛血统是如何进入东亚地区的？现代家牛全基因组祖先成分分析显示，东亚普通牛分布在中原地区，尤以分布在两个地理位置较远的地域：亚洲东北部地区（日本、朝鲜半岛和中国东北）和中国青藏高原地区的普通牛最为纯正（Chen 等，2018）。通过古 DNA 分析发现，距今 3 900 年前的石峁古牛为东亚普通牛的祖先，推测至少在距今 3 900 年前，进入中国大陆的是东亚普通牛，随后向周围迁移，向东则进入中国东北地区，随后进入朝鲜半岛和日本；向西则进入青藏高原边缘地带，说明东亚普通牛扩散到青藏高原和东北亚地区之后，由于地理隔离，保存了较纯的东亚普通牛血统。另外一种祖先血统为欧亚普通牛，在当今中国西北地区和中北部地区分布较广；父系研究结果也显示中国西北和中国北方的普通牛拥有 Y2a 的比例要大于 Y2b（Chen 等，2018）。由此可以推断，属于 Y2a 的父系群体，随着畜牧业的扩张而进入东亚地区，代表性品种为蒙古牛和哈萨克牛，这也解释了为什么欧洲南部的家牛和蒙古牛有着相似的血统构成。同时，近期的蒙古游牧民族大规模进入中国或者是古代丝绸之路的文化交流造成了欧亚大陆东西部地区家牛之间的基因交流，使得中国北部东亚普通牛的血统（Y2b 支系）被替换（Chen 等，2018）。

（二）东亚原牛与近缘牛种对中国黄牛的影响

原牛在史前广泛分布在整个欧亚大陆。通过对原牛古 DNA 研究，发现已经灭绝的原牛对当代世界家牛的基因组贡献很大。东亚普通牛和世界其他家牛具有明显的基因组差异，原牛从近东驯化为家牛传播到东亚后，是否也受到亚洲原牛的影响呢？这是极有可能的。通过古 DNA 研究，发现中国境内除了家牛外，还曾广泛分布着东亚原牛。对中国东北地区距今 10 660 年前的一个牛类下颌骨化石进行分析，发现其线粒体 DNA 为 C 支系，为灭绝的东亚原牛的主要支系（Zhang 等，2013），且在遗传上和西亚驯化的原牛差异很大。随后的研究发现携带有 C 支系的东亚原牛广泛分布在新石器时期的中国东北地区和中原地区。例如，在距今 5 000～6 300 年前的吉林大安后套木嘎遗址中存在大量东亚原牛的化石，同时也存在家牛的 T3 支系，但是由于数量较少，还无法将普通牛进入东亚的时间推前至距今 6 000 年前。在距今 3 900 年前的周家庄遗址的甲骨中则同时发现家牛 T 支系和亚洲原牛 C 支系，表明此阶段亚洲原牛和家牛共存，说明人们既利用家养黄牛，也猎杀亚洲原牛，但是当时的人们是否对亚洲原牛进行过驯化，还不清楚，需要更多核 DNA 来提供证据。古 DNA 证据表明，中国北方地区曾广泛分布着东亚原牛，并且东亚原牛和进入中国的普通牛拥有相同的生态位，推测东亚原牛和家牛可能存在基因交流。

除家牛之外，还有其他牛亚科动物（牦牛、大额牛、爪哇牛、印度野牛）与家牛的栖息地相互重叠，且都可以与普通牛和瘤牛杂交，因此亚洲地区的一些家牛品种属于混合起源，这些近缘野牛对家牛的遗传资源有独特的贡献。古 DNA 证据表明，野牛属的动物在中国的史前分布也是非常广泛的。例如，对甘肃岷县马家窑文化的山那树扎遗址的 10 个大型牛科动物骨骼标本的古 DNA 研究表明，这些牛科动物为现今分布在南亚和东南亚热带雨林地区的印度野牛的姐妹支（Chen 等，2020）。通过年代测定和古 DNA 种属鉴定表明，印度野牛在距今 5 200 年前就已分布到北纬 34°，最北至青藏高原东北缘（Chen 等，2020）。印度野牛史前广泛分布在中国大陆，表明印度野牛对中国家养黄牛的影响不能忽视。以上研究是遗传学、考古学和地理学等多学科交叉合作的成功尝试，对认识中晚全新世动物地理格局、气候变化和人类活动的相互关联具有重要的学术价值。

从驯化中心扩散到其他地域的过程中，家牛不断吸收当地原牛和近缘野牛的血统渗入，从而形成了不同的地方品种；同时这些渗入事件使家牛品种快速适应当地的极端环境，说明基因交流是家牛适应环境的重要方式之一。

牦牛和家牛之间的基因交流较为频繁。通过与牦牛杂交，西藏普通牛获得牦牛的有利基因，主要富集在嗅觉、抗病、免疫和低氧等通路，从而适应青藏高原高海拔的低氧环境。蒙古高原的牦牛在 1 500 年前受到黄牛的渗入影响，基因组中保留了约 1.3% 的黄牛基因组（Medugorac 等，2017），这些渗入区域包含大量与神经系统发育相关的基因，包括无角牦牛和白牦牛等表型性状都来自家养黄牛，这对于选育性情温和的牦牛品种具有重要作用。瘤牛在南亚驯化后，向东迁移过程中与东南亚的爪哇牛和大额牛等近缘牛种均发生过基因交流。中国瘤牛受爪哇牛基因渗入，至今还保留约 2.93% 的血统，从而使中国瘤牛快速适应了中国南方湿热的环境条件（Medugorac 等，2017）。

(三) 小结

中国黄牛起源于普通牛与瘤牛。具体来说，中国地方黄牛至少来源于 3 个祖先血统：东亚普通牛、欧亚普通牛和中国瘤牛。普通牛引入中国，在历史上至少经历两次大规模的传播事件，其中最早引入的家牛为东亚普通牛，东亚普通牛的父系遗传特征为 Y2b 支系，母系为 $T3_{119}$、$T3_{055}$ 和 T4 支系，至晚在距今 3 900 年前传入中国，并逐渐扩散，向东传播到亚洲东北部地区，向西进入青藏高原；欧亚普通牛为后续引入中国的普通牛，代表性品种为蒙古牛，父系为 Y2a 支系，母系为其他 T 支系。欧亚普通牛随着东西方游牧民族的文化交流进入东亚地区，随后在中原部分地区逐渐与东亚普通牛血统混合，在部分地区甚至替代了东亚普通牛，由于地理隔离，青藏高原地区保留了这些最原始的中国家牛的遗传资源。瘤牛则主要为中国瘤牛，父系遗传特征为 Y3a 支系，母系为 I1a 支系；中国瘤牛血统在东南沿海地区的比例最高，并呈现由南向北、由东向西逐渐下降的趋势。历史上中国广泛存在东亚原牛、牦牛、印度野牛、大额牛与爪哇牛等近缘牛种，这些牛种可能对中国家牛的形成和环境适应性具有很大的贡献（陈宁博，雷初朝，2022）。中国南方瘤牛受到爪哇牛的影响，表现出极高的遗传多样性，并且适应了中国南方极端湿热的环境；青藏高原农牧交错区的西藏牛则受到牦牛的基因渗入影响，提高了西藏牛对青藏高原高海拔极端环境的适应性。这些近缘牛种是中国家牛遗传多样性的主要贡献来源，对牛的现代育种具有重要价值。

第二节　中国黄牛的分类

中国黄牛资源种类繁多，在我国国土上广泛分布，根据地理位置分布来看，其主要集中分布在我国中部、长江和黄河流域附近，而在边疆等地也有我国黄牛品种的存在。黄牛作为我国古代至近代重要的役用畜种，在人群集聚的地方都有饲养。这些黄牛品种根据地理位置分布、经济用途、来源组成、文化区域等不同分类方式，可进行不同的归类。

一、按地理分布区域分类

根据我国传统分类，将中原地区泛指渭河—黄河下游的区域。所以，以秦岭—淮河来分，在其以南被称为我国南方地区，而在其以北被统称为我国北方地区。因此，邱怀教授在 1988 年出版的《中国牛品种志》中，按照地理分布区域将中国黄牛分为中原黄牛、北方黄牛和南方黄牛三大类。藏牛分布在西藏高原，能适应高海拔缺氧环境，在生态地理环境上与其他黄牛品种相互隔离，是一类比较特殊的原始小型黄牛类型。

(一) 中原黄牛

分布于中原广大地区的黄牛，其中秦川牛、南阳牛、鲁西牛和晋南牛为优秀的典型代表，此外还有河南的郏县红牛和山东的渤海黑牛等品种。具体为陕西省的秦川牛，河南省的南阳牛和郏县红牛，山东省的鲁西牛、渤海黑牛和蒙山牛，山西省的晋南牛和平陆山地牛，河北省的冀南牛和太行牛，江苏省的徐州牛。

（二）北方黄牛

北方黄牛包括广泛分布于东北、华北和西北广大地区的大部分黄牛，其中蒙古牛、延边牛、复州牛和哈萨克牛为其典型的代表品种。具体为新疆的哈萨克牛和阿勒泰白头牛，内蒙古的蒙古牛，吉林的延边牛，辽宁的复州牛，青海的柴达木牛等。

（三）南方黄牛

分布于东南、华南、华中及台湾和陕西南部的黄牛均属于南方黄牛。具体为湖北省的枣北牛、巫陵牛和夷陵牛，广西壮族自治区的隆林牛、涠洲牛和南丹牛，浙江省的舟山牛、温岭高峰牛和天台牛，四川省的三江牛、峨边花牛、川南山地牛、凉山牛、巴山牛、平武牛、甘孜藏牛和空山牛，云南省的云南高峰牛、迪庆牛、昭通牛、文山牛、滇中牛、江城黄牛和邓川牛，安徽省的皖南牛、大别山牛和皖东牛，江西省的吉安牛、锦江牛和广丰牛，西藏自治区的阿沛甲咂牛、樟木牛、日喀则驼峰牛和西藏牛，福建的闽南牛，贵州省的黎平牛、威宁牛、关岭牛和务川黑牛，台湾省的台湾牛，海南省的雷琼牛。

二、按 Y 染色体多态性分类

细胞遗传学研究表明，根据牛的 Y 染色体多态性将中国黄牛分为普通牛与瘤牛起源。具有肩峰的瘤牛 Y 染色体是近端着丝粒，无肩峰的普通牛 Y 染色体是中部或亚中部着丝粒。我国的地方黄牛品种分布很有规律（表 1-1），北方黄牛无肩峰，为中部或亚中部着丝粒 Y 染色体，为普通牛起源；南方黄牛具有较高的肩峰，属近端着丝粒 Y 染色体，为瘤牛起源；中原黄牛具有较低的肩峰，部分黄牛品种为近端着丝粒 Y 染色体，为瘤牛起源，还有 4 个黄牛品种（秦川牛、晋南牛、郏县红牛、岭南牛）具有中部或亚中部和近端着丝粒 Y 染色体双重核型，为普通牛与瘤牛的混合起源。从 Y 染色体的形态来看，晋南牛、郏县红牛、秦川牛和岭南牛同时受瘤牛和普通牛的影响，但影响的程度各不相同，地理位置偏南的岭南牛和郏县红牛有83.3％和75％的公牛为近端着丝粒 Y 染色体，说明它们受瘤牛的影响大，而偏北的晋南牛和秦川牛正好相反，绝大多数公牛（分别占 77.8％和 75％）为中部或亚中部着丝粒 Y 染色体，表明它们受普通牛的影响大。值得注意的是，云南省既有属于南方黄牛的近端着丝粒 Y 染色体（如云南高峰牛和文山牛），也有属于北方黄牛的中部着丝粒 Y 染色体（如丽江黄牛和迪庆牛），为普通牛与瘤牛的聚居区（雷初朝等，2022）。

表 1 - 1　中国地方黄牛品种的 Y 染色体多态性与起源

类型	品种	头数（公牛）	Y 染色体多态性	起源
北方黄牛	延边牛	10	中部着丝粒 Y 染色体	普通牛
	蒙古牛	16	中部、亚中部着丝粒 Y 染色体	普通牛
	乌珠穆沁牛	4	亚中部着丝粒 Y 染色体	普通牛
中原黄牛	鲁西牛	37	近端着丝粒 Y 染色体	瘤牛
	南阳牛	10	近端着丝粒 Y 染色体	瘤牛
	晋南牛	22	中部、亚中部、近端着丝粒 Y 染色体	普通牛与瘤牛
	郏县红牛	4	中部、近端着丝粒 Y 染色体	普通牛与瘤牛
	秦川牛	25	中部、亚中部、近端着丝粒 Y 染色体	普通牛与瘤牛
	岭南牛	6	中部、近端着丝粒 Y 染色体	普通牛与瘤牛
南方黄牛	西镇牛	20	近端着丝粒 Y 染色体	瘤牛
	峨边花牛	14	近端着丝粒 Y 染色体	瘤牛
	丽江黄牛	2	中部着丝粒 Y 染色体	普通牛
	温岭高峰牛	9	近端着丝粒 Y 染色体	瘤牛
	海南牛	9	近端着丝粒 Y 染色体	瘤牛
	徐闻牛	4	近端着丝粒 Y 染色体	瘤牛
	三江牛	3	近端着丝粒 Y 染色体	瘤牛
	宣汉牛	12	近端着丝粒 Y 染色体	瘤牛
	平武牛	6	近端着丝粒 Y 染色体	瘤牛
	云南高峰牛	1	近端着丝粒 Y 染色体	瘤牛
	文山牛	2	近端着丝粒 Y 染色体	瘤牛
	迪庆牛	2	中部着丝粒 Y 染色体	普通牛
特殊类型	西藏牛	4	中部着丝粒 Y 染色体	普通牛

注：表中有些黄牛名称属于不同地方黄牛品种中的地方类群，如乌珠穆沁牛、岭南牛、西镇牛、丽江黄牛、海南牛、徐闻牛、宣汉牛等。

三、按线粒体 DNA 多态性分类

动物的线粒体 DNA 符合母系遗传。Xia 等（2019）通过对中国黄牛 mtDNA D - loop 序列研究，证明中国地方黄牛具有丰富的遗传多样性和母系起源（表 1 - 2），据此可以把中国黄牛分为三大系统，即中国北方黄牛以普通牛为主的系统、南方黄牛以瘤牛为主的系统，以及中原黄牛为普通牛支系与瘤牛支系的混合系统。普通牛系统可分为 5 个支系（T1a、T2、T3、T4、T5），瘤牛系统又可分为 2 个支系（I1、I2），这些揭示了中国地方黄牛的母系起源具有明显的地理分布规律。

表 1-2 中国黄牛群体的 mtDNA 单倍型分布与母系起源

类型	品种/群体	样本数	普通牛支系					瘤牛支系		母系起源
			T1a	T2	T3	T4	T5	I1	I2	
北方黄牛	哈萨克牛	4	0	0	3	1	0	0	0	普通牛
	阿勒泰白头牛	14	0	2	10	0	0	2	0	普通牛与瘤牛
	蒙古牛	50	1	8	34	2	1	2	2	普通牛与瘤牛
	延边牛	11	1	4	5	1	0	0	0	普通牛
	长白山牛	15	2	2	9	2	0	0	0	普通牛
	沿江牛	14	1	2	10	1	0	0	0	普通牛
	安西牛	10	0	1	8	1	0	0	0	普通牛
	临夏牛	6	0	3	2	1	0	0	0	普通牛
	武威牛	6	0	2	4	0	0	0	0	普通牛
中原黄牛	渤海黑牛	18	0	0	9	4	0	5	0	普通牛与瘤牛
	鲁西牛	15	0	2	3	3	0	7	0	普通牛与瘤牛
	晋南牛	13	0	3	5	1	0	4	0	普通牛与瘤牛
	郏县红牛	11	0	0	6	0	0	5	0	普通牛与瘤牛
	南阳牛	10	0	0	3	2	0	5	0	普通牛与瘤牛
	岭南牛	154	1	23	50	11	0	69	0	普通牛与瘤牛
	秦川牛	14	0	3	7	3	0	1	0	普通牛与瘤牛
南方黄牛	西镇牛	10	0	0	4	2	0	4	0	普通牛与瘤牛
	大别山牛	11	0	0	1	1	0	9	0	普通牛与瘤牛
	皖南牛	8	0	0	2	2	0	4	0	普通牛与瘤牛
	夷陵牛	49	0	0	6	6	0	37	0	普通牛与瘤牛
	恩施牛	13	0	0	3	1	0	9	0	普通牛与瘤牛
	黄陂牛	22	0	2	2	2	0	16	0	普通牛与瘤牛
	郧巴牛	8	0	1	1	0	0	6	0	普通牛与瘤牛
	枣北牛	9	0	2	3	2	0	2	0	普通牛与瘤牛
	温岭高峰牛	10	0	0	0	0	0	10	0	瘤牛
	巴山牛	15	0	1	3	3	0	8	0	普通牛与瘤牛
	川南牛	7	0	1	3	0	0	3	0	普通牛与瘤牛
	峨边花牛	5	0	0	5	0	0	0	0	普通牛
	汉源牛	4	0	0	4	0	0	0	0	普通牛
	凉山牛	8	0	1	3	0	0	4	0	普通牛与瘤牛
	平武牛	9	0	0	1	3	1	4	0	普通牛与瘤牛
	三江牛	37	0	8	13	6	0	10	0	普通牛与瘤牛
	通江牛	53	1	3	28	5	0	16	0	普通牛与瘤牛
	宣汉牛	9	1	0	4	1	0	3	0	普通牛与瘤牛

（续）

类型	品种/群体	样本数	普通牛支系					瘤牛支系		母系起源
			T1a	T2	T3	T4	T5	I1	I2	
南方黄牛	闽南牛	9	0	0	2	0	0	7	0	普通牛与瘤牛
	湘西牛	46	0	2	2	3	0	39	0	普通牛与瘤牛
	广丰牛	30	0	0	5	0	0	25	0	普通牛与瘤牛
	吉安牛	26	0	0	1	2	0	23	0	普通牛与瘤牛
	锦江牛	18	0	0	6	1	0	11	0	普通牛与瘤牛
	隆林牛	14	0	1	5	0	0	8	0	普通牛与瘤牛
	南丹牛	10	0	0	4	0	0	6	0	普通牛与瘤牛
	涠洲牛	12	0	0	0	0	0	12	0	瘤牛
	雷州牛	11	0	0	0	0	0	11	0	瘤牛
	海南牛	5	0	0	0	0	0	5	0	瘤牛
	关岭牛	22	0	0	13	1	0	8	0	普通牛与瘤牛
	黎平牛	21	0	0	3	2	0	14	2	普通牛与瘤牛
	思南牛	23	0	2	8	2	0	10	1	普通牛与瘤牛
	务川黑牛	19	0	3	7	1	0	8	0	普通牛与瘤牛
	威宁牛	36	0	1	15	1	0	19	0	普通牛与瘤牛
	迪庆牛	15	0	1	11	2	0	1	0	普通牛与瘤牛
	云南高峰牛	7	0	0	0	1	0	2	4	普通牛与瘤牛
	昭通牛	21	0	2	11	1	0	7	0	普通牛与瘤牛
	滇中牛	20	0	1	5	4	0	8	2	普通牛与瘤牛
	文山牛	18	0	0	1	1	0	16	0	普通牛与瘤牛
藏牛	阿沛甲咂牛	12	0	0	4	2	0	1	5	普通牛与瘤牛
	日喀则驼峰牛	14	0	0	7	1	0	5	1	普通牛与瘤牛
	西藏牛	36	2	1	31	2	0	0	0	普通牛
总计		1 097	10	88	396	94	2	490	17	

注：表中有些黄牛名称属于不同地方黄牛品种中的地方类群，如长白山牛、沿江牛、安西牛、临夏牛、武威牛、岭南牛、西镇牛、恩施牛、黄陂牛、郧巴牛、汉源牛、通江牛、宣汉牛、湘西牛、雷州牛、海南牛、思南牛等。

四、按 Y 染色体分子标记多态性分类

动物 Y 染色体具有与其他染色体不同的特性，其 95% 的区域在减数分裂重组过程中不与 X 染色体配对重组，称为 Y 染色体雄性特异区（MSY），遵循父系遗传。Y 染色体 MSY 区的微卫星（Y‑STR）标记和 Y‑SNP 标记可以准确地反映动物的父系起源。Xia 等（2019b）联合利用 Y‑STR 标记和 Y‑SNP 标记对中国黄牛的父系遗传多样性与父系

表1-3 中国33个黄牛群体Y-STR与Y-SNP标记单倍型和父系起源

类型	群体	样本	普通牛单倍型											瘤牛单倍型			父系起源
			Y1-98-158	Y1-100-158	Y2-90-158	Y2-94-158	Y2-98-158	Y2-102-158	Y2-104-158	Y2-106-158	Y2-108-158	Y2-110-158	Y2-112-158	Y3-88-156	Y3-90-156	Y3-92-156	
北方黄牛	哈萨克牛	21	1	2	1			14	3								普通牛
	蒙古牛	43	1			1		18	23								普通牛
	安西牛	28						3	21	1				3			普通牛与瘤牛
	延边牛	32	1					30	1								普通牛
中原黄牛	秦川牛	47		3		2	1		8	30				3			普通牛与瘤牛
	晋南牛	10							7					3			普通牛与瘤牛
	南阳牛	31							19	2				10			普通牛与瘤牛
	鲁西牛	44						10						34			普通牛与瘤牛
	郏县红牛	22							12	6				4			普通牛与瘤牛
	早胜牛	23						1	10	11				1			普通牛与瘤牛
	渤海黑牛	35	7					7	4					17			普通牛与瘤牛
	岭南牛	77						3	5	1				66	2		普通牛与瘤牛
南方黄牛	皖南牛	46	1					1	1	1				42			普通牛与瘤牛
	大别山牛	49												49			瘤牛
	枣北牛	15							1					11	3		普通牛与瘤牛
	三江牛	8												8			瘤牛
	宣汉牛	14							1					13			普通牛与瘤牛
	吉安牛	33		2		1		2						28			普通牛与瘤牛
	锦江牛	11						2						8	1		普通牛与瘤牛
	广丰牛	7												7			瘤牛

（续）

类型	群体	样本	普通牛单倍型											瘤牛单倍型			父系起源
			Y1-98-158	Y1-100-158	Y2-90-158	Y2-94-158	Y2-98-158	Y2-102-158	Y2-104-158	Y2-106-158	Y2-108-158	Y2-110-158	Y2-112-158	Y3-88-156	Y3-90-156	Y3-92-156	
	关岭牛	50						6						43		1	普通牛与瘤牛
	雷州牛	22							1	2				19			普通牛与瘤牛
	努川黑牛	5	1							2				2			普通牛与瘤牛
	威宁牛	19	2					3						14			普通牛与瘤牛
	思南牛	22	2											20			普通牛与瘤牛
南方黄牛	文山牛	20						1						19			普通牛与瘤牛
	隆林牛	13												13			瘤牛
	南丹牛	25												23	2		瘤牛
	涠洲牛	28												25	3		瘤牛
	恩施牛	9							1					8			普通牛与瘤牛
	海南牛	17												17			瘤牛
	西藏牛	43	3							26	1	2	10	1			普通牛与瘤牛
藏牛	日喀则驼峰牛	8						1						7			普通牛与瘤牛
培育品种	夏南牛	32						32									普通牛
	荷斯坦牛	30	30														普通牛
	总计	939	49	7	1	4	1	134	118	82	1	2	10	518	11	1	

注：表中有些黄牛名称属于不同地方黄牛品种中的地方类群，如安西牛、早胜牛、岭南牛、宣汉牛、雷州牛、思南牛、恩施牛、海南牛等。

起源进行系统研究，证明中国地方黄牛具有丰富的遗传多样性和父系起源（表1-3），据此可以把中国黄牛分为以普通牛Y单倍型为主的中国北方黄牛、以瘤牛Y单倍型为主的南方黄牛，以及具有普通牛Y单倍型与瘤牛Y单倍型混合起源的中原黄牛，这些揭示了中国地方黄牛的父系起源具有明显的地理分布规律。

具体来说，中国地方黄牛有3个父系起源，其中Y2-104-158和Y2-102-158主要分布在中部和北部，Y3-88-156主要分布在中国南部，4个单倍型Y2-108-158、Y2-110-158、Y2-112-158、Y3-92-156属于西藏牛特异的单倍型。说明中国北方黄牛中的普通牛Y2单倍型频率自北向南逐渐减少，南方黄牛中的瘤牛Y3单倍型频率自北向南逐渐增加，中原地区为普通牛Y2与瘤牛Y3单倍型的交汇处，少量Y1单倍型组可能是由国外商品肉牛与中国地方黄牛杂交改良导致的，中国地方黄牛本身可能并没有Y1单倍型组。

五、按全基因组 SNP 分类

全基因组SNP可以反映动物的起源。基于全基因组研究表明，全世界的家牛至少可以分为欧洲普通牛、欧亚普通牛、东亚普通牛、印度瘤牛和中国瘤牛5大祖先群体（Chen等，2018）。中国地方黄牛主要来源于3个祖先血统：东亚普通牛、欧亚普通牛和中国瘤牛，还有少部分中国地方黄牛来自印度瘤牛（Chen等，2018）。作者团队利用全基因组SNP标记对中国黄牛的遗传多样性与起源进化进行了系统研究，证明中国地方黄牛具有复杂的遗传多样性和起源（表1-4）。发现中国北方黄牛以普通牛起源为主、南方黄牛以瘤牛起源为主、中原黄牛为普通牛与瘤牛的混合起源，揭示了中国地方黄牛的全基因组同样具有明显的地理分布规律（Chen等，2018）。具体来说，中国地方黄牛有3个起源，北方黄牛主要为欧亚普通牛与东亚普通牛起源，中原黄牛主要为欧亚普通牛与东亚普通牛及中国瘤牛起源，南方黄牛主要为中国瘤牛起源。需要指出的是，云南高峰牛和滇中牛及日喀则驼峰牛主要为印度瘤牛起源。

表1-4　中国34个黄牛群体基于全基因组SNP的起源

类型	群体	样本	普通牛起源		瘤牛起源		普通牛	瘤牛
			欧亚普通牛	东亚普通牛	中国瘤牛	印度瘤牛		
北方黄牛	哈萨克牛	9	0.67	0.29	0.00	0.04	0.96	0.04
	蒙古牛	16	0.41	0.52	0.01	0.06	0.93	0.07
	延边牛	11	0.50	0.50	0.00	0.00	1.00	0.00
	柴达木牛	12	0.09	0.86	0.00	0.05	0.95	0.05
中原黄牛	渤海黑牛	8	0.53	0.22	0.25	0.00	0.75	0.25
	鲁西牛	6	0.39	0.17	0.44	0.00	0.56	0.44
	郏县红牛	34	0.18	0.45	0.37	0.00	0.63	0.37

（续）

类型	群体	样本	普通牛起源		瘤牛起源		普通牛	瘤牛
			欧亚普通牛	东亚普通牛	中国瘤牛	印度瘤牛		
中原黄牛	南阳牛	4	0.02	0.31	0.67	0.00	0.33	0.67
	岭南牛	8	0.00	0.42	0.58	0.00	0.42	0.58
	秦川牛	29	0.01	0.73	0.26	0.00	0.74	0.26
南方黄牛	大别山牛	32	0.01	0.17	0.82	0.00	0.18	0.82
	皖南牛	5	0.00	0.00	1.00	0.00	0.00	1.00
	夷陵牛	10	0.00	0.20	0.80	0.00	0.20	0.80
	枣北牛	6	0.15	0.22	0.62	0.01	0.37	0.63
	温岭高峰牛	12	0.04	0.00	0.96	0.00	0.04	0.96
	巴山牛	5	0.00	0.45	0.51	0.04	0.45	0.55
	三江牛	9	0.01	0.46	0.48	0.05	0.47	0.53
	闽南牛	5	0.00	0.20	0.75	0.05	0.20	0.80
	湘西牛	22	0.01	0.26	0.71	0.02	0.27	0.73
	广丰牛	4	0.00	0.04	0.96	0.00	0.04	0.96
	吉安牛	4	0.00	0.00	1.00	0.00	0.00	1.00
	锦江牛	3	0.00	0.09	0.91	0.00	0.09	0.91
	隆林牛	21	0.01	0.11	0.85	0.03	0.12	0.88
	南丹牛	17	0.00	0.18	0.79	0.02	0.18	0.82
	涠洲牛	17	0.00	0.00	1.00	0.00	0.00	1.00
	雷州牛	14	0.01	0.00	0.99	0.00	0.01	0.99
	威宁牛	10	0.13	0.38	0.40	0.09	0.51	0.49
	迪庆牛	9	0.00	0.79	0.11	0.10	0.79	0.21
	云南高峰牛	7	0.00	0.02	0.28	0.70	0.02	0.98
	昭通牛	5	0.02	0.40	0.49	0.09	0.42	0.58
	滇中牛	10	0.03	0.14	0.49	0.34	0.17	0.83
	文山牛	6	0.01	0.15	0.79	0.05	0.16	0.84
藏牛	日喀则驼峰牛	14	0.00	0.28	0.00	0.72	0.28	0.72
	西藏牛	24	0.00	1.00	0.00	0.00	1.00	0.00
	总计	408						

注：表中有些黄牛名称属于不同地方黄牛品种中的地方类群，如岭南牛、湘西牛、雷州牛等。

六、按黄牛文化区域分布分类

家畜文化区域是指根据家畜文化形态的相对异同划分地理区域。进一步按中国黄牛文化区域可分为十个黄牛文化区。

（一）东北文化区

东北文化区涵盖的地方为东北三省，地方品种有复州牛、延边牛、蒙古牛；培育品种有三河牛、草原红牛和延黄牛。

（二）内蒙古文化区

内蒙古文化区涵盖的地方为承德市与张家口市（河北）、大同市与朔州市（山西）、陕北地区的 6 县、马鬃山镇附近以及内蒙古自治区，地方品种有蒙古牛；培育品种有三河牛、草原红牛、华西牛。

（三）新疆文化区

新疆文化区涵盖的地方为新疆维吾尔自治区，地方品种有哈萨克牛、蒙古牛、阿勒泰白头牛；培育品种有新疆褐牛。

（四）华北文化区

华北文化区涵盖的地方为宿县、阜阳和淮北（安徽）、徐州市和淮阴市（江苏）、北京市、天津市、山东省以及河北省、山西省、陕西省、河南省（除毗邻内蒙古文化区、东南文化区、湘鄂赣文化区和西南文化区的地域），地方品种有冀南牛、晋南牛、平陆牛、秦川牛、太行牛、南阳牛、郏县红牛、鲁西牛、渤海黑牛、徐州牛、蒙古牛；培育品种有中国西门塔尔牛和夏南牛。

（五）甘宁过渡文化区

甘宁过渡文化区涵盖的地方为甘肃省（除毗邻青藏高原文化区的区域）及宁夏回族自治区，地方品种有蒙古牛、早胜牛与安西牛。

（六）青藏高原文化区

青藏高原文化区涵盖的地方主要是西藏自治区以及周边的青海省和 4 个藏族自治州（迪庆、甘南、甘孜及阿坝）与 2 个自治县（肃北与阿克塞），地方品种有西藏牛、迪庆牛、柴达木牛、甘孜藏牛、日喀则驼峰牛、阿沛甲咂牛、樟木牛。

（七）东南文化区

东南文化区涵盖的地方为信阳市（河南）、上海市、上饶市与景德镇市（江西）以及安徽与江苏省（毗邻华北文化区的剩余地区），地方品种有皖南牛、温岭高峰牛、大别山牛、舟山牛、天台牛等。

（八）湘鄂赣文化区

湘鄂赣文化区涵盖的地点为安康市（陕西）、江西省（上饶市与景德镇市除外）、"两湖"区域（湖南与湖北）的三省一市地区，地方品种有锦江牛、巴山牛、大别山牛、吉安牛、巫陵牛。

（九）闽粤文化区

闽粤文化区涵盖的地方为广东省、广西壮族自治区（除百色市、河池市）、福建省、台湾省、海南省等区域，地方品种有闽南牛、雷琼牛、台湾牛、涠洲牛等。

（十）西南文化区

西南文化区涵盖的地方为汉中市（陕西）、百色市与河池市（广西）、四川省（除阿坝、甘孜）、贵州省、云南省（除迪庆）的三省三市，地方品种有云南高峰牛、峨边花牛、邓川牛、三江牛、巴山牛、巫陵牛、川南山地牛、昭通牛、盘江牛、凉山牛、平武牛、黎平牛、威宁牛、南丹牛、务川黑牛、江城黄牛、空山牛；培育品种有云岭牛。

七、按来源组成分类

中国在全球范围内牛种质资源数目占比最大，根据其来源将中国黄牛分为三类：中国地方黄牛品种、中国自主培育品种以及中国引进品种。

（一）地方品种

指驯化后，在长期放牧或家养条件下，未经严格人工选择形成的品种，一般只生活在一定的区域和气候环境中。在我国黄牛群体里，其中中国地方品种占大多数，据统计我国现有地方品种 58 个，遍布我国各地。

（二）培育品种

在遗传育种理论与技术指导下，进一步利用引进品种对具有不同特性的地方牛种进行自主改良，根据预定的目标选育出的乳用型、乳肉兼用型及专门的肉用型品种，如中国荷斯坦牛、中国西门塔尔牛、三河牛、蜀宣花牛、中国草原红牛、夏南牛、延黄牛、辽育白牛、云岭牛、华西牛、新疆褐牛等。

（三）引进品种

指从国外引进的家牛品种。几十年来，引进的有西门塔尔牛、夏洛来牛、安格斯牛、利木赞牛、短角牛、皮埃蒙特牛、德国黄牛、日本和牛、婆罗门牛、海福特牛等。

八、按经济用途分类

我国牛品种按经济用途可分为肉用型品种、乳用型品种、兼用型品种和役用型品种。我国黄牛在最初大都为役用型，随着社会经济的发展进步，改良后主要分为乳用、肉用和兼用型品种，具体为：

（一）乳用型品种

该类型牛主要以提供乳类及相关副产品等为主，我国的专门化乳牛品种仅有中国荷斯坦牛，它是利用本地黄牛与引进品种荷斯坦牛进行级进杂交和严格选育而育成。近年来，还一直用纯种引进的荷斯坦公牛交配，大大提高了产奶性能。目前估计中国荷斯坦牛群中中国黄牛的血统已含量很低。

（二）肉用型品种

该类型黄牛主要以提供肉类及相关副产品等为主，我国优良的肉用黄牛品种以秦川牛、鲁西牛等八大良种黄牛为代表，以及我国自主培育的专门肉用型品种，如夏南牛、辽育白牛、云岭牛、延黄牛以及华西牛等。

（三）兼用型品种

我国黄牛的兼用型品种属于乳肉兼用型和肉役兼用型。乳肉兼用型主要为内蒙古的三河牛，内蒙古、吉林和河北地区的中国草原红牛，新疆的新疆褐牛，四川的蜀宣花牛以及中国各地级进杂交育成的中国西门塔尔牛。肉役兼用型主要是我国目前的地方黄牛品种，原来是以役用为主，20 世纪 80 年代以后向肉用选育。

九、按体型大小分类

按照体型大小和产肉性能，肉牛可分为大型品种，中、小型品种两类。

（一）大型品种

大型品种多产于欧洲大陆，原为役用牛，后转为肉用。其特点是体格高大，肌肉发达，脂肪少，生长快，但较晚熟。公牛体重一般在 1 000kg 以上，母牛 700kg 以上，成年母牛体高在 137cm 以上。如法国的夏洛来牛、利木赞牛，意大利的皮埃蒙特牛，英国的南德文牛等。

（二）中、小型品种

中、小型品种体型较小，一般成年公牛体重 550～700kg，母牛体重 400～500kg，成年母牛体高在 128～136cm 为中型。成年母牛体高在 127cm 以下为小型。中、小型品种的特点是生长快，胴体脂肪多，皮下脂肪厚。如海福特牛、短角牛、安格斯牛等。一般来说，我国黄牛按其相应体型大小来区分属于中小型品种。具体来讲，归于中型牛品种的主要是北方和中原黄牛为主，包括秦川牛、晋南牛、鲁西牛、南阳牛、延边牛、复州牛、郏县红牛、渤海黑牛、冀南牛、蒙古牛等；相对小型牛品种主要是南方黄牛，主要包括巫陵牛、雷琼牛、枣北牛、巴山牛、广丰牛等。

‖本章小结

　　中国黄牛在动物分类学上的地位属于脊索动物门（Chordata）、脊椎动物亚门（Vertebrata）、哺乳动物纲（Mammalia）、偶蹄目（Artiodactyla）、反刍动物亚目（Ruminantia）、牛科（Bovidae）、牛亚科（Bovinae）、家牛属（*Bos*）中的普通牛种（*Bos taurus*）和瘤牛种（*Bos indicus*）。中国家养黄牛的起源至少可以追溯到距今 4 000～4 500 年前，依据线粒体 DNA、Y 染色体 DNA 多态性及基因组和古 DNA 的研究，认为中国黄牛的血统来源于东亚普通牛、欧亚普通牛和中国南方瘤牛。北方黄牛以普通牛起源为主；南方黄牛以瘤牛起源为主，尤其是雷琼牛、涠洲牛、温岭高峰牛等为较纯的中国瘤牛；日喀则驼峰牛和云南高峰牛则以印度瘤牛起源为主；中原黄牛为普通牛与瘤牛的混合起源。中国黄牛根据不同的分类方法有不同的分类结果。但目前比较常用的、较为合理的是以地理分布区域来分类，即将中国黄牛分为北方黄牛、中原黄牛和南方黄牛三大类。

‖参考文献

蔡大伟，孙洋，汤卓炜，等，2014. 中国北方地区黄牛起源的分子考古学研究 ［J］. 第四纪研究，34（1）：166 - 172.

常洪，2009. 动物遗传资源学 ［M］. 北京：科学出版社.

陈宁博，雷初朝，2022. 从 DNA 角度认识中国黄牛的起源和利用历史 ［J］. 第四纪研究，42（1）：92 - 100.

国家畜禽遗传资源委员会，2011. 中国畜禽遗传资源志·牛志 ［M］. 北京：中国农业出版社.

黄晓燕，2019. 夏南牛产业发展存在问题与对策 ［J］. 中国牛业科学，45（4）：76 - 77.

雷初朝，陈宏，胡沈荣. 2000. Y 染色体多态性与中国黄牛起源和分类研究 ［J］. 西北农业学报，9（4）：43 - 47.

吕鹏，袁靖，李志鹏，2014. 再论中国家养黄牛的起源——商榷《中国东北地区全新世早期管理黄牛的形态学和基因学证据》一文 ［J］. 南方文物（3）：46 - 59.

莫放，2003. 养牛生产学 ［M］. 北京：中国农业大学出版社.

邱怀，1988. 中国牛品种志 ［M］. 上海：上海科学技术出版社.

许尚忠，高雪，任红艳，等，2005. 中国黄牛遗传资源的保护与开发利用 ［J］. 中国牧业通讯（13）：16 - 18.

Cai D，Sun Y，Tang Z，et al，2014. The origins of Chinese domestic cattle as revealed by ancient DNA analysis [J]. Journal of Archaeological Science，41（2）：423 - 434.

Cai D，Zhang N，Shao X，et al，2018. New ancient DNA data on the origins and spread of sheep and cattle in Northern China around 4 000 BP [J]. Asian Archaeology，2（1）：51 - 57.

Cao Y，Xia X，Hou J，et al，2019. Y - chromosomal haplogroup distributions in Chinese cattle [J]. Animal Genetics，50（4）：412 - 413.

Chen N，Cai Y，Chen Q，et al，2018. Whole - genome resequencing reveals world - wide ancestry and adaptive introgression events of domesticated cattle in East Asia [J]. Nature Communications，9 （1）：2337.

Chen N，Ren L，Du L，et al，2020. Ancient genomes reveal tropical bovid species in the Tibetan Plateau contributed to the prevalence of hunting game until the late Neolithic [J]. Proceedings of the National Academy of Sciences of the United States of America，117（45）：28150.

Medugorac I，Graf A，Grohs C，et al，2017. Whole - genome analysis of introgressive hybridization and characterization of the bovine legacy of Mongolian yaks [J]. Nature Genetics，49（3）：470 - 475.

Xia X，Qu K，Zhang G，et al，2019a. Comprehensive analysis of the mitochondrial DNA diversity in Chinese cattle [J]. Animal Genetics，50（1）：70 - 73.

Xia X，Yao Y，Li C，et al，2019b. Genetic diversity of Chinese cattle revealed by Y - SNP and Y - STR markers [J]. Animal Genetics，50（1）：64 - 69.

Xia X - T，Achilli A，Lenstra J A，et al，2021. Mitochondrial genomes from modern and ancient Turano - Mongolian cattle reveal an ancient diversity of taurine maternal lineages in East Asia [J]. Heredity，126 （6）：1000 - 1008.

Zhang H，Paijmans J L A，Chang F，et al，2013. Morphological and genetic evidence for Early Holocene cattle management in Northeastern China [J]. Nature Communications，4（1）：2755.

（雷初朝　黄永震）

第二章
中国地方黄牛种质资源特性与现状

第一节　中国地方黄牛种质资源特性

我国黄牛种质资源丰富，黄牛品种已有 85 个，其中地方品种 58 个，培育品种 11 个，引入品种 16 个，是世界上牛品种最多的国家。但就中国地方黄牛品种而言，经过上千年役用选育，这些中国地方黄牛品种具有独特的种质特性。

一、中国黄牛种质资源优良特性

（一）生态类型多

我国黄牛长期在不同的自然、生态、经济与文化背景下演化与选育，形成了现有的多样化的生态类型。北方黄牛适应干旱寒冷的环境，南方黄牛适应炎热潮湿的气候，青藏高原黄牛适应高海拔的生态环境等。我国固有地方黄牛品种资源丰富多样，境内还生息着黄牛的两个野生近缘牛种——印度野牛和大额牛，这些遗传资源为黄牛育种提供了丰富的素材。

（二）肉脂品质好

我国地方黄牛品种素以肉质鲜美浓郁闻名，其肉质细嫩、味道鲜美、富有弹性，大理石状花纹明显，素有五花三层肉之美称，育肥牛肉可与日本和牛牛肉媲美，且营养价值丰富，蛋白含量高，胆固醇含量低。然而，由于历史上长期以役用为主，中国地方黄牛优良的肉质特性没有得到充分发挥。不过，只要加强选育和提高，肉用潜力较大。

（三）耐粗饲能力强

中国黄牛性情温驯，易管理，耐粗饲，对秸秆、稻草、藤蔓、麦糠、糟渣、下脚料等饲料的利用能力较强。长期以来，由于黄牛冬季不役用，一般以农作物秸秆等粗饲料为主要日粮，长期的低营养饲养以及当地多样性的农作物使中国地方黄牛形成了不挑饲料、好饲养的特性。

（四）适应范围广

我国地域辽阔，自然环境差异很大，在长期选育中，形成了适应不同地理位置、生态环境类型的品种类型。

（五）抗逆抗病性强

大部分中国黄牛具有抗病、抗寒冷、抗热等特性，北方黄牛具有耐旱耐寒、耐高海拔等的特性，南方黄牛保持瘤牛的种质特性，耳大，瘤峰明显耸立，具有发达的汗腺和垂皮，能适应南方潮湿炎热的环境，抵抗体表寄生虫的能力强。中国地方黄牛对牛瘟、结核等疫病的易感性很低。

（六）遗传多样性丰富

中国地方黄牛品种不但在体格大小、生态类型、外貌特征、毛色、角型等方面具有丰富的多样性，而且在遗传学基础，如细胞遗传、生化遗传、免疫遗传和分子遗传特征等方面同样具有丰富的多样性，这些特性是培育新品种的重要基础。

（七）起源的多元化

中国黄牛起源呈多元化，与欧美家牛品种关系比较疏远。总体来说，中国黄牛起源于普通牛与瘤牛。具体地说，中国地方黄牛至少来源于3个祖先血统：东亚普通牛、欧亚普通牛和中国瘤牛（Chen 等，2018）。在云南和西藏西南边陲，当地黄牛还受到印度瘤牛的重要影响。历史上中国广泛存在东亚原牛、牦牛、印度野牛、大额牛与爪哇牛等近缘牛种，这些牛种对中国黄牛的形成和环境适应性具有很大的贡献。

（八）有害性状频率极低

欧美奶牛与肉牛群体，由于长期高强度的人工选育，导致存在一些致死、半致死或其他缺陷基因引起的性状，出现的频率较高，这些性状（如牛的妊娠期迁延、胎牛脑水肿、牛白血病等）在中国地方黄牛群体中出现的频率极低（常洪，2009）。

（九）制革产品性能好

黄牛皮制成的皮革产品表面纹细、韧度大，牛皮出革率高，是优良的制革原料。

二、中国黄牛种质资源劣势特性

长期以来中国黄牛是农业生产的主要动力，具有特有的生产类型、良好的遗传特性，抗病力强、肉质优良等优势，同时，也具有明显的不足。

（一）泌乳力低

许多研究证明，我国地方黄牛与国外优秀著名肉牛品种相比，泌乳量较少，我国黄牛品种一个泌乳期只有 6 个月左右，总泌乳量只有 500～800kg，而国外优秀肉牛品种产奶量都在 1 000kg 以上，这与我国的犊牛生长慢、体重小有直接关系。

（二）体型较小

中国地方黄牛属中小型体型，即使我国五大良种黄牛（秦川牛、南阳牛、晋南牛、鲁西牛、延边牛）也才是中型体型。南方黄牛就更小，体重一般为 250～300kg。

（三）载肉量少

由于中国黄牛体格偏小，后躯不发达，因此载肉量相对较少，屠宰率和净肉率较低，一般屠宰率为 45%～55%。近年来，一些品种经选育和强度育肥，屠宰率可达 55%～60%。

（四）生长较慢

尽管中国地方黄牛具有很多优良的种质特性，但也存在生长速度慢、后躯发育欠丰满等缺点。国外著名肉牛品种日增重都在 1 000g 以上，而中国地方黄牛的日增重一般为 500～800g。由于近 20 年来的肉用选育，目前个别品种的生长速度有了明显的提高。

（五）饲料报酬低

生长慢、选育程度低造成中国黄牛的饲料利用低，经济效益不高。

以上这些特性反映了我国黄牛与国外著名品种的优势和差距，提示了中国黄牛育种工作今后的目标和任务。

随着人们生活水平的提高及膳食结构的改变，人们对高品质牛肉的需求剧增。黄牛作为畜力的价值日趋下降，以满足自然条件的变化和人类消费水平以及方式的不同要求，役用转为肉用是一个客观趋势。因此，大力发展现代肉牛种业、完善良种繁育体系、强化制种、供种能力建设，加速培育优质肉牛专门化品种、扩大牛肉产量、提高牛肉品质和经济效益已是势在必行。

第二节 中国黄牛种质资源的现状

一、中国黄牛遗传资源品种名录

2021 年 1 月 13 日，国家畜禽遗传资源委员会公布了最新的国家畜禽遗传资源品种名录，黄牛共计 81 个品种。2021 年 12 月 1 日，农业农村部发布第 498 号公告，华西牛成为我国具有完全自主知识产权的肉牛新品种。后来经过普查，又发现了 3 个地方黄牛品种空山牛、江城黄牛和天台牛。故目前我国共有 85 个黄牛品种（表 2-1），其中地方品种 58 个，培育品种 11 个，引入品种 16 个。在 11 个培育品种中，夏南牛、延黄牛、辽育白牛、云岭牛和华西牛是 5 个专门化肉牛品种。

表 2-1 我国黄牛遗传资源品种名录

中国地方黄牛品种（58 个）				
1 秦川牛	2 南阳牛	3 鲁西牛	4 晋南牛	5 延边牛
6 冀南牛	7 太行牛	8 平陆山地牛	9 蒙古牛	10 复州牛
11 徐州牛	12 温岭高峰	13 舟山牛	14 大别山牛	15 皖南牛
16 闽南牛	17 广丰牛	18 吉安牛	19 锦江牛	20 渤海黑牛
21 蒙山牛	22 郏县红牛	23 枣北牛	24 巫陵牛	25 雷琼牛
26 隆林牛	27 南丹牛	28 涠洲牛	29 巴山牛	30 川南山地牛
31 峨边花牛	32 甘孜藏牛	33 凉山牛	34 平武牛	35 三江牛
36 务川黑牛	37 黎平牛	38 威宁牛	39 关岭牛	40 邓川牛
41 迪庆牛	42 滇中牛	43 文山牛	44 云南高峰牛	45 昭通牛
46 西藏牛	47 阿沛甲咂牛	48 日喀则驼峰牛	49 樟木牛	50 柴达木牛
51 哈萨克牛	52 阿勒泰白头牛	53 台湾牛	54 皖东牛	55 夷陵牛
56 江城黄牛	57 空山牛	58 天台牛		
中国黄牛培育品种（11 个）				
1 中国荷斯坦牛	2 中国西门塔尔牛	3 三河牛	4 新疆褐牛	5 中国草原红牛
6 蜀宣花牛	7 夏南牛	8 延黄牛	9 辽育白牛	10 云岭牛
11 华西牛				
引入国外品种（16 个）				
1 荷斯坦牛	2 西门塔尔牛	3 夏洛来牛	4 利木赞牛	5 安格斯牛
6 皮埃蒙特牛	7 娟姗牛	8 德国黄牛	9 南德文牛	10 短角牛
11 海福特牛	12 和牛	13 比利时蓝牛	14 瑞士褐牛	15 挪威红牛
16 婆罗门牛				
合计：85 个				

二、中国黄牛遗传资源现状

作为世界牛品种资源宝库的重要组分，中国黄牛品种资源十分丰富，适应性强，肉质良好，特别是黄河中、下游流域的许多品种或群体在历史上经历过悠久的选择。在秦川牛、鲁西牛、南阳牛群体中，一些个体具有很好的肉用特征，在良好的饲养条件下，其平均日增重、饲料报酬、屠宰率、净肉率、肉骨比、眼肌面积等主要肉用特征，与海福特牛、安格斯牛等国外著名肉用品种相比毫不逊色。如果通过品种内高强度的选择和培育，完全可能在较短时间内培育成为中国特有的优良肉牛品种。然而自 20 世纪 80 年代以来，这些中国黄牛品种没有引起人们的足够重视。为了追求一时的高产，大量引进欧美优良牛品种杂交改良，致使全国性牛品种混杂，固有品种的优良基因库与基因组合体系因杂交而解体。可见，我国固有黄牛品种资源面临的形势严峻。1983 年就确认，荡脚牛、阳坝牛、高台牛 3 个地方品种已经灭绝。1999 年，经过专业评估，樟木牛列入濒临灭绝的遗传资源名单；早胜牛、安西牛、舟山牛、阿沛甲咂牛、三江牛、阿勒泰白头牛列入濒危遗传资源名单。2011 年，舟山牛、蒙山牛、徐州牛、邓川牛、太行牛、樟木牛、复州牛、温岭高峰牛、冀南牛、阿勒泰白头牛等品种的个体数低于 1 000 头，尤以舟山牛、蒙山牛、徐州牛、邓川牛 4 个品种的状况更为危急，每个品种的个体数均在 100 头以下，且群体中公牛很少，已处于濒临灭绝状态（张沅等，2011）。据报道，中国 58 个固有黄牛品种中有30 个数量锐减，其中 5 个品种（或群体）已不可能恢复。一部分优秀群体近年间已渐消失，这一现状目前还在进一步恶化。

第三节 中国黄牛种质资源的审定

动物遗传种质资源，通常用以表示不同品种（包括变种或品系）构成的特定的动物聚类类群，具有经济效应和遗传特性。在我国，黄牛品种繁多，其种质资源独具特色而多样化。在现有的黄牛种质资源基础上，国家已承建黄牛种质资源库并以保护和利用所有现存的黄牛种质资源为目标。我国黄牛品种收录在该种质资源库中的共有 78 条记录，对应的不同品种均有黄牛种质资源规范性的描述介绍。

一、黄牛种质资源规范性描述的原则和方法

（一）黄牛种质资源规范性描述的原则

黄牛种质资源规范性描述的原则就是在考虑我国现在及将来对黄牛资源的需求下，体现出如今人们对于黄牛种质资源调查、统计、归类，以及保护、开发与利用的技术程度，并进行统一定义，进一步要求描述需有严谨性而不死板、全面而不繁琐且有可操作性与差异存在。规范性描述的依据是我国境内黄牛品种资源的调查结果。

（二）黄牛种质资源规范性描述的内容与方法

（1）基本情况 包括种质资源名称（中、英文），动物分类学中所属，原产地、主产区及分布，形成历史以及经济类型等。

（2）群体情况 包括核心群数量、群体总数、能繁母牛数、杂交母牛数、成年和配种公牛数、育成牛及犊牛数。

（3）生理生化指标 包括体温，脉搏数，呼吸次数，血液中红细胞、蛋白等。

（4）基本特征描述 包括被毛及皮肤颜色、头型、角型、颈部特征、体型外貌特征。

（5）体尺特征 体尺、体重的测量数据。

（6）繁殖性能 包括发情期、妊娠期、犊牛成活率、利用年限等。

（7）生产性能 包括产肉性状、产乳性能以及皮质特征等。

（8）保存信息 包括濒危程度、保存类型方式等。

（9）遗传指标 包括血液蛋白型、分子遗传多样性、基因组序列测定、遗传图谱等。

（10）饲养管理 包括饲养方式、饲养水平、舍饲期饲喂情况、饲养难易度、保种和利用计划、种质登记制度、选留种质资源方式及根据、品种鉴定标准。

（11）种质评估 包括遗传特点，种质资源的优缺点，研究、开发和利用的主要方向。

（12）附加信息 结合黄牛种质资源描述规范制定的方法，应突出不同种质资源的描述内容。

二、中国黄牛新遗传资源的审定

（一）黄牛新遗传资源鉴定的条件

（1）血统来源基本相同，分布区域相对连续，与所在地自然及生态环境、文化及历史渊源有较为密切的联系。

（2）外貌特征相对一致，主要经济性状遗传稳定，未与其他品种杂交。

（3）具有一定的数量和群体结构。

对于黄牛和水牛新资源群体，要求母牛 1 000 头以上，公牛 40 头以上，核心群 200 头以上。对于牦牛新资源群体，要求母牛 1 000 头以上，公牛 40 头以上，核心群 150 头以上。

（二）肉牛新品种审定的条件

1. 基本条件

（1）血统来源基本相同，有明确的育种方案，至少经过 4 个世代的连续选育，核心群有 4 个世代以上的系谱记录。

（2）体型、外貌基本一致，遗传性比较一致和稳定。

（3）增产效果明显或者品质、繁殖力和抗病力等方面有一项或多项突出性状。

（4）提供由具有法定资质的畜禽质量检验机构最近两年内出具的检测结果。

（5）健康水平符合要求。

2. 数量条件

基础母牛 2 000 头以上，核心群 500 头以上。

3. 外貌特征

毛色、头型、角型、耳型、体型、肩峰、垂皮、尾型、乳房、蹄质以及作为本品种特殊标志的特征。

4. 性能指标

具有初生重、6 月龄重、18 月龄重，妊娠母牛冬季成活率，耐热系数，屠宰率、净肉率，眼肌面积、肉品质等的测定记录数据。

5. 家系数量

家系数量至少8个家系，种公牛40头以上。

6. 系谱和生产性能记录齐全

具有完整的系谱记录和各项生产性能记录的数据。

▍本章小结

中国地方黄牛品种具有独特的种质特性，包括具有生态类型多、肉脂品质好、耐粗饲能力强、适应范围广、抗逆抗病性强、遗传多样性丰富、起源的多元化、有害性状频率极低、制革产品性能好等优良特性，但也存在泌乳力低、体型较小、载肉量少、生长较慢、饲料报酬低等不足。随着人们生活水平的提高及膳食结构的改变，把役牛转为肉牛是一个客观趋势。因此，大力发展现代肉牛种业，加速培育优质肉牛专门化品种，提高牛肉品质和经济效益已是势在必行。

我国现有黄牛遗传资源品种85个，其中地方品种58个，培育品种11个，引入品种16个。夏南牛、延黄牛、辽育白牛、云岭牛和华西牛是我国培育的5个专门化肉牛品种。

我国黄牛遗传资源的现状是品种多、数量大，一些品种中的个体已具有很好的肉用特征；但由于大量引进国外肉牛品种杂交改良，致使全国性牛品种混杂，固有品种的优良基因库与基因组合体系因杂交而解体，造成我国固有黄牛品种资源面临的形势严峻，一部分优秀群体近年间已渐消失，而且这一现状目前还在进一步恶化，必须引起各级政府的高度重视。

本章最后对中国黄牛种质资源审定的原则和方法进行了描述，并介绍了中国黄牛新遗传资源和新品种的审定条件和程序。

▍参考文献

常洪，2009. 家畜遗传资源学 [M]. 北京：科学出版社.

国家畜禽遗传资源委员会，2011. 中国畜禽遗传资源志·牛志 [M]. 北京：中国农业出版社.

《科学养牛之路》编纂委员会，1995. 科学养牛之路——邱怀教授论文选 [M]. 北京：中国农业出版社.

Chen N，Cai Y，Chen Q，et al，2018. Whole-genome resequencing reveals world-wide ancestry and adaptive introgression events of domesticated cattle in East Asia [J]. Nature Communications，9 (1)：2337.

（雷初朝　黄永震　陈宏）

第三章
中国黄牛繁育技术发展历程

中国黄牛繁育技术随着遗传学和生物技术的发展而持续变化和发展。遗传学发展的最终目的是要为中国黄牛的品种选育、新品种培育、种质资源创新、保护和开发利用提供基础理论和技术支撑；生物技术的迅猛发展也促进了黄牛繁殖技术的发展。为了研究了解中国黄牛育种和繁殖技术的演变及取得的成就，有必要先对中国地方黄牛育种技术和繁殖技术的演变过程有所了解，以便更好地利用黄牛繁育技术为中国牛业的发展做出贡献。

第一节 中国黄牛育种技术发展历程

随着社会经济的发展和中国肉牛遗传学的研究，黄牛的选育方向和育种技术都经历了一系列历史性的变化。

一、黄牛选育方向的演变历程

由于社会经济的不断发展，中国肉牛经历了从"役用→役用为主→役肉兼用→肉役兼用→肉用"的选育过程。

在 20 世纪 50 年代之前，由于农业生产的需要，中国黄牛作为传统的农业劳动力，在历史上长期承担着耕作、运输等重要角色。因此，黄牛的选育方向一直坚持以增强其役用性能为主要选育目标。

到 20 世纪 50 年代之后，中国黄牛开始分区域选育。在农区，为满足农业生产的役用需要，加强了中国黄牛向"役用"选育的力度；在牧区，在原有品种选育的基础上，开始引进乳用或肉用生产性能高的品种进行经济杂交或育成杂交，提高其乳用和肉用性能。到 20 世纪 60 年代，农区改为以"役用为主"的选育方向。

到 20 世纪 70 年代之后，中国黄牛作为农业的动力已退居次要地位，随着中国良种黄牛委员会的成立，一些品种成立了选育协作组，先后制定了选育方案、体型外貌鉴定方法，进行良种登记，建立了畜群档案制度。在 20 世纪 70 年代中期，中国提出了"独立的肉牛业"。为适应国民经济发展的需要，直到 20 世纪 80 年代中期，选育方向转为"役肉兼用"。从 1986 年开始，由于农业机械化水平的提高，耕牛在农业生产中的作用相对下降，中国黄牛转变为"肉役兼用"的选育方向。

20 世纪 80 年代之后，由于逐渐重视肉用选育，中国主要黄牛品种的肉用性能不断提高。进入 20 世纪 90 年代以来，耕牛每年在农业生产上使用时间继续下降，养耕牛的经济效益很低甚至赔本，加之肉牛市场的火爆，中国黄牛的肉用选育才真正获得重视，特别是在 2000 年以后，中国黄牛已基本从生产资料变为生活资料，中国肉牛已全面向肉用方向选育（曹建民等，2010）。

二、肉牛育种技术的发展历程

由于遗传学原理与相关技术研究的不断创新与发展，育种技术也发生了相应的改变。早期肉牛选育多为本品种的纯种选育，为了缩短世代间隔，加快肉牛遗传进展，分子育种技术、全基因组选择技术、克隆技术和转基因技术正逐步与经典的育种方法相结合，使表型选种逐渐向基因型精准选种方向变化。

（一）纯种选育

纯种选育也称本品种选育，这是一种基本的、经典的常规育种方法，是指在牛品种内，通过选种、选配和培育，不断提高牛群质量及其生产性能的方法。国外许多肉牛品种和国内众多的地方黄牛品种，都是通过该方法培育而成的。

多年来，在我国优良地方黄牛品种（秦川牛、南阳牛、晋南牛、鲁西牛、延边牛、复州牛、郏县红牛和渤海黑牛等）内一直实施着纯种选育，在保持其基本特征的基础上，不断提高生产性能。对引进的肉牛品种也需实行纯种选育，以增加肉牛生产效益。在肉牛业中，也仍需依赖于纯种繁育而不断提供种牛和杂交所用的父本和母本。

纯种选育技术可采用多种方法，在 20 世纪 50—70 年代，除了根据表型采用个体选择外，也采用了母女对比法和公牛指数法进行选种。到 20 世纪 70 年代以后，由于数量遗传学的发展、三大群体遗传参数的估计与应用和"最佳线性无偏估计"（即 BLUP 法）的提出，在中国黄牛上对肉用性能选择也开始应用综合指数法、BLUP 选种法和后裔测定法。在 20 世纪 90 年代，计算机技术的不断开发及广泛使用，使得以前不能或很难处理的模型、资料的处理成为可能，BLUP 的使用范围逐步在国内的繁育场扩大开来。同时，开始在品种内进行品系选育，特别是选育以优秀种公牛和种母牛为系祖、以培育以乳为主或以肉为主的专门化品系。1986 年在国内就首次开展了中国南阳牛体长系和胸宽系的培育，加快了黄牛肉用性能的选育进程（陈宏等，2008；曹建民等，2010）。

后裔测定是评价种公牛最精确的方法之一，通过种公牛女儿的生产性能评价公牛优劣而进行选择的一种方法。后裔测定法在国外应用得比较早，到了 20 世纪 70 年代以后，首次在中国荷斯坦牛群中应用。在肉牛上，我国目前运用较普遍的肉用种公牛后裔测定是同期同龄比较法。根据被测公牛的后代与对照公牛同期同龄后代的初生重、断奶重和 18 月龄体重等性状相比较，计算同期比较值进行选种。后裔测定可分为试验站后裔测定和适合农村肉用种公牛的后裔测定。前者是对参加后裔测定试验的入选公牛，选出交配计划中公牛的断奶后裔，将它们分配到各地的育种试验站作测定，测定期统一，选择指标是生长速度、周岁体重、饲料报酬、外貌评分、肉的大理石纹、眼肌面积、脂肪厚度等，选择强度为 10%～20%。后者是将全部参试犊牛戴耳号，测定生长发育数据，并在这些牛屠宰时，按统一标准收集胴体肉用性能资料，用以估计其双亲的育种值。

（二）杂交改良与杂交育种

在 20 世纪 50 年代，我国牧区就引进国外优良品种与当地品种进行杂交育种，经过近 30 年的选育，先后培育了中国草原红牛、三河牛、新疆褐牛、中国西门塔尔牛等品种。在农区，中国黄牛在纯种选育的同时，其作为规模化肉用生产的牛种，缺点也是明显的。中国黄牛主要表现在生长慢、后躯不发达、产肉少、育肥增重速度赶不上国外的专门化肉牛品种，加上没有经过系统的肉用性能选育，肉的品质规格往往差异较大，优质高档肉块产量少，造成发展肉牛生产的规模效益比不上专门化的国外肉牛品种。

总结世界上肉牛品种利用的历史，我国先后引进了 20 多个国外优秀肉品种进行杂交改良，使杂种后代生产性能提高 20%～30%，在中国肉牛业发展中发挥了重要作用。当前在中国肉牛生产中影响最大的是西门塔尔牛、夏洛来牛、利木赞牛、安格斯牛等品种。进入 20 世纪 90 年代以后，杂交群体不断扩大，一些地区在杂交群体的基础上，使用杂交公牛进行横交固定和选育，2006 年育成了中国第一个专门化的肉牛品种——夏南牛。2008 年又育成了延黄牛，2010 年采用级进杂交的方式育成了辽育白牛。随后又育成云岭牛、华西牛等肉牛品种，这 5 个品种的育成基本上代表了我国当前的肉牛育种水平。

（三）分子育种技术

20 世纪 90 年代以来，由于分子生物学和各种分子生物技术的发展，人们有可能直接通过遗传物质本身来研究生物的性状特征。与基因产物的研究相比，分子育种技术克服了年龄、性别、组织及各种内外环境因素的影响。此外，分子育种技术所提供的遗传差异（即遗传标记的种类）又非常多，分子育种越来越受到人们的重视。发达国家的动物育种已从传统育种进入分子育种时代。分子标记辅助选择（marker - assisted selection，MAS）育种的概念最早是 1990 年 Lande 等提出的，是指某些易识别的 DNA 标记与某一数量性状基因座存在相关性或连锁关系，将 DNA 作为遗传标记进行数量性状间接选择的育种方法。基于分子标记的辅助选择技术，在肉牛生长速度、产肉量等生产性状上已经取得了遗传进展。积极寻找与经济性状相关的关键基因，开展分子育种，为养牛业提供高产、优质、高效发展的理论基础和高新科技，是发展养牛业、缩短与发达国家差距的必由之路（李宁，2005；谷继承等，2010；李娅兰等，2010）。

传统的肉牛育种方法周期长、效率低，而且肉牛的许多经济性状属多基因控制的数量性状，常规育种手段很难取得突破性的进展。MAS 不仅弥补了传统育种中选择技术效率低的缺点，而且提高了选择的准确性。因此，在肉牛的遗传改良中，MAS 具有广阔的应用前景。

20 世纪 90 年代中期以后，我国逐渐开展了黄牛肉用性能的分子遗传学研究。采用基因标记等现代分子育种新技术结合常规育种，以便能够加快中国肉牛品种的培育和选育。从当前发展情况来看，中国肉牛分子育种的研究主要以分子标记为基础进行标记辅助选择。随着牛数量性状基因座（QTL）定位的深入发展，标记的数量越来越多，标记的信息也将越来越准确，MAS 将成为黄牛品种改良的有效方法（曾长英等，2006）。

自从中国肉牛开展了分子遗传学研究以来，研究的内容已涉及功能基因，主要包括与中国黄牛生长发育性状、屠宰性状、肉品质性状、繁殖性状、抗病性状相关的基因（刘晓牧等，2007）。研究的主要目的：一是揭示生产性状的分子遗传标记，直接用于选种；二是揭示品种的分子群体遗传学特征，阐明品种间的差异和遗传关系，用于杂交效果的预测、遗传资源的评价、保护和开发利用。目前中国肉牛这方面的工作主要集中在优良黄牛品种（如秦川牛、南阳牛、鲁西牛、延边牛、晋南牛、郏县红牛）和培育品种（如中国西门塔尔牛、夏南牛、中国草原红牛）以及引进品种（如利木赞牛、德国黄牛、安格斯牛的杂交系）。

（四）肉牛的全基因组选择育种

DNA 标记辅助选择技术结合传统的杂交选择育种方法已经在动物品种的改良中发挥积极作用，逐渐成为动物育种的趋势之一。但是 MAS 也有局限性，它依赖于 QTL 定位的准确性且仅能检测一部分遗传变异。由于多个物种 DNA 测序的完成和 SNP 芯片的出现，Meuwissen 等于 2001 年提出了一种新的选择方法"全基因组选择育种"。全基因组选择育种是利用连锁不平衡标记，先估计染色体片段的育种值，然后将这些育种值综合分析得出整个基因组的育种值，利用育种值进行选择育种的技术。简单来讲，全基因组选择就是依全基因组范围内的遗传变异的标记辅助选择（鲁绍雄，吴常信，2002）。

全基因组选择育种较 MAS 具有无可比拟的优势，它能够对所有的遗传变异和效应进行检测和估计，而 MAS 仅能对部分遗传变异进行检测，这样容易过高估计其遗传效应，并且全基因组选择育种还允许育种者提前获得具有优越染色体片段的种畜。因此，在不降低育种值估计准确性的前提下，全基因组选择可缩短世间隔，加快遗传改良的速度，提高效率，降低测定的成本（张慧等，2010）。

自全基因组选择概念提出之后，许多畜牧业发达国家先后展开了对全基因组选择的研究及应用。新西兰、美国和澳大利亚应用全基因组选择方法，对于刚出生公犊牛基因组育种值估计的准确性可达到 75%。2010 年，实施全基因组选择的国家还包括奥地利、波兰。目前，全基因组选择育种已经广泛应用到奶牛育种中，肉牛育种也开始尝试应用全基因组选择育种，但有效应用全基因组选择育种还具有很大的挑战性。SNP 检测技术的完善及成本的降低，使得全基因组选择方法的应用成为可能，成为继 BLUP 和标记辅助选择方法之后新的育种方法（冯春刚等，2008；张慧等，2010）。

（五）克隆技术与肉牛育种

克隆一般分为胚胎克隆和体细胞克隆。1987 年，牛的胚胎克隆获得成功，10 年后世界首例体细胞克隆绵羊多莉诞生，随后体细胞克隆各种动物也相继诞生，时至今日全世界已有数千头体细胞克隆牛诞生。在国内，这方面的研究也取得了丰硕的成果。2001年3月，中国科学院动物研究所主持的"家畜的无性繁殖（克隆）"项目在山东省曹县五里墩村拉开序幕，对130头母牛实施了克隆胚胎移植，结果有12头受体牛"怀孕"，数量之多，居世界之最。2002年1—2月，我国第一批克隆牛相继诞生，标志着我国成年体细胞克隆牛实现了零的突破。2003年，中国农业大学获得了10头体细胞克隆牛。2005年，广西大学良种牛南方繁殖中心有体细胞克隆水牛的降生。2006年，内蒙古大学获得了体细胞克隆牛和转基因克隆牛；2008—2010年，内蒙古大学课题组选择了世界顶级的肉牛良种日本和牛种公牛的耳缘细胞为供体细胞，再把这些细胞通过体细胞克隆技术构建成克隆胚胎，有5头克隆犊牛降生；2010年7月，内蒙古大学大动物研究中心与内蒙古科维尔绿色畜牧草业有限责任公司联手育出转基因克隆肉牛。新的转基因肉牛因剔除了肌肉生长抑制素基因（myostatin），与其他牛相比产肉量更多，肉质更优良（陈大元，2002；姚俊岩等，2002）。

目前，国内的肉牛尤其是优质肉牛产业的发展相对落后，高档牛肉基本依赖进口，其主要原因是国内还没有形成自己的优质肉牛品种。规模化的优秀种公牛的克隆成功，为现存优秀肉牛的快速扩繁提供了优秀的遗传资源和技术支持，为我国肉牛的快速育种和转基因动物育种奠定了理论与技术基础。

（六）肉牛基因编辑与转基因育种技术

1983年小鼠转基因成功以后，各种转基因动物相继出现。1990年，美国Genzyme Transgene公司通过原核显微注射法获得了世界上第1头转基因牛。2005年，抗乳腺炎转基因牛诞生。2009年，生产高比例的抗原特异性人源抗体的转染色体牛出生。这些实验成功标志着转基因育种进入了新的发展历程。在肉牛育种方面，转基因技术与基因编辑技术主要用来改良肉牛品种以提高肉牛的抗病能力和生产性能（邓守龙等，2008）。

1. 提高肉牛的抗病能力

2004年，日本和美国联手利用基因工程手段培育出对疯牛病具有免疫力的牛，这种转基因牛不携带普里昂蛋白或其他传染性蛋白。2006年，莱阳农学院与日本山口大学合作，成功地培育出2头抗疯牛病的转基因奶牛。2007年，Richt研究组通过基因打靶技术将牛的 PRNP 基因双位点灭活，获得了抵抗疯牛病的转基因牛。2008年，我国启动了牛抗病育种转基因重大专项，现已获得转基因牛100多头。

2. 改良肉牛品种以提高生产性能

转基因技术可用于改造动物的基因组，提高家畜的经济性状，如加快生长速度、提高瘦肉率、改善肉质、提高饲料利用率和抗病力等。基因编辑技术和转基因技术用于育种，不仅可以加快改良进程，提高选择效率，而且不会受到有性繁殖的限制。2003年，Brophy等转入 β-酪蛋白和 κ-酪蛋白基因，由此培育的转基因奶牛所产的奶中 β-酪蛋白含量提高了20%，κ-酪蛋白的含量也增加了一倍。人们利用转基因技术把有利基因转移到肉牛中，使肉牛带有外源基因，且能够在后代中表达出来，对肉牛业的发展和人们生活水平的提高有重要作用。2009 年，国家转基因肉牛新品种培育重大专项课题组对肉牛进行了转 $\omega - 6$ 脂肪酸脱氢酶基因的工作，并获得后代。随着基因工程技术的不断发展，转基因技术将会不断得到完善，必将在未来的肉牛育种中发挥巨大的作用。

三、中国肉牛遗传育种问题与展望

目前，与国际牛育种相比，我国肉牛育种存在着过于分散、简单重复、规模小等问题（陈宏，张春雷，2008）。利用现代生物技术对我国优良的地方黄牛品种进行改良，是开展我国肉牛育种工作的有效途径和方法。大规模现代研究设施、新技术、新方法已在牛新品种培育及现有品种改良上发挥着越来越重要的作用。因此，为了更有效地利用现代生物技术和研究设施，推动肉牛育种工作的发展，我国急需建立一体化的国家肉牛基因育种中心，为扩大规模发展基因育种提供平台。

我国存在畜禽遗传资源保护投入不足、设施与技术落后、相关科研工作滞后、缺乏对种质资源特性的深入研究、对地方牛品种优良特性发掘不够、保护与开发利用脱节、缺乏创新机制等问题，造成中国地方牛品种资源流失严重，这对中国和世界遗传资源都是重大损失。与此同时，随着中国市场经济的发展，大量高经济性能外来牛品种进入中国市场，地方牛品种资源的多样性所面临的形势将更为严峻。因此，我国急需建立中国黄牛保护性育种的长久机制。目前，单核苷酸多态性（SNP）分析在牛遗传多样性评估、品种资源的分类、保存和利用方面发挥着重要作用。通过对牛遗传多样性的研究，可以更全面更科学地了解品种的遗传结构、生活背景及进化历史，探讨牛品种濒危的原因和现状，从而提出合理的保种措施。

随着分子遗传学、分子生物技术、数量遗传学和计算机技术的飞速发展，通过将常规育种技术与分子育种技术、克隆技术、转基因技术相结合应用于中国肉牛生长发育性状、繁殖性状、育肥性状、胴体及肉质性状等经济性状的研究，可进一步加大。主效基因的选择力度，加快肉牛育种的进程，提高育种的精确性，促进中国肉牛业的发展。

第二节　中国肉牛繁殖技术的发展历程

我国有着悠久的养牛历史，养牛模式逐渐由分散型的农牧户饲养转向专业化、规模化的肉牛养殖场、育肥场饲养。2024 年，我国牛实际存栏达到 10 047 万头（包括黄牛、牦牛和水牛）。在肉牛产业的发展过程中，繁殖技术起着关键作用。牛为单胎动物，并且繁殖周期较长，这严重制约着肉牛产业的发展。因此，繁殖技术的发展和演变在一定程度上记载了我国不同社会发展阶段肉牛业的发展历程。近几十年，随着科学技术的进步，肉牛繁殖技术得到长足发展，已从传统的本交繁殖技术发展到人工授精、同期发情、超数排卵和胚胎移植及体细胞克隆等现代繁殖技术，并且随着肉牛产业发展的需求被不断应用和创新。

一、传统的肉牛繁殖技术

20世纪中期之前，我国生产力低下，养牛主要用来代替人力耕种，并且农牧户养牛分散，饲养数量较少，本交是唯一的繁殖方式。本交是指发情母牛和公牛直接交配，繁殖能力主要取决于牛的发情周期。牛属于全年多次发情动物，平均21.9d±4.9d就会发情一次（顾德章等，1994），其发情周期受环境的影响较大（刘建兵等，2004）。在温暖季节里，发情周期正常，发情表现明显；在寒冷地区，特别是在粗放饲养情况下，发情周期也会停止。在生产力低下时，恶劣的环境会严重影响母牛的发情周期和公牛的精液质量。因此，在以本交为牛主要繁殖方式的年代，牛的饲养很难形成一定的规模，并且本交繁殖技术不够规范，没有形成一定的体系，生产技术和生产力严重制约了养牛业的发展。随着人们生活水平的提高和人们对肉类观念的改变，人们对牛肉品质的要求越来越高。以放养为主的饲养方式不能满足人们对牛数量和质量的需求，这种矛盾促使本交繁殖技术逐渐变得规范，并形成体系。

应用本交的方法，通常采用公牛一次或多次与多头母牛配种的手段提高牛群整体的繁殖能力。受牛本身生理条件的限制，各地区每头公牛每月配种数均未超过20头。在利用本交技术进行肉牛饲养时，不仅要考虑公牛精液的质量，还要考虑公牛和母牛的体格。此外，在自然交配的情况下，牛的喜好也限制了本交的成功率。一般情况下，一定数目的母牛就要配备一头公牛。为保证公牛品质，公牛的饲养环境要求苛刻，成本较高。此外，本交还容易导致生殖道疾病和其他疾病的传播，这会严重影响母牛的受胎率和产仔数。

二、现代肉牛繁殖技术及发展

随着肉牛养殖规模的不断扩大，现代繁殖技术被不断创新和引入。常见的现代肉牛繁殖技术有人工授精与冷冻精液技术、同期发情技术、超数排卵和胚胎移植技术、胚胎切割与冷冻技术、体外培养和体外受精、性别鉴定与性别控制、人工诱导双胎技术、体细胞克隆技术、干细胞与性细胞诱导技术等。

（一）人工授精与冷冻精液技术

人工授精技术兴起于20世纪30年代，20世纪60—70年代，在我国得到了广泛的推广。这种技术需要将优良公牛的精液预先储存，在母牛适配期内，利用非性交的方式，将优良公牛的精液间接导入母牛子宫，从而达到使母牛受孕的目的。使用人工授精技术大大提高了优秀种公牛的使用率，这项技术使我国的肉牛繁殖能力提高到一个新的层次，不仅适用于散户饲养，也适用于规模化的肉牛饲养，这对我国肉牛业的发展起到重要的推动作用。人工授精技术可以提高优良种公牛的配种效能和种用价值，扩大配种母牛的头数，加速牛品种改良，促进育种工作进程；克服了公、母牛体格差异导致交配不易的难题，利用人工采精和输精的方式增加了公牛和母牛的选择性，在很大程度上降低了本交容易引起生殖道疾病和其他疾病传播的发生概率。另外，人工授精技术中的冻精技术打破了公、母牛交配所受的地域限制，增加了各个养殖场之间的交流，不但减少了公牛整体的饲养数量和费用，而且可以充分利用优良公牛的遗传资源，提高母牛的受胎率（伍丽仙，2006；张文俊，2009）。

（二）同期发情技术

同期发情又称同步发情，是人工授精技术之后发展起来的一个新的家畜繁殖技术。该技术是利用激素制剂人为地控制并调整一群母畜的发情周期，使之在预定时间内集中发情。母牛的发情周期由多种激素相互调节控制，包括下丘脑分泌的促性腺激素释放激素（GnRH），垂体分泌的卵泡刺激素（FSH）和黄体生成素（LH），卵巢分泌的雌激素、孕激素、抑制因子和其他一些因子和子宫分泌的前列腺素（PG）。同期发情的处理方法主要可以分为两类，一是可以通过诱导溶黄体作用的药物（如 PG）使发情周期的黄体期缩短，促使新的卵泡出现，从而缩短发情期；二是可以通过利用孕激素类物质处理动物延长黄体期，延长发情期（李宁，2005；李娅兰等，2010）。同期发情技术在 20 世纪 60 年代开始得到人们的认识和研究，在 70 年代才开始逐渐应用于实践。当时我国的养牛业正处在从散户饲养到规模化养殖的过渡时期，同期发情技术的同期化处理使规模化养殖成为可能，同期发情的处理方法也随着社会的发展不断地改进和创新。因此，可以说同期发情技术是肉牛饲养史上从散户饲养到规模化饲养转变的体现。同期发情技术可以使母牛大部分个体在预定的时间内集中发情、集中配种、集中妊娠和集中分娩。这样使母牛产下的后代年龄整齐，饲养可以实现同期化，大大节约了管理时间、管理人员以及管理费用。同期发情技术适用于规模化和集约化的肉牛饲养场，极大地提高了肉牛饲养的管理水平，但肉牛的繁殖能力则没有发生本质上的改善。因此，在实际肉牛饲养过程中，同期发情多与人工授精等技术联合使用，在提高繁殖能力的同时，对肉牛进行集中管理，增加经济效益（韦英明等，2006；张建中等，2009）。

（三）超数排卵和胚胎移植技术

超数排卵技术是现代肉牛繁殖的又一新技术，在扩大优秀母畜的育种价值上发挥了重要作用。超数排卵技术是在母牛发情周期的适当时期，应用外源性促性腺激素诱发卵巢多个卵泡发育，可以促进母牛排出多个具有受精能力的卵子。但值得注意的是，牛为单胎动物并且极易发生难产。因此，在实际应用的时候并不主张通过增加母牛怀胎数目来提高牛群整体的繁殖能力，而是结合胚胎移植技术，利用优良母牛超排得到的卵子，通过受精得到的胚胎被移植到同种的、生理状态相同的其他雌性动物体子宫内，使之继续发育为新个体。因此，超数排卵被普遍当作是胚胎移植技术中的一个必要的环节（王新庄，2004）。胚胎移植技术早在 1890 年就在兔子上试验成功，直到 1977 年才开始在发达国家应用于生产。在我国肉牛饲养中，胚胎移植技术已经发展成熟，并逐步实现了商业化应用。相对于同期发情和人工授精技术，胚胎移植技术使人类由被动地饲养肉牛转向了主动地生产肉牛，是现代畜牧业中又一次巨大飞跃。超数排卵和胚胎移植技术一方面人为地增加了母牛产生的可受精卵子数目，从而增加了后代群体数目；另一方面通过在体外鉴定胚胎的活性，增加了母牛的受孕率和产仔率。此外，胚胎移植还可以选择性地对一头母牛植入 2 个胚胎，进一步增加了胎儿的成活率和母牛的产仔率（傅春泉等，2005）。

（四）胚胎切割与冷冻技术

牛的胚胎分割是牛胚胎工程技术的组成部分。胚胎分割是通过对胚胎显微操作，一分为二、一分为四或更多人工制造同卵双胎或同卵多胎的方法，是扩大胚胎来源的一条重要途径，可获得一卵双生或多生，避免牛的异性孪生不育。通过分割胚的冷冻保存，可先移植一半，另一半冷冻保存，待移植的那半胚产仔证实是优秀的个体后，再将冷冻保存的半胚解冻和移植。胚胎分割为性别鉴定也提供了可能性，通过胚胎分割可以将一部分胚胎通过 PCR 仪性别鉴定后，把选择性的性别胚胎移植到受体母畜的子宫中，生出的后代是人们所需要的性别个体。通过胚胎分割而产生的同卵双生后代、四分胚在牛上相继成功。胚胎冷冻保存一般是指在干冰和液氮中保存胚胎。其最大优点是胚胎可以长期保存，而对其活力无影响。牛的胚胎冷冻技术体系已经建立，冷冻胚胎分割在牛也已取得成功。

（五）体外培养和体外受精

体外受精（IVF）技术是在人工控制的环境中完成精子和卵子的结合，从而达到使畜群迅速扩繁的目的。20 世纪 80 年代体外受精技术开始获得成功，其中在以牛为代表的家畜中迅速发展。体外受精不仅成本低廉，而且效果稳定，其包括卵母细胞和精液的采集、体外受精和胚胎培养等过程。由于雌性动物的特殊性，卵母细胞的采集相对比较复杂，一般通过超数排卵、从活体卵巢中或从屠宰后的家畜卵巢上采集卵母细胞。对于超数排卵所得到的卵母细胞不需要进一步培养就可以直接进行授精，然而对于未成熟的卵母细胞则需要进一步体外培养。精液的获得较为简单，通常在获得后用肝素和钙离子载体对其处理使精子获能，与成熟卵子共同培养使卵子受精进行后续的筛选和培养。但体外受精受外界环境影响较大，其受精效率较低；而且成熟卵子和胚胎发育的分子机制目前还不清楚。因此，对分子机制的研究以及与其他生物技术结合成为提高体外受精效率的必经之路（阳年生等，1996；庄广伦，1997；金鹰等，1999；马云，2001）。

（六）性别鉴定与性别控制

家畜早期性别鉴定和性别控制在畜牧业的发展中具有重要的意义，可以有目的地对畜群结构进行控制并减少资源浪费，因此在畜牧业中广泛应用（田万强等，2001；魏红芳等，2001；廖海艳，2007）。早期胚胎性别鉴定的方法很多（陈从英等，2003；朱化彬等，2005），主要包括细胞遗传学方法、生物化学方法、免疫学方法和分子生物学方法。PCR

技术在早期胚胎的性别鉴定中具有重要的作用，该技术根据 Y 染色体特异序列设计引物，并参考 PCR 扩增产物的分型状况对早期胚胎性别进行判断（王丹等，2004）。这种技术具有操作简单、成本低廉、结果准确的特点。除此之外，人们可以通过对精液进行处理（冯立社，2005；张丽君等，2006），来达到控制性别的目的。性控精液的出现推动了畜牧业的发展（黄金明等，2006；王建国等，2006），该技术结合超数排卵和胚胎移植技术，可以使畜群的遗传率提高 0.4%～1.4%。对青年母畜输入 X 精子可以大大降低难产率，并且这项技术的生物安全系数较高。性控精液在奶牛产业的应用价值很高，利用这项技术可以使母牛的出生率达到 90% 以上，从而促进奶牛业的快速发展。

（七）人工诱导双胎技术

牛是单胎动物，在自然状态下，牛的双胎率为 0.5%～4.5%。自 20 世纪 30 年代以来，国内外学者利用各种途径展开了对人工诱导母牛双胎的研究（桑润滋等，1998；张路培等，2007）。尤其是近年来随着人们对母牛繁殖机理研究的深入和胚胎生物技术的快速发展，人工诱导母牛双胎已成为可能。我国的科研工作者在人工诱导方面做了很多研究与探索，杨利国等（1986，1987）的研究认为母牛经 PMSG＋ITC＋HCG 处理后，黄牛的受胎数和受胎率、妊娠双胎数、妊娠多胎数都明显增加了。应用胚胎移植诱导双胎可以使一头母牛的繁殖力提高一倍，母牛产犊效率提高，降低了每头犊牛的成本，对于肉牛业的发展具有重要意义。

（八）体细胞克隆技术

体细胞克隆技术是现代生物学发展的重要产物，其通过将一个二倍体细胞核移入一个去核的卵细胞，在特定的条件下进行核卵重组，然后植入代孕母体中发育成新个体。近年来，在牛体细胞克隆方面进行了大量研究（陈大元，2002a；陈大元等，2002b；姚俊岩等，2002；陆东林，2003；龚国春，2005；邓守龙等，2008），并且将体细胞克隆技术与转基因结合起来，已取得了许多可喜的成果，生产出转基因牛，加快了牛育种的进程。由于供体细胞可以为高度分化的体细胞，体细胞克隆资源充足。但体细胞克隆对环境及生物技术要求较高，操作过程复杂，并且成本较高，很难在实际生产中实现规模化生产。2003年，我国成功利用体细胞克隆技术生产了 3 头克隆牛，标志着我国的生物技术在畜牧业的应用登上了新的台阶（闫新宁，2013）。但实现体细胞克隆技术在畜牧业中的广泛应用还需要对操作过程进一步优化，使其适应工厂化、规模化的操作。

（九）干细胞与性细胞诱导技术

干细胞是没有充分分化、具有再生成各种组织器官潜能的体细胞。对于哺乳动物而言，其分为两大类：成体干细胞和胚胎干细胞。通过对干细胞和性细胞的诱导，使其按照人们的意愿进行分化和结合，并最终发育成为完整的个体，展现了人类通过生物技术对生物的调控能力。但目前，对干细胞诱导的研究还处于初步阶段。干细胞诱导分化的分子机制尚不明确，并且干细胞诱导分化的重复性差、稳定性低，对环境及诱导剂的要求较高。目前，将细胞诱导技术应用到畜牧业的生产中还很难实现，但细胞诱导技术为畜牧业的发展指明了方向。

三、黄牛繁殖技术的展望

胚胎生物技术是指对卵子、精子和胚胎在体外条件下进行的各种操作和处理。除上述有关精子冷冻、胚胎切割外，还出现了卵子的体外培养和体外受精、性控精液、体细胞克隆等技术。这些高新技术近几年来已应用于牛的繁殖实践，并最大限度地挖掘动物的繁殖潜力，可以预测这些技术的应用将为人类创造更大的效益。近几十年来，我国养牛业发展迅速，目前产奶量、产肉量已经跻身世界前列，这在我国农业发展中占有重要的地位。繁殖技术作为牛产业的核心技术，随着社会的发展将会不断改进和创新，今后会有更多的繁殖新技术应用到牛的生产中。试管牛突破了体内受孕的限制，克隆牛突破了生殖细胞的限制，为牛的生产开辟了新的途径并提供了丰富的来源。转基因牛可以打破了个体甚至是物种的限制，为生产优良肉牛提供了一次质的飞跃。虽然这些技术还没有充分应用到牛的实际生产中，但这些新的牛繁殖技术将会使牛产业从生产肉牛转向制造肉牛，将会对肉牛业的发展起到巨大的推动作用。

第三节 中国黄牛选育的三大要素

开展中国黄牛选育的物质与理论基础包括三大要素：一是种质资源，二是遗传学理论，三是种群内遗传多样性。

一、种质资源

作为选育对象的中国地方黄牛，有着丰富的种质资源，我国有地方黄牛品种 58 个，分布在我国的不同区域、不同生态环境中。地方黄牛品种与环境互作形成了多样化的生态类型，为中国黄牛选育和种质创新提供了重要的材料来源。

二、遗传学理论

由于遗传学理论的不断发现和技术的发展，选育的技术也在不断创新和改进。遗传学从 20 世纪初的经典（细胞）遗传学研究开始，经历了群体遗传学、生化遗传学、数量遗传学、分子遗传学、分子群体遗传学、基因组学，发展到目前的分子群体数量遗传学，在每一个发展阶段，都有许多创新的成果出现。在此基础上，牛的选育也经历了由表型选种、细胞标记选种、生化遗传标记选种、BLUP 选种、育种值选择、DNA 标记选种、全基因组选种及转基因育种的发展过程。因此，中国黄牛遗传学的研究和发展，对于黄牛的育种和种质创新非常重要。

<h2 style="text-align:center">三、种群内遗传多样性</h2>

近半个世纪以来，许多学者对中国黄牛的行为、毛色、角型、形态、血液学、生理生化、生态适应性、物质代谢、免疫遗传学、细胞遗传学、生化遗传学、群体遗传学、数量遗传学、分子遗传学、基因组学、表观遗传学、细胞器遗传学等多方面进行了研究，系统揭示了中国黄牛具有丰富的遗传多样性和独特的基因资源，这些为进一步开发利用中国黄牛遗传资源提供了宝贵的基础资料。

‖本章小结

随着我国社会经济的发展，黄牛生产用途的改变，选育方向也在变化。同时随着遗传育种理论研究的不断深化，肉牛育种技术也在不断发展变化。早期肉牛选育多为本品种的纯种选育，为了缩短世代间隔、加快肉牛遗传进展，分子育种技术、全基因组选择技术、克隆技术及转基因技术正逐步与经典的育种方法相结合，使表型选种逐渐向基因型精确选种方向变化。

繁殖技术是肉牛产业发展的核心，在一定程度上体现了我国不同社会发展阶段肉牛产业的发展水平。本文总结了中国肉牛发展过程中繁殖技术的发展演变，对传统的本交繁殖技术以及目前较为广泛应用的人工授精、同期发情、超数排卵和胚胎移植等新型繁殖技术做了系统的分析，并讨论了具有巨大应用价值的试管动物、动物克隆和转基因技术在将来中国肉牛产业中的应用。

作为选育对象的中国地方黄牛，有着丰富的种质资源，并在其遗传学研究方面取得了丰富的成果，揭示了我国黄牛具有丰富的遗传多样性和独特的基因资源。这些资源构成了我国黄牛高效选育的三大要素：种质资源、遗传学理论和种群内遗传多样性。

‖参考文献

曹建民，张越杰，田露，2010. 我国肉牛产业现状、问题与未来发展 [J]. 现代畜牧兽医，3：5-7.

陈从英，黄路生，陈静波，等，2003. 牛早期胚胎性别鉴定体系的建立和优化 [J]. 农业生物技术学报，11（4）：399-402.

陈大元，2002b. 克隆技术及其应用 [J]. 中国科学院院刊（3）：173-176.

陈大元，李劲松，韩之明，等，2002a. 体细胞克隆牛供体细胞和受体的影响 [J]. 科学通报，48（8）：768-773.

陈宏，2003. 动物遗传育种学（成人教育畜牧兽医本科用）[M]. 杨凌：西北农林科技大学出版社.

陈宏，2024.中国黄牛遗传学［M］.北京：科学出版社．

陈宏，黄永震，周扬，等，2015.中国肉牛育种技术演变［J］.中国牛业科学，41（4）：1-4，8.

陈宏，张博文，周扬，等，2015.中国肉牛繁殖技术的演变［J］.中国牛业科学，41（6）：1-5.

陈宏，张春雷，2008.中国肉牛分子育种研究进展［J］.中国牛业科学，34（4）：1-7.

陈静波，窦忠英，2002.牛胚胎移植技术在我国养牛业中的应用及前景［J］.黑龙江动物繁殖，10（4）：16-18.

邓守龙，彭涛，吕自力，等，2008.体细胞克隆牛的研究进展［J］.新疆畜牧业（3）：4-7.

冯春刚，胡晓湘，赵要风，等，2008.全基因组选择及其在动物育种中的应用［J］.中国家禽，30（22）：5-8.

冯立社，2005.XY精子分离技术［J］.中国牧业通讯，7：60-61.

傅春泉，徐苏凌，2005.自然条件下牛胚胎移植技术的推广应用［J］.中国奶牛，4：34-36.

龚国春，2005.利用体细胞核移植技术生产转基因牛［D］.北京：中国农业大学．

谷继承，刘丑生，刘刚，等，2010.牛遗传资源分子遗传多样性的研究进展［J］.中国畜牧兽医，37（9）：127-131.

顾德章，于士举，1994.母黄牛发情周期的观察［J］.黄牛杂志，20（4）：12-14.

黄金明，游伟，张俊功，等，2006.性控精液在奶牛生产中的应用策略［J］.动物医学进展，27（1）：100-104.

金鹰，廖和模，谭丽玲，1999.牦牛、黄牛体外受精比较和分割胚的移植［J］.华南师范大学学报（自然科学版）（1）：92-96.

李宁，2005.基因组学技术在动物遗传育种中的应用［J］.华南农业大学学报，26（增刊）：12-19.

李娅兰，瞿浩，苏国生，等，2010.畜禽基因组选择的研究进展［J］.中国畜牧兽医，37（11）：84-88.

廖海艳，2007.哺乳动物性别控制的研究进展［J］.湖南农业科学，1：93-95.

刘建兵，杨国义，穆秀萍，2004.母牛发情鉴定和适配时间探讨［J］.畜牧兽医杂志，23（2）：48-49.

刘晓牧，吴乃科，王爱国，等，2007.肉牛分子育种的研究进展［J］.中国牛业科学，33（5）：66-71.

鲁绍雄，吴常信，2002.动物遗传标记辅助选择研究及其应用［J］.遗传，24（3）：359-362.

陆东林，2003.克隆牛及其利用前景［J］.中国乳业，9：12-14.

马云，2001.牛卵泡卵母细胞体外成熟、体外受精及受精卵体外培养的研究［D］.杨凌：西北农林科技大学．

桑润滋，刘春海，1998.人工诱导母牛双胎的研究进展［J］.中国畜牧杂志，34（4）：52-54.

田万强，魏红芳，昝林森，2001.家畜早期胚胎性别鉴定方法在畜牧业中的应用［J］.黄牛杂志，27（5）：43-47.

汪志，2009.诱导牛同期发情技术的应用研究进展［J］.黑龙江动物繁殖，17（3）：13-14.

王丹，王志刚，刘云海，等，2004.PCR方法早期胚胎性别鉴定技术的研究进展与应用展望［J］.中国畜牧兽医，31（2）：20 23.

王建国，周文忠，钱松晋，2006.奶牛X性控冻精应用研究［J］.广西农业生物科学，25（1）：191-192.

王新庄，2004.家畜胚胎移植技术［M］.郑州：河南科学技术出版社．

韦英明，蒋如明，凌泽继，2006.不同同期发情方法对水牛发情和受胎效果的影响［J］.中国畜牧杂志，42（1）：35-36.

魏红芳，秦粉菊，徐照学，等，2001.家畜性别控制与胚胎性别鉴定技术在畜牧业中的应用［J］.河南农业科学（1）：27-28.

伍丽仙，2006. 提高牛人工授精受胎率技术［J］. 中国牛业科学（6）：74-76.

徐照学，2009. 我国肉牛产业发展存在的问题［J］. 北方牧业（8）：19.

闫新宁，2013. 我国体细胞克隆新技术重大科研成果——山东梁山县诞生3头克隆奶牛［J］. 农业技术与信息（Z1）：122-123.

阳年生，黄凤玲，1996. 牛体外受精胚胎一步脱防冻剂冷冻方法的研究［J］. 中国畜牧杂志，32（2）：9-11.

杨利国，1987. 牛双胎的研究［J］. 草与畜杂志（1）：31-32，23.

杨利国，谢成侠，1986. 人工诱导黄牛和水牛双胎试验［J］. 南京农业大学学报（4）：93-99.

杨炜峰，窦忠英，2003. 母牛同期发情新技术［J］. 中国奶牛（6）：26-29.

杨炜峰，徐小明，高志敏，等，2002. 胚胎移植技术的现状与展望［J］. 乳业科学与技术（1）：29-33.

姚俊岩，安靓，李进，2002. 建立转基因动物的方法及其进展［J］. 第一军医大学学报，12（1）：80-81.

曾长英，徐芳森，孟金陵，等，2006. 从QTL到QTG的路还有多远？［J］. 遗传，28（9）：1191-1198.

张慧，王守志，李辉，2010. 畜禽全基因组选择［J］. 东北农业大学学报，41（3）：145-149.

张建中，傅春泉，戴美艳，2009. 应用同期发情技术提高肉牛繁殖率的试验［J］. 中国牛业科学，35（2）：27-28.

张丽君，丁学华，2006. 牛XY精子分离技术的应用现状［J］. 甘肃畜牧兽医（3）：36-37.

张路培，张小辉，许尚忠，2007. 牛CDF9和BMP15基因遗传变异与双胎性状的关系研究［J］. 畜牧兽医学报，38（8）：800-805.

张文俊，2009. 冷配与本交改良地方肉牛经济效益的比较［J］. 中国牛业科学，35（2）：71-73.

张英汉，2001. 论肉用、役用经济类型划分的意义和方法（BPI指数）［J］. 黄牛杂志，27（2）：1-5.

朱化彬，王栋，程金华，等，2005. 牛早期胚胎性别快速鉴别的研究［J］. 畜牧兽医学报，36（12）：1270-1274.

庄广伦，1997. 体外受精与胚胎移植研究进展［J］. 中山医科大学学报，18（1）：1-4.

Brophy B，Smolenski G，Wheeler T，et al，2003. Cloned transgenic cattle produce milk with higher levels of β-casein and κ-casein［J］. Nature Biotechnology，21（2）：157-162.

Lande R，Thompson R，1990. Efficiency of marker-assisted selection in the improvement of quantitative traits［J］. Genetics，124（3）：743-756.

Meuwissen T H E，Hayes B J，Goddard M E，et al，2001. Prediction of total genetic value using genome-wide dense marker maps［J］. Genetics，157（4）：1819-1829.

（陈宏）

第四章
中国地方黄牛遗传资源评价

第一节 体型外貌评价

牛的体型外貌是内部机能和结构特点的外在表现，是品种特征和经济性能的表征。牛的体型外貌鉴定又称为外形鉴定，是选种工作中评定牛只优劣的方法之一，通常包括3种鉴定，即肉眼鉴定、评分鉴定和体量鉴定。

牛的体型外貌包括整体结构，毛色、鼻镜色、蹄色、角色，被毛形态，头部特征与类型，躯干特征，四肢、尾部，母牛乳房发育，其他特殊情况等。

一、牛的体型外貌指标

1. 整体结构

观察体型结构、体质类型、肌肉发育及脂肪沉积程度等。体躯低垂，皮薄骨细，全身肌肉丰满，疏松而匀称，属"细致疏松"体质类型。常见的牛体型有宽长矮（"抓地虎"）、高短窄（"高脚黄"）、中度等。

2. 毛色、鼻镜色、蹄色、角色

牛的毛色的评价标准为基础色、有无白斑、是否为特殊毛色模式（鳌毛、沙毛、晕毛）、有无季节性黑斑等，鼻镜色分为黑色、褐色、粉色等，蹄色有褐色、黑色、灰色、粉色等，角色有褐色、粉色和浅灰色等。中国地方黄牛品种的毛色复杂，例如，秦川牛为枣红色，南阳牛为黄色或草白色，延边牛为淡黄色，峨边花牛为花斑色，渤海黑牛和舟山牛为黑色，宣汉牛为晕黄色等。

3. 被毛形态

被毛的评价标准为长短、额部长毛、局部卷毛等。一般奶牛和肉牛的皮肤较薄，富弹性。被毛平整、光滑表示健康。

4. 头部特征与类型

（1）头部 包括头的长短、宽窄，额的凹凸，颜面的轮廓，毛色特征，角的大小、色泽及形状，眼、嘴、鼻镜及舌的颜色等。

（2）角 角性状分无角和有角，角型有短钝角、龙门角、小圆环角、倒八字角、萝卜角、

铃铛角、迎风角、顺风角、扁角、扁担角等。公牛角粗短而直，母牛角细长、致密而润滑。

（3）肩峰（鬐甲） 肉用牛或兼用牛比奶牛及役牛的要宽、厚，公牛的比母牛的高而宽。

（4）颈 有长短、粗细、平直、隆起、凹陷及有无皱纹之分。

5. 躯干特征

包括前躯、中躯、后躯，分为胸垂、脐垂、尻形等。

6. 四肢、尾部

四肢的评价包括粗壮、长短、蹄质等，尾部包括尾形、尾长等。

7. 母牛乳房发育

包括前后乳区发育均匀性、是否有副乳头。

8. 其他特殊情况

包括本品种特有的性状。

二、牛的外貌鉴定

牛的外貌虽与生产性能、身体健康、种用价值有着密切的关系，但是生产性能除与外貌结构有一定关系外，还要受内部结构的影响。例如，奶牛的泌乳性能除与乳房的外部形态、质地等因素有关以外，还要受本身内分泌系统、神经系统、消化系统、呼吸系统等机能及其相互作用的制约。所以，外貌只能作为选择或鉴别牛的体质和生产性能的手段之一。外貌鉴定有 3 个目的：鉴定外貌有无功能性及管理上的缺陷、鉴定外貌是否符合品种标准、根据外貌估计牛的生产性能。外貌鉴定的方法如下：

1. 观察鉴定

用肉眼观察牛的外形及品种特征，同时触摸以初步判断牛的品质和生产性能。被鉴别的牛自然地站在宽广而平坦的广场上，鉴别者站在离牛 5～8m 远的地方。首先进行一般的观察，对整个牛体环视一周，掌握牛体各部位发育是否匀称。站在牛的前面、侧面和后面分别进行观察。从前面观察头部的结构、胸和背腰的宽度、肋骨的扩张程度和前肢的肢势等。从侧面观察胸部的深度，整个体形，肩及尻部的倾斜度，颈、背、腰、尻等部的长度，乳房的发育情况以及各部位是否匀称。从后面观察体躯的容积和尻部发育情况。肉眼观察完毕，然后用手触摸，了解其皮肤、皮下组织、肌肉、骨骼、毛、角和乳房等发育情况。最后让牛自由行走，观察四肢的动作、肢势和步样。

2. 体重测量鉴定

活重测量包括实测法和估测法。实测法为了减少误差，应连续在同一时间称重两次，取平均值。估测法是根据活重与体尺的关系计算出来的。一般估重与实重相差不超过5%，即认为效果良好，如超过 5% 时则不能应用。

3. 体尺测量鉴定

体尺测量包括体斜长、胸围、体高、胸深、胸宽等（详见第五章第二节）。

4. 评分鉴定

将牛体各部位依据其重要程度分别给予一定的分数，总分是 100 分。肉牛外貌鉴别评分标准、中国黄牛外貌鉴定评分标准以及黄牛外貌等级分类标准见第五章。

三、牛的年龄鉴定

牛的年龄鉴别方法包括牙齿鉴别和角轮鉴别。

1. 牙齿鉴别

牛牙齿的生长、更换、磨损程度是有一定规律的，根据牛乳齿与永久齿的区别（表 4-1）和牛的门齿变化可以来鉴定牛的年龄（表 4-2）。

表 4-1 牛乳齿与永久齿的区别

区别项目	乳齿	永久齿
色泽	乳白色	稍带黄色
齿颈	有明显的齿颈	不明显
形状	较小而薄，舌而平坦、伸展	较大而厚，齿冠较长
生长部位	齿根插入齿槽较浅	齿根插入齿槽较深
排列情况	排列不够整齐，齿间空隙大	排列整齐，且紧密而无空隙

表 4-2 牛齿随年龄的变化

年龄	牙齿情况
4～5 月龄	乳门齿已全部长齐
6～9 月龄	外中间乳门齿磨损
10～12 月龄	乳门齿齿冠整个舌面磨平
1 岁 2 个月	内中间齿齿冠磨平
1 岁 3～6 个月	乳门齿显著变短，乳钳齿动摇，外中间齿和乳隅齿舌面已磨平
1.5～2 岁	乳钳齿脱落，换生永久齿，俗称"对牙"
2.5～3 岁	乳外中间齿脱落，换生永久齿，并充分发育，俗称"四牙"
3～3.5 岁	乳外中间齿脱落，换生永久齿，俗称"六牙"
4～9 岁	全部门牙都已更换齐全，俗称"齐扣"
5 岁	隅齿前缘开始磨损，齿冠相继磨平
6 岁	隅齿磨损面积扩大，钳齿和内中间齿磨损很深
7 岁	钳齿舌面的珐琅质几乎全部磨损
8～9 岁	钳齿磨损面磨成近四方形，出现齿星，内外中间齿的磨面磨成近四方形
10～12 岁	内中间齿出现齿星，隅齿的珐琅质磨完，牙齿有空隙。钳齿和内、外中间齿的磨损面磨成圆形或椭圆形
13～15 岁	全部门牙的珐琅质均已磨完，磨损面略微变长。齿间距离很大，稀疏分开，门牙有活动和脱落现象。一般已淘汰或死亡，没有营养价值

2. 角轮鉴别

母牛每分娩一次，角的表面即形成一凹轮。因此，角轮数加配种年龄，即为母牛年龄，但每年也不止形成一个。对于饲养条件好的种公牛来说，角上一般是没有角轮的。

第二节 线粒体基因组多态性评价

一、黄牛 mtDNA 的遗传特征

黄牛线粒体 DNA（mtDNA）通常是环状、共价闭合的双链 DNA 分子，双链分子的内外两条环有不同的核苷酸含量，外环链富含鸟嘌呤，称为重链（H 链），而内环链富含胞嘧啶，称为轻链（L 链），共由 15 000～17 000bp 组成，分为编码区和非编码区。黄牛线粒体 mtDNA 的大小为 16 338bp，编码区有 37 个基因，包括 13 个编码蛋白质（多肽）基因、22 个编码 tRNA 的基因、2 个编码 rRNA 的基因；非编码区是 mtDNA 的控制区，长度为 910bp 左右。

mtDNA 是细胞核外的遗传物质，与核遗传物质相比，具有以下独特的遗传特征：

（1）结构简单稳定，分子质量远小于核基因组　黄牛 mtDNA 的结构为共价闭合的环状分子，分子质量小。

（2）密码子的特殊性　线粒体大部分基因的遗传密码具有通用性，但有些例外，其密码子有三处不同于通用密码子：①UGA 不是终止密码子，而是色氨酸的密码子；②AGA、AGG 不是精氨酸的密码子，而是代表终止密码子；③AUA 不是异亮氨酸的密码子，而是甲硫氨酸的密码子。

（3）多拷贝基因组　mtDNA 是多拷贝的，平均每个线粒体中含有 2.6 个 mtDNA 分子，多的可达到 1 000 个 mtDNA 分子。

（4）无组织特异性　黄牛正常个体的 mtDNA 在不同组织中都是一样的。

（5）严格遵守母系遗传　动物精子一般不含或含有极少量 mtDNA 分子，卵子含有大量的 mtDNA 分子，受精卵中的 mtDNA 分子 99.9% 来自卵子，仅通过卵子的细胞质传到下一代。因此，mtDNA 表现出严格的母系遗传特性。因此，一个母系祖先的后代具有相同的 mtDNA 类型。

（6）进化速率高于核 DNA　哺乳动物 mtDNA 核苷酸的替代率每年约为 10^{-8}，其突变率比核 DNA 高 5～10 倍。

二、黄牛 mtDNA 的遗传多样性及应用

由于 mtDNA 结构简单、稳定、遵循母系遗传，在世代传递过程中没有重组，驯化了的家畜一般能保持其野生祖先 mtDNA 的类型。因此，mtDNA 作为一个可靠的母性遗传标记，被广泛用于家畜的鉴定以及品种的起源、演化与分类研究。mtDNA 在不同种间、

种内以及不同群体间具有广泛的多态性，特别是在控制区、*Cytb* 基因、12S rRNA、16S rRNA 序列上都有多态性，可以用于母系起源、遗传多样性和种群结构的研究。为了更科学地保护和利用中国地方黄牛品种资源，可以通过对其 mtDNA 遗传多样性进行研究。

遗传多样性与牛的遗传育种有着密切的相关性，因此研究牛的母系遗传多样性对养牛业具有重要的作用。遗传多样性包括遗传变异以及种群的遗传结构。由于 mtDNA 遗传严格遵守母性遗传，具有不重组和高突变率等特征，这对追溯地方牛品种的起源进化、形成过程和遗传多样性和遗传资源评价具有重要的意义。

已经发现的原牛的线粒体支系包括 P、Q、R、E、C、T 和 I 等。现代家牛的主要线粒体支系为 T 和 I，分别属于普通牛和瘤牛支系，也有零星的其他原牛支系，表明现代普通牛主要驯化于 T 支系的普通原牛，瘤牛主要驯化于 I 支系的瘤原牛。在欧洲现代家牛中发现 P 支系，表明在近东驯化 T 支系原牛的过程中，也有少量其他原牛的母系支系被吸收到了现代家牛中。相反，R 支系只在现代意大利牛种中发现并且与其他支系（P、Q、T）的序列差异很大。在古代原牛样品中也检测到新的 E 支系，但是这种支系并没有在现代牛种中发现。在中国距今 4 000～10 000 年均发现了另一种原牛支系 C，称之为东亚原牛。在历史上很长一段时间，亚洲原牛和普通牛共存了很长的一段时间，表明在普通牛驯化和迁移的过程中家养牛和原牛之间极有可能发生基因交流，普通牛可能吸收了东亚当地原牛的血统（Cai 等，2014；Xia 等，2021）。

线粒体的遗传模式和多样性证明普通牛和瘤牛来自两个遗传分化的原牛群体。普通牛的 T 支系线粒体可以细分为 T1、T2、T3、T4 等支系，所有支系在驯化地近东地区呈现最高的遗传多样性，周边地区核苷酸多样性逐渐降低，证明近东地区为主要的驯化地。欧洲现代普通牛的线粒体遗传多样性明显低于近东地区，且地理分布规律也支持欧洲牛的母系祖先是来自近东的普通牛。普通牛的线粒体支系具有一定的谱系地理分布规律：T3 支系主要分布在欧洲，T2 支系主要分布在意大利、巴尔干半岛和亚洲，T1 支系特异地分布在非洲，而在其他地区的频率非常低。T4 属于东亚特异的一个支系。家牛从西亚向东亚的扩散过程导致了 T4 支系的扩散，T4 支系主要在东亚普通牛群中被发现。通过研究中国北方黄牛的线粒体起源，发现北方普通牛拥有 3 个特异的支系：T4、$T3_{119}$ 和 $T3_{055}$，并且至少在 3 900 年前就已经进入中国北方地区，并保留到今天。同时还在中国青藏高原黄牛中发现 3 个 Q 支系的个体，说明早期进入中国的家牛中也包括 Q 支系的原牛，但是由于青藏高原的封闭性与原始性，很好地保存了史前遗留下来的独特的原牛母系 mtDNA 遗传资源。瘤原牛的线粒体主要支系为 I，主要分成 I1、I2。瘤牛的驯化主要是在印度次大陆北部。关于中国黄牛 mtDNA 全基因组研究表明，中国瘤牛属于一个东亚特有的支系，该支系属于瘤牛 I1 支系的一个亚支系，命名为 I1a。综上所述，分析家牛 mtDNA 全基因组序列变异，可以精细地区分各个支系，有助于揭示局部地区家牛的独立驯化或扩张事件，由此发现的一系列稀有单倍型组，可以反映出当地野牛和家牛之间可能存在的基因交流，进一步揭示家牛的驯化过程可能比先前认为的更复杂（Chen 等，2023）。mtDNA 基因组遗传多样性的评价也为黄牛今后的合理开发和利用提供了重要的遗传学基础资料。

第三节　Y 染色体 DNA 序列多态性评价

一、Y 染色体遗传标记

牛的 Y 染色体序列大约为 51 Mb，由 Y 染色体雄性特异区（male specific region Y chromosome，MSY，约占 95%）和拟常染色体区两部分组成，拟常染色体区约为 6 Mb。Y 染色体核型分析表明不同血统牛的 Y 染色体形态和大小都不同。普通牛的 Y 染色体是亚中着丝粒，而瘤牛的则是近端着丝粒。这种差异被认为可能是染色体重组、着丝粒移位和臂间倒位造成的。牛的 Y 染色体目前已完成了约 43.3 Mb 序列的组装（GenBank acc. no. CM001061.2）。

Y 染色体单倍型能够完整地传递给下一代，也使其成为从父系角度研究群体起源进化的理想工具。目前已在 Y 染色体上发现至少 4 种多态类型，主要包括单核苷酸多态性、插入/缺失、短串联重复序列和基因拷贝数变异。

在全基因组重测序技术普及之前，家牛 Y 染色体 DNA 上找到的 SNP 分子标记十分有限，尽管可以将家牛 Y 染色体单倍型分为 3 个主要的支系，但对 Y 染色体的单倍型分辨率较低。而微卫星标记具有较高的多态性，使用多个 Y‑STR 标记就可以构建远比 Y‑SNP 标记丰富的单倍型，这样就可以很好地从父系遗传角度研究群体的 Y 染色体多样性和群体结构。由于 Y‑SNP 与 Y‑STR 分子标记各有特点，只有将两者结合才能完整地反映黄牛群体的 Y 染色体单倍型的多样性与父系起源。

牛的 Y 染色体单倍型为 3 个：Y1、Y2 和 Y3。Y1 和 Y2 属于普通牛的单倍型，Y3 属于瘤牛的单倍型。最早可以通过两个突变位点鉴定 Y1 和 Y2 单倍型，一个是 *UTY* 基因第 19 内含子上的一个 A/C 突变，另一个是 *ZFY* 基因第 5 内含子上的一个 2bp 的插入/缺失位点。随后在 *UTY* 和 *ZFY* 基因上发现的碱基突变，加上 *DBY* 基因上的一个微卫星长度变异，可将瘤牛单倍型组 Y3 与欧洲普通牛的单倍型组区分开（Edwards 等，2011；Li 等，2013）。

另外，在牛 Y 染色体 *USP9Y* 基因的第 26 内含子上发现了可以将单倍型组 Y1 与 Y2、Y3 区分开的一个 81bp 的插入位点（GenBank 登录号 FJ195366，g. 76439 _ 76440）；由于单倍型组 Y3 的序列存在一个酶切位点，可以通过酶切后的琼脂糖凝胶电泳将其与 Y2 进行区分。相比测序而言，该酶切分型的方法具有简单、方便、降低成本等优点，但对酶切和琼脂糖凝胶电泳的技术要求较高。

微卫星（microsatellites）的长度一般在 200bp 以内，Y 染色体微卫星由于具有雄性特异性和较高突变率，被广泛应用于物种的父系起源和迁徙的研究中。Y 染色体微卫星位点（INRA124、INRA189 和 BM861）具有普通牛和瘤牛特异性，且 INRA124 与 BM861 位点在提供 Y 染色体遗传信息方面具有相似性。

二、中国黄牛 Y 染色体 DNA 类型与起源进化

国内学者基于 Y-SNP 和 Y-STR 分子标记对黄牛 Y 染色体单倍型多样性进行了系统研究，发现中国牛群普通牛 Y2 单倍型频率较高，南方牛群 Y3 单倍型频率较高，Y 染色体单倍型呈现明显的地理分布特征。北方牛群中普通牛 Y 染色体单倍型频率最高，瘤牛 Y 染色体单倍型在南方种群中占有优势，中原黄牛同时具有普通牛和瘤牛 Y 染色体单倍型。瘤牛 Y 染色体单倍型频率呈现自南向北、自东向西逐渐降低的趋势，这种基因流动模式的形成可能是由历史事件、地理隔离以及气候环境差异等造成的。

近年来，全基因组重测序的价格逐渐降低，使得可以从全基因组层次全面扫描 Y 染色体遗传变异。我国学者对全世界 213 头公牛的全基因组数据进行了分析，通过鉴定 Y 染色体基因组雄性特异区的 SNP，发现了 745 个 Y-SNP 位点。基于这些 Y-SNP 位点，对全世界家牛原有的 3 个父系进行了进一步的分类，将全世界家牛至少可以分为 5 个明显不同的父系，分别为 Y1、Y2a、Y2b、Y3a、Y3b，即为欧洲普通牛、欧亚普通牛、东亚普通牛、中国南方瘤牛和印度瘤牛。这 5 种单倍群的分布规律：欧洲牛种发现有 3 种单倍型，主要为 Y1 和 Y2a，携带 Y2b 单倍型的个体较少。Y1 主要为欧洲西部的牛，代表性品种为安格斯牛、荷斯坦牛、海福特牛和曼安茹牛。Y2a 主要分布于欧洲中南部和中国西北部牛种。此外，日本口之岛牛、中国山东地区的鲁西牛和渤海黑牛也属于 Y2a。Y2b 单倍型主要集中分布于西藏和东北亚地区的牛品种，包括西藏牛以及日本和韩国的牛品种。Y3 单倍型是瘤牛所特有的，分为两个分支。中国南方的瘤牛主要为 Y3a；Y3b 主要由来自印度的瘤牛构成，也有少量的中国牛属于 Y3b。中国中北部地区牛种由 Y2a、Y2b 和 Y3a 混杂而成。这些研究全面揭示了中国地方黄牛品种/群体中 Y 染色体的遗传多样性，并提供了父系起源和群体间关系的分子证据（Chen 等，2018）。

综上，通过 Y 染色体的 Y-SNP、Y-STR 及其结合的方法，可以对中国地方黄牛进行父系起源方面的评价，这对于中国黄牛的分类、保护和利用具有重要的指导作用。

第四节 全基因组遗传多态性评价

一、牛基因组及其遗传多样性

一个充分注释的参考基因组不仅可以提供关于种群内部和种群之间序列变异的系统性描述，还能够揭示不同物种之间的基因组差异，并为进化、群体遗传学和物种间关系等研究提供深入的解释。2003 年 9 月，"基因组工程"正式启动；2009 年 4 月，牛的参考基因组序列发表在 Science 杂志上，从此开始了牛基因组的破译工作，最早的参考基因组是以欧洲海福特牛为主，参考基因组先后有 9 个版本：bosTau1～bosTau9（Elsik 等，2009）。最新的参考基因组（ARS-UCD1.2）是由美国农业部农业研究局和加利福尼亚大学戴维

斯分校合作组装完成的，其大小为 2.71 Gb。该版本的基因组包含 30 396 个基因，其中 21 039 个基因编码蛋白。2020 年，研究人员利用层析 γ 扫描（tomographic gamma scanning，TGS）技术，对安格斯牛和婆罗门牛杂交后代的单倍型组装，结合 HiFi 和 Hi-C 数据，成功组装了婆罗门牛染色体水平的基因组（UOA_Brahman_1）（Low 等，2020）。他们利用组装的基因组揭示了区分亚种的结构和拷贝数变异，并强调了变异检测对所选参考基因组的特异性和敏感性。2022 年，研究人员利用三个杂交牛的 HiFi 和 ONT 数据进行基因组组装，得到了高精度的单倍型序列，并且证实了与当前公认的参考基因组相比，新组装的基因组连续性、完整性和准确性方面都有实质性改善。目前随着三代长读长测序技术、染色质构象捕获技术和组装软件的发展，基因组组装技术从刚开始的近完成图、完成图迈进端粒到端粒（telomere-to-telomere，T2T）无缺失时代。基因组组装的数量越来越多，目前牛上已经完成了安格斯牛、婆罗门牛、内洛尔牛、海福特牛和非洲牛等品种的基因组组装（Crysnanto 等，2021；Leonard 等，2022）。在这些基因组的基础上，利用不同牛种或者多个牛属物种基因组构建了牛泛基因组，对现有的牛参考基因组进行补充和完善，为深入挖掘不同地方牛品种的遗传资源提供了参考基因组的支持，也为进一步挖掘牛的全基因组遗传多样性提供了参考基因组基础。一个物种的参考基因组已成为生物信息学领域的核心问题，如果一个物种没有参考基因组序列，就无法对该物种的基因进行功能分析，也无法开展全基因组遗传多态性评价。基因组遗传多态性是指在长期进化的过程中，基因组的 DNA 序列不断地发生变异，这些变异可能是有害的、有益的或中性的，其中一些变异被保存下来，导致了不同群体和个体间基因组的差异或多态性。

基因组变异是基因组演化和生物多样性的主要驱动力之一。这些变异导致基因组序列和结构的变化，构成了基因组的自然现象，可能影响着基因的表达水平、蛋白质结构和功能以及表型特征。遗传变异根据 DNA 变异片段的大小（以碱基对为单位），以及相对于参考基因组事件的性质和位置进行分类。随着测序技术的更新和研究人员的深入研究，序列变异主要包括三大类：单核苷酸变异（SNV）、小的插入或缺失（InDel）和结构变异（structural variation，SV）。这些变异类型反映了 DNA 物质是否被替代、增加（重复或插入）、丢失或重排（倒位或易位）。每个变异通过变异的序列和位置相对于参考序列进行唯一描述。在自然选择的作用下，某些有益的遗传变异可能会在种群中逐渐积累，可以导致适应性特征，为个体在特定环境中的生存提供选择性优势。遗传变异可以提供有关个体、群体和物种之间关系的信息，帮助研究人员理解生物的演化历史和种群结构。目前，利用基因组数据对世界家牛种质资源研究的组织包括千牛基因组计划和国际家畜研究所等。千牛基因组计划旨在提供一个基因组变异数据库，对全基因组关联分析和基因组选育的数据进行补充。2014 年，千牛基因组计划组织者通过分析荷斯坦牛、弗莱维赫牛、娟姗牛和安格斯牛种公牛的重测序数据，共发现 28.3 M SNPs，其中每 1kb 含 1.44 个杂合位点；千牛基因组计划前 7 轮已经募集了全世界 2 703 头牛的全基因组重测序数据，对商品牛的基因组选育、致病基因的鉴定和经济性状功能基因的定位做出了重要贡献，但是该计划还缺乏非洲、南亚、东南亚和东亚等地区土种牛的基因组数据（Daetwyler 等，

2014)。国际家畜研究所主要研究非洲家牛的种质资源，通过对 5 个非洲家牛品种的全基因组数据分析，发现非洲瘤牛具有很高的遗传多样性，并且找到了大量与非洲瘤牛表型、耐热、抗锥虫病相关的基因，为了解非洲瘤牛广泛的适应性提供了全基因组水平的证据；该计划还在继续对非洲土种牛的基因组进行大量的测序，旨在深度挖掘非洲土种牛的基因组遗传变异。除了这两个主要的组织外，全世界科研工作者也在对不同地区家牛品种遗传资源进行研究。根据文献统计，目前已经完成了美洲、欧洲、非洲、亚洲等地牛基因组的测序，这些数据库将为肉牛的基因组选育提供重要数据。随着北欧、东北亚和南亚等地区牛基因组数据的公布，研究人员找到大量地方品种为适应当地环境而形成的与表型、适应性、抗病性和经济性状等有关的基因，由此可见，地方牛品种的遗传资源越来越受到重视（Chen 等，2023；Kim 等，2020）。

二、基于基因组多态性解析世界家牛起源

家牛由原牛驯化而来，线粒体研究结果表明，最初的家牛母系群体只有 80 头左右，相比于其他物种，家牛的有效群体非常有限。现代家牛主要来自两个驯化地——近东地区和印度河谷地区，分别驯化了无肩峰的普通牛和有肩峰的瘤牛。影响当代世界家牛不同类群形成的因素有早期驯化的属于不同群体的原牛祖先血统、群体的迁移、地理隔离以及当地原牛或者近缘野牛的渗入等。基于全基因组数据的群体遗传学研究结果表明，全世界的普通牛至少可以分为欧洲普通牛、非洲普通牛、欧亚普通牛、东亚普通牛等普通牛群体；全世界的瘤牛则至少形成了 3 个类群：印度瘤牛、非洲瘤牛和中国瘤牛（Chen 等，2023）。

在基因组层面，已经灭绝的原牛的基因组仍保留在现代家牛的基因组中，丰富了现代家牛基因组的遗传多样性。家牛的近缘牛种相继被驯化，其中包括水牛、牦牛和爪哇牛。牦牛、印度野牛、爪哇牛与普通牛和瘤牛在遗传距离上较为相近，与家牛都可以进行杂交。近缘野牛与家牛之间也存在基因交流。最新的研究结果表明，不同牛属不同牛种之间存在广泛的基因交流，对于不同牛属动物适应不同生存环境具有重要的作用。通过对不同牛属的动物进行深度测序，瘤牛与大额牛、瘤牛与巴厘牛、普通牛与牦牛、普通牛与欧洲野牛之间均存在广泛的基因组渗入。近缘野牛的基因组渗入极大地增加了现代家牛的遗传多样性，提高了家牛对当地生存环境的适应性（Chen 等，2023）。

中国的 30 个地方黄牛品种的 SNP 分布于 8.753M～35.422M 范围内。总体上中国地方黄牛 SNP 数目呈现着南方多而北方少的规律。中国黄牛的 InDel 数目分布于 1.027M～4.327M 的范围内，其中 InDel 数目最多的是隆林黄牛，而 InDel 数目最少的是柴达木牛。InDel 和 SNPs 的分布规律相似，这符合瘤牛遗传多样性普遍高于普通牛的特征。中国地方黄牛来源于欧亚普通牛、东亚普通牛和中国瘤牛这 3 个祖先群体，中国南方瘤牛和青藏高原的普通牛分别引入爪哇野牛 2.9% 和牦牛 1.2% 的血统，这些近缘物种在基因组的渗入提高了这些黄牛对环境的适应性；特别是外源爪哇野牛血统的渗入，是中国黄牛高遗传多样性的主要贡献源头，也是选育适应中国南方湿热气候肉牛和奶牛新品种的宝贵财富。

综上，对中国地方黄牛全基因组 SNPs、InDel 和 CNV 的分析，可以揭示中国地方黄牛群体丰富的遗传多样性，这不仅为研究中国地方黄牛的起源进化提供支持，而且为中国黄牛的高效选育和新品种培育奠定了重要的理论基础。

第五节　黄牛遗传资源评价体系的构建

一、黄牛遗传资源评价的内容

在《中国牛品种志》和《中国畜禽遗传资源志·牛志》的基础上，结合体型外貌特征、以往的分类结果以及近年来应用 mtDNA、Y 染色体和全基因组等对我国地方黄牛遗传资源的研究成果，可以对我国地方黄牛遗传多样性进行系统评价。从体型外貌鉴定、mtDNA 和 Y 染色体的遗传多样性、全基因组 SNP、InDel、CNV 等多层次、全方位系统揭示地方黄牛基因组丰富的遗传多样性、独特的基因资源与种质特性及其分布规律。

1. 黄牛体型外貌特征鉴定

牛的体型外貌包括整体结构，毛色、蹄色、角色、被毛形态，头颈部、前躯、中躯、后躯的躯干特征、四肢、尾部、母牛乳房发育情况等。从体态外貌特征上分析，中国黄牛遗传资源有的很接近上述原牛，有的又呈现出独有的特征。特别是普通牛与瘤牛的融合程度变异更为明显，许多中国黄牛在驯化和利用过程中受到瘤牛的影响。对各品种资源的肩峰发达程度的比较分析发现，从南向北呈逐渐变小的趋势，同时中国地方黄牛品种因其高遗传多样性的特点导致其体型外貌也多种多样。

北方黄牛被毛长而密，毛色多为黄色，其次为黑色、灰色及杂色；头短宽，角向上前方弯曲，颈短薄，鬐甲低，垂皮不发达，属于无峰牛；胸较宽深，背腰平直，后躯短窄而斜，体型中等。中原黄牛体躯高大，被毛较短，毛色多为红色和黄色，少量为黑色；头较大，角短，多向下、向后或向上前方弯曲，颈短粗，公牛鬐甲较高而宽，垂皮较发达，属于无峰牛和有峰牛的混合类型；胸宽而深，背腰平直，后躯短斜，体型大。南方黄牛体躯小，被毛短，毛色多为黄色，偶有黑色和花色；头长窄，角短，多为扁担角、龙门角，颈粗大，公牛鬐甲高耸，垂皮发达，属于有峰牛；胸宽而深，背腰平直，后躯短斜，体型小。可以通过体型外貌特征进行地方黄牛的遗传资源鉴定。

2. 父系和母系起源鉴定

普通牛属于 T 支系（T、T1 - T5），瘤牛属于 I 支系（I1、I2 和 I3）。中国地方黄牛具有明显的地理分布规律，中国北方黄牛以普通牛 T 支系为主，南方黄牛以瘤牛 I 支系为主，中原黄牛为普通牛 T 支系与瘤牛 I 支系的混合起源。全世界家牛可以划分为 5 个具有明显差异的父系支系：Y1、Y2a、Y2b、Y3a、Y3b。中国黄牛拥有 Y2a 和 Y2b 两种普通牛的血统。父系研究结果也显示中国西北和中国北方的普通牛所含 Y2a 的比例要大于 Y2b。中国瘤牛群体 Y3a 单倍型频率较高。Y 染色体单倍型呈现明显的地理分布特征，北方牛群中普通牛 Y 染色体单倍型频率最高，瘤牛 Y 染色体单倍型在南方种群中占有优势，中原黄牛同时具有普通牛和瘤牛的 Y 染色体单倍型。利用 mtDNA 和 Y 染色体可以对中国地方黄牛的父系和母系起源进行精准鉴定。

3. 全基因组遗传多态性检测

中国地方黄牛来源于东亚普通牛、欧亚普通牛和中国瘤牛这 3 个祖先群体。东亚普通牛约于 4 000 年前进入我国北方广大地区，并逐渐扩散到青藏高原地区，由于地理隔离，青藏高原地区保留了我国最原始的藏黄牛遗传资源。瘤牛约于 3 700 年前进入我国东南沿海地区，瘤牛血统由南向北、由东向西逐渐降低。历史上我国广泛存在原牛、野牦牛、印度野牛、爪哇牛与大额牛等近缘牛种，这些牛种对我国黄牛的品种形成和环境适应性具有重要贡献。

从全基因组水平研究发现中国地方黄牛具有丰富的遗传变异，研究人员通过对中国不同地方黄牛进行芯片和重测序数据分型，通过 SNP 可以将不同区域的黄牛品种明显区分开，同时鉴定出一系列群体特异性和品种特异性的候选 SNP。根据牛种来区分，中国瘤牛的 SNP 数量明显高于中国普通牛的 SNP 数量，同时拥有普通牛和瘤牛血统的地方品种 SNP 数量位于两者之间。通过地理区域划分来看，中国东南地区和西南地区的瘤牛 SNP 数量均大于 20M，最高可达 30M 以上，而普通牛的 SNP 数量在 10M 左右。西藏地区同时拥有普通牛和瘤牛血统。按照品种划分，SNP 数目最多的是隆林牛，数目最少的是柴达木牛，除去个体数目对黄牛品种的 SNP 数目的影响外，中国地方黄牛 SNP 数目呈现南方多而北方少的规律。中国黄牛的 InDel 数目分布于 1.027 M～4.327 M 的范围内，其中 InDel 数目最多的是隆林黄牛，而 InDel 数目最少的是柴达木牛。InDel 和 SNPs 的分布规律相似。同时利用群体遗传学分析手段和遗传变异鉴定，对中国地方黄牛遗传资源（品种）进行聚类和亲缘关系分析，并对不同地方黄牛进行精准鉴定。

4. 遗传资源评价模式

对黄牛的遗传多样性和起源研究发现，中国地方黄牛来源于 3 个祖先群体，有 7 个母系起源与 3 个父系起源，该研究系统揭示中国地方黄牛基因组丰富的遗传多样性、独特的基因资源、种质特性与地理分布规律。根据以上研究成果可对中国地方黄牛遗传资源进行"四位一体"评价，即通过对中国地方黄牛的体型外貌性状、mtDNA 母系支系、Y 染色体父系支系、全基因组独特的 SNPs 相结合的模式进行评价。以拟评价的黄牛品种为对象，首先评价其体型外貌性状，其次对其进行 mtDNA 鉴定，确定其独特的母系支系，然后对其进行 Y 染色体 STR 与 SNP 鉴定，确定其独特的父系支系，最后以全基因组 SNPs 鉴定黄牛独特的基因资源；这种"四位一体"的中国地方黄牛品种资源评价模式为中国地方黄牛的选育、保护和利用提供了理论和技术支撑。

二、黄牛新遗传资源鉴定的实施

黄牛新遗传资源是指未列入《国家畜禽遗传资源目录》，通过调查新发现的黄牛遗传资源。黄牛新遗传资源在推广前，应当通过国家畜禽遗传资源委员会审定或者鉴定，并由农业农村部公告。

（一）黄牛新遗传资源鉴定条件

本条件遵照执行《畜禽新品种配套系审定和畜禽遗传资源鉴定技术规范（试行）修订稿》的相关规定。申请的新资源为血统来源基本相同，分布区域相对连续，与所在地自然及生态环境、文化及历史渊源有较为密切的联系；未与其他品种杂交，外貌特征相对一致，主要经济性状遗传稳定；具有一定的数量和群体结构。新资源的群体大小要求为母牛1 000头、公牛40头、核心群200头。

（二）黄牛新遗传资源鉴定办法

黄牛新遗传资源鉴定办法与流程严格执行《中华人民共和国畜牧法》相关规定，遵循《畜禽新品种配套系审定和畜禽遗传资源鉴定办法》。申请审定和鉴定的遗传资源，应当具备下列条件，并符合相关技术规范要求：①主要特征一致、特性明显，遗传性稳定；②与其他黄牛遗传资源有明显区别；③具有适当的名称。具体遗传资源鉴定技术规范由农业农村部另行制定。申请遗传资源鉴定时，由该资源所在地省级人民政府畜牧行政主管部门向国家畜禽遗传资源委员会提出。申请畜禽遗传资源鉴定的，应当向国家畜禽遗传资源委员会提交畜禽遗传资源鉴定申请表、遗传资源介绍、遗传资源标准和声像、画册资料及必要的实物。审定包括初审、审定与鉴定、公告等过程，通过审定或者鉴定的遗传资源，由国家畜禽遗传资源委员会在中国农业信息网（www.agri.gov.cn）公示。公示期满无异议的，由国家畜禽遗传资源委员会颁发证书并报农业农村部公告。

‖本章小结

根据黄牛新遗传资源鉴定条件和黄牛新遗传资源鉴定办法，可以结合"四位一体"的遗传资源评价模式，对中国地方黄牛新遗传资源进行鉴定。结合体型外貌特征、以往的分类结果以及近年来应用mtDNA、Y染色体和全基因组等对我国地方黄牛遗传资源的研究成果，可以对我国地方黄牛遗传多样性进行系统评价。从体型外貌鉴定、mtDNA和Y染色体的遗传多样性、全基因组遗传变异图谱等多层次、全方位系统揭示地方黄牛基因组丰富的遗传多样性、独特的基因资源与种质特性及其分布规律。

中国地方黄牛具有丰富的mtDNA遗传多样性，共有6种普通牛单倍型组（T、T1～T5）和2种瘤牛单倍型组（I1和I2）；中国北方黄牛的父系以Y2a和Y2b支系为主，南方黄牛以瘤牛Y3a支系为主，中原黄牛为普通牛与瘤牛的混合起源。中国地方黄牛父系和母系遗传多样性研究对追溯地方黄牛品种的形成、起源进化及遗传资源评价具有重要的意义。中国地方黄牛来源于欧亚普通牛、东亚普通牛和中国瘤牛这3个祖先群体，并且历史上广泛受到原牛、野牦牛、印度野牛、爪哇牛与大额牛等近缘牛种的渗入，这些牛种对我国黄牛的品种形成和环境适应性具有重要贡献。因此，在研究清楚中国地方黄牛遗传背景的情况下，可利用群体遗传学分析手段以及遗传变异的鉴定对中国地方黄牛遗传资源

（品种）进行聚类和亲缘关系分析，并对不同地方黄牛进行精准鉴定。

▌参考文献

陈幼春，1990. 中国黄牛生态种特征及其利用方向［M］. 北京：中国农业出版社.

Achilli A，Olivieri A，Pellecchia M，et al，2008. Mitochondrial genomes of extinct aurochs survive in domestic cattle［J］. Current Biology，18（4）：R157－158.

Cai D，Sun Y，Tang Z，et al，2014. The origins of Chinese domestic cattle as revealed by ancient DNA analysis［J］. Journal of Archaeological Science，41：423－434.

Chen N，Cai Y，Chen Q，et al，2018. Whole－genome resequencing reveals world－wide ancestry and adaptive introgression events of domesticated cattle in East Asia［J］. Nature Communications，9（1）：2337.

Chen N，Xia X，Hanif Q，et al，2023. Global genetic diversity，introgression，and evolutionary adaptation of indicine cattle revealed by whole genome sequencing［J］. Nature Communications，14（1）：7803.

Chen S，Lin B Z，Baig M，et al，2010. Beja－Pereira A. Zebu cattle are an exclusive legacy of the South Asia neolithic［J］. Molecular Biology and Evolution，27（1）：1－6.

Crysnanto D，Leonard A S，Fang Z H，et al，2021. Novel functional sequences uncovered through a bovine multiassembly graph［J］. Proceedings of the National Academy of Sciences of the United States of America，118（20）：e2101056118.

Daetwyler H D，Capitan A，Pausch H，et al，2014. Whole－genome sequencing of 234 bulls facilitates mapping of monogenic and complex traits in cattle［J］. Nature Genetics，46（8）：858－865.

Edwards C J，Ginja C，Kantanen J，et al，2011. Dual origins of dairy cattle farming——evidence from a comprehensive survey of European Y－chromosomal variation［J］. PloS One，6（1）：e15922.

Elsik C G，Tellam R L，Worley K C，et al，2009. The genome sequence of taurine cattle：a window to ruminant biology and evolution［J］. Science，324（5926）：522－528.

Kim K，Kwon T，Dessie T，et al，2020. The mosaic genome of indigenous African cattle as a unique genetic resource for African pastoralism［J］. Nature Genetics，52（10）：1099－1110.

Leonard A S，Crysnanto D，Fang Z H，et al，2022. Structural variant－based pangenome construction has low sensitivity to variability of haplotype－resolved bovine assemblies［J］. Nature communications，13（1）：3012.

Li R，Zhang X M，Campana M G，et al，2013. Paternal origins of Chinese cattle［J］. Animal Genetics，44（4）：446.

Low W Y，Tearle R，Liu R，et al，2020. Haplotype－resolved genomes provide insights into structural variation and gene content in Angus and Brahman cattle［J］. Nature Communications，11（1）：2071.

Xia X T，Achilli A，Lenstra J A，et al，2021. Mitochondrial genomes from modern and ancient Turano－Mongolian cattle reveal an ancient diversity of taurine maternal lineages in East Asia［J］. Heredity，126（6）：1000－1008.

（陈宁博）

第五章
中国黄牛遗传性能测定

第一节 体型外貌测定

牛的外貌鉴定传统上采用3种方法，即观察鉴定、评分鉴定和测量鉴定。其中以观察鉴定应用最广。在鉴定牛外貌时，三者常结合进行，以弥补单一鉴定的不足。牛的体型外貌测定详细参考第四章第一节。

1. **体型特征的外貌鉴定**

观察鉴定即用肉眼观察牛的外形及品种特征的方法。牛的外貌形态和体质呈现对应关系，故可通过体型外貌判断牛的品种纯度、生产性能、健康状况及确定其改良和育种方向等。进行牛外貌鉴定时应首先熟知各种用途牛典型的外貌特征。不同用途牛的外部形态不一样。通常有乳用、肉用和役用及其过渡类型。乳用体型表现为后躯发达的三角形，即呈楔形；肉用体型表现为前后躯宽度近似的长方形，即呈矩形；役用体型表现为前躯发达的三角形，即呈梯子形（王永智，2013）。

2. **鉴定方法与步骤**

（1）个体毛色标记　根据牛体的花色分布，绘制牛头部、左侧、右侧的3个外貌图像。同时拍照登记。

（2）个体外貌鉴定　具体操作见第四章第一节。

3. **鉴定结论与报告**

（1）根据鉴定情况描述并绘制牛毛色标记外貌图。

（2）将鉴定情况记录到外貌鉴别评分表（表5-1、表5-2）中，按表中规定内容逐项给予适当的评分。

（3）根据线性外貌得分，查线性得分转换成功能得分（表5-3），分值为1~100分。对于乳用牛，对照育种要求，按一般外貌、乳用特征、体躯容积和泌乳系统四大部位，将有关体形性状得分（功能分）加权合并为各部位得分。得分记录到系谱中，供选择时使用。具体规则应根据各地品种协会制定（王永智，2013）。

肉眼鉴定简单易行，但鉴定人员必须经验丰富，才能得出相对客观的结果。当鉴定人员经验不足时，建议辅助以其他的鉴定方法（马桂变，2013）。

表 5-1 肉牛外貌鉴别评分表

部位	鉴别要求	评分	
		公牛	母牛
品种特征及整体结构	品种特征明显，结构匀称，体质结实，肉用体型明显，肌肉丰满，皮肤柔软有弹性	25	25
前躯	胸宽深，前胸突出，肩胛宽平，肌肉丰满	15	15
中躯	肋骨张开，背腰宽而平直，中躯呈圆桶形，公牛腹部不下垂	15	20
后躯	尻部长、平、宽、大腿肌肉突出伸延，母牛乳房发育良好	25	25
肢蹄	肢势端正，两肢间距宽，蹄形正，蹄质坚实，运步正常	20	15
合计		100	100

表 5-2 中国黄牛外貌鉴定评分表

项目		满分标准	公牛		母牛	
			满分	评分	满分	评分
品种特征及整体结构		根据品种特征，要求具有该品种的全身被毛、眼圈、鼻镜、蹄趾等的颜色，角的形状、长短和色泽 体质结实、结构均匀、体躯宽深，发育良好，皮肤粗厚，毛细短、光亮、头型良好，公牛有雄相，母牛俊秀	30		30	
躯干	前躯	公牛鬐甲高而宽，母牛较低但宽。胸部宽深，肋弯扩张，肩长而斜	20		15	
	中躯	背腰平直、宽广，长短适中，接合良好，公牛腹部成圆筒形，母牛腹大不下垂	15		15	
	后躯	尻宽、长，不过斜，肌肉丰满，公牛睾丸两侧对称，大小适中，附睾发育良好，母牛乳房呈球形，发育良好，乳头较长，排列整齐	15		20	
四肢		肢势良好，健壮有力，蹄大、圆、坚实，蹄缝紧，动作灵活有力，行走时后蹄超前蹄	20		20	
合计			100		100	

表 5-3 黄牛外貌等级评定表

等级	公牛	母牛
特级	85分以上	80分以上
一级	80	75
二级	75	70
三级	70	65

4. 注意事项

（1）凡品种特征不符合表 5-2 规定者，不予鉴别，但基本符合品种特征要求，而与标准上有一定差距者，可根据表型程度在"品种特征及整体结构"中适当扣分。

（2）在评分时，为便于掌握，每一大项可先按三级初步定出最低分数，如"品种特征及整体结构"，公牛三级为21分（70%×30%），然后根据该项外貌表现程度，适当增减分数。其他各项均可按此法进行评分。

（3）凡具有狭胸、靠膝、跛行、凹背、凹腰、尖尻、立系、卧系等形态表现严重者，在母牛只能评为二级以下（包括二级），公牛只能评为三级以下（包括三级）（姜会民，2012）。

第二节　生长发育性能测定

一、称重测量

生长发育性状是肉牛经济学特性最易评测的性状，而且这类性状为中等遗传力，性状评估育种值也较为准确，因此常被作为肉牛生产性能评定的重要指标。测定的性状主要包括初生重、断奶重、周岁重、18月龄重、24月龄重及体尺性状（高翰等，2022）。一般情况下，称重和体尺测量同时进行。

1. 测定要求

（1）测量用具　测量体高、十字部高用测杖，体斜长用测杖或卷尺，胸围、管围和腹围用软尺，坐骨端宽、髋宽、腰角宽用测盆器或卷尺。测量用具在测量前应加以校正（高翰等，2022）。

（2）被测牛只姿势　测量体尺时，使牛自然端正地站在平坦、坚实的地面上，头部前伸。

（3）体重测定　测定6月龄（断奶）、12月龄、18月龄、24月龄体重时，一般应在早晨饲喂及饮水前进行，连续测定2d，取其平均值。测定时，要求用灵敏度≤0.1kg的磅秤称量，单位为kg，保留一位小数（杨敏，2009）。

2. 体重的测定

（1）初生重　犊牛出生后采食初乳前的活重。

（2）断奶重　犊牛断奶时的空腹活重。为管理方便，可将断奶日期相近的犊牛集中在一天称重，但要记录准确的断奶日龄，并采用如下公式计算断奶重。

断奶重＝［（实际称量重－初生重）/称重日龄］×断奶日龄＋初生重

（3）周岁重　牛12月龄空腹活重。

（4）18月龄重　牛18月龄空腹活重。

（5）24月龄重　牛24月龄空腹活重。

二、体尺测量

体尺是牛外貌鉴定和选种的重要依据之一，测量体尺可获得牛生长发育情况和体型的重要数据。体尺测量常用的工具有：测杖、圆形测定器、卷尺、测角计、记录表。在测杖、卷尺、圆形测定器上都刻有厘米刻度，测角计上则有角度与分刻度（王永智，2013）。

（一）测量方法

肉牛测量体高、体斜长、胸围、腹围、管围。科研和品种普查则根据需要而定。牛端正站立在宽敞、平坦的场地上。四肢直立，从后面看后腿掩盖前腿，侧望左腿掩盖右腿或右腿掩盖左腿。头自然前伸，即不偏左也不偏右，不高抬也不下垂。四蹄落在地面两条平行的直线上。每项测量 2 次，取平均值。操作要做到准确、迅速、细心。体尺测量一般包括测杖测量、圆形触测器测量和卷尺测量等。

1. 测杖测量

测量指标包括体高、尻高、体直长、体斜长、十字部高。体高又称鬐甲高，自鬐甲最高点到地面的垂直距离。尻高为荐骨最高点的高度。体直长为肩端至坐骨端后缘垂直线的距离。体斜长通常称体长，牛肩胛骨前缘至坐骨结节后缘的距离（朱宝龙，2016）。为牛体两腰角连线中点至地面的垂直高度。

2. 圆形触测器测量

测量指标包括胸宽、胸深、腰角宽、髋宽、坐骨端宽。胸宽为左右第六肋骨间的最大距离，即肩胛骨后缘胸部最宽处的宽度。腰角宽为腰角处最大宽度。髋宽为髋骨的最大宽度。坐骨端宽为坐骨端外缘的宽度。

3. 卷尺测量

测量指标包括胸围、腹围、管围。胸围为肩胛后缘处体躯的垂直周径。为十字部前缘腹部最大处的垂直周径。管围为前肢胫部上 1/3 的周径，一般在胫部的最细处测量（高翰等，2022）。测量部位的起止点（单位为 cm），见图 5 - 1。

（二）主要体尺指数的计算

鉴定牛的外貌时，为了进一步明确牛体各部位在发育上是否匀称，不同部位间的比例是否符合品种特征，以及为了更加明确地判断某些部位发育情况，在体尺测量后，常计算体尺指数。体尺指数（body measurement index）就是指牛体某一部位体尺对另一部位体尺的百分比，可以显示两个部位之间的比例关系（谢云怡等，2016）。实际生产上，常用以下几种体尺指数。

1. 体长指数

体长指数为体斜长/体高，说明长和高的相对发育程度。一般乳用牛的体长指数较肉用牛小。胚胎期发育不全的牛，由于高度上发育不全，此指数较大。而对生长发育不全的牛，则与此相反，其体长指数远比该品种固有平均值低。

2. 胸围指数

胸围指数为胸围/鬐甲高，说明体躯高度和宽度上的相对发育程度。鉴定役用牛时使

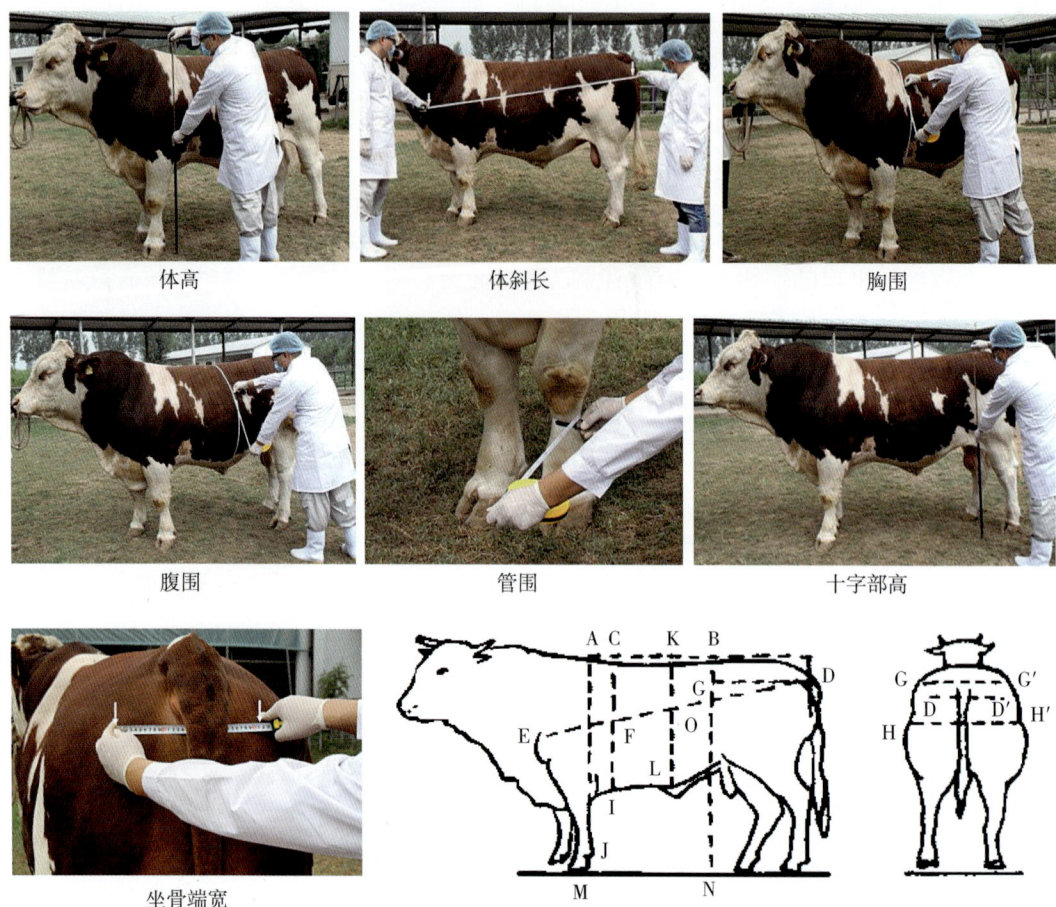

图 5-1 牛体尺测量部位示意图

体高：A-M；体斜长：E-D；胸围：C-F-I-F-C；腹围：K-O-L-O-K；管围：J；十字部高：B-N；
坐骨端宽：D-D′；腰角宽：G-G′；尻宽：D-G；髋宽：H-H′

用此指数较多，因为胸围是耕牛役用能力的重要指标。

3. 体躯指数

体躯指数为胸围/体斜长，说明牛躯干是粗短还是修长。此指数是说明牛胸部的相对发育程度，表明牛体量发育情况的一种指标。一般役用牛和肉牛的体躯指数比乳牛大，原始品种牛的此指数最小（李英超等，2018）。

4. 尻宽指数

尻宽指数为坐骨端宽/腰角宽，反映尻部的发育程度。这一指数在鉴定公母时特别重要。尻宽指数越大，表示由腰角至坐骨结节间的尻部越宽。高度培育品种的尻宽指数较原始品种要大（王秀娟等，2023）。

5. 管围指数

管围指数为管围/体高，反映骨骼的发育程度。由这一指数可判断牛骨骼的相对发育情况。

6. 肢长指数

肢长指数为（体高－胸深）/体高，说明四肢的相对长度。

7. 肉用指数

肉用指数是指体重与体高之比，反映肉牛的类型和发育情况（张英汉，2001）。

第三节 宰前要求

1. 产地检疫

育肥牛出栏前，应当在产地进行检疫，以便及时发现那些屠宰后难以检验的传染病，如口蹄疫、破伤风、胃肠炎、脑炎和某些中毒性疾病。

经过检疫，确诊为恶性传染病的病牛严禁外运，并迅速上报畜牧主管部门，及时进行处理。产地检疫之后，需为健康合格的肉牛出具产地检疫证明，方可外运（杨振刚，2016）。

2. 宰前检验

肉牛到达屠宰场以后，还要进一步对肉牛进行宰前检验。宰前检验可以依据兽医的临床诊断，结合屠宰场的实际情况，采用比较灵活的方法。

首先进行初步的观察和调查了解，把基本合格的牛群赶入预检圈休息。在保证充分饮水和休息的条件下，观察牛的外貌、行动、精神状况等，并进行精细的临床检查。

经过检查，将健康的牛领入饲养圈饲养。如果发现病牛，则需赶入隔离圈，按照《肉品卫生检验试行规程》相关规定处理，保证牛肉质量（特日格勒等，2022）。

凡是健康合格、符合卫生标准和商品规格的肉牛，准予屠宰；对肉食卫生没有妨碍的一般病牛和一般传染病病牛，如果有死亡的危险，应当立即屠宰。

3. 宰前24h

肉牛在屠宰前24h要停止饲喂，同时要保证肉牛充足的饮水，并提供安静的环境。

4. 宰前8h

屠宰前8h，应当停止供应饮水。

第四节 胴体性能测定

胴体性能测定是指对肉牛屠宰后的胴体品质进行测定，主要包括胴体重量测定、产肉性能指标计算、胴体形态测定等。胴体性能需要专业技术人员使用屠宰设施和特殊设备测定，通常只能在测定站测定（宁夏大学，2019）。

1. 待宰牛宰前要求

待宰牛宰前24h停食，保持安静的环境和充足的饮水，直至宰前8h停止供水。

2. 屠宰规格和要求

（1）放血　在牛颈下缘喉头部割开血管放血。

（2）去头　剥皮后，沿头骨后端和第一颈椎间切断去头。

（3）去蹄　从腕关节处切下前蹄，从跗关节处切下后蹄。

（4）去尾　从尾根部第 1～2 节切断去尾。

（5）内脏剥离　沿腹侧正中线切开，纵向锯断胸骨和盆腔骨，切除肛门和外阴部，分离连接壁的横膈膜。除肾脏和肾脂肪保留外，其他内脏全部取出，切除阴茎、睾丸、乳房。

（6）胴体分割　纵向锯开胸腔和盆腔骨，沿椎骨中央劈开左右两半胴体（称二分体）；转入 4℃ 成熟车间，48～72h 后分割。

3. 胴体重量测定

（1）宰前活重（屠宰重）　育肥牛屠宰前禁食 24h 后的活重。

（2）胴体重　活体放血，去头、皮、尾、蹄、生殖器官及周围脂肪、母牛的乳房及周围脂肪、内脏（保留肾脏及周围脂肪）的重量。

（3）净肉重　胴体剥骨后的全部肉重，包括肾脏及周围脂肪。

（4）骨重　将胴体中所有肌肉剥离后所剩骨骼的重量。

（5）血重　放血所得血液的总重量。

4. 胴体产肉性能计算

（1）屠宰率　胴体重占宰前活重的百分率。

$$屠宰率(\%) = 胴体重 / 宰前活重 \times 100\%$$

（2）净肉率　净肉重占宰前活重的百分率。

$$屠宰率(\%) = 净肉重 / 宰前活重 \times 100\%$$

（3）胴体产肉率　净肉重占胴体重的百分率。

$$胴体产肉率(\%) = 净肉重 / 胴体重 \times 100\%$$

（4）肉骨比　净肉重和骨重之比。

$$肉骨比 = 净肉重 / 骨重$$

5. 胴体形态测定

胴体吊挂于 4℃ 后成熟车间冷却 4～6h 后，进行胴体外观、部位测量和评定（图 5-2 和图 5-3）。

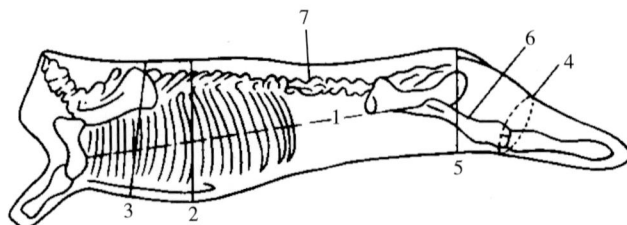

图 5-2　胴体外观、部位测量示意图
1. 胴体长　2. 胴体深　3. 胴体胸深　4. 胴体后腿围　5. 胴体后腿宽
6. 大腿肉厚　7. 腰部肉厚

（1）胴体长　耻骨缝前缘至第 1 肋骨与胸骨联合点前缘间的长度（用卷尺或测杖测量）。

（2）胴体深　牛胴体自第 7 胸椎棘突的体表至第 7 胸骨下部体表的垂直距离（用卷尺或测杖测量）。

（3）胴体胸深　自第 3 胸椎棘突的体表至胸椎下部的垂直距离（用卷尺或测杖测量）。

（4）胴体后腿围　在股骨与胫腓骨连接处的水平围度（用卷尺测量）。

（5）胴体后腿宽　尾根凹陷处内侧至大腿前缘的水平宽度（用卷尺或测杖测量）。

（6）胴体后腿长　耻骨缝至飞节的长度（用卷尺测量）。

（7）大腿肉厚　自大腿后侧体表至股骨体中点的垂直距离（用胴体测量锥测量）。

（8）腰部肉厚　自第 3 腰椎体表（棘突外 1.5cm 处）至横突的垂直距离（用胴体测量锥测量）（杜丽丽，2022）。

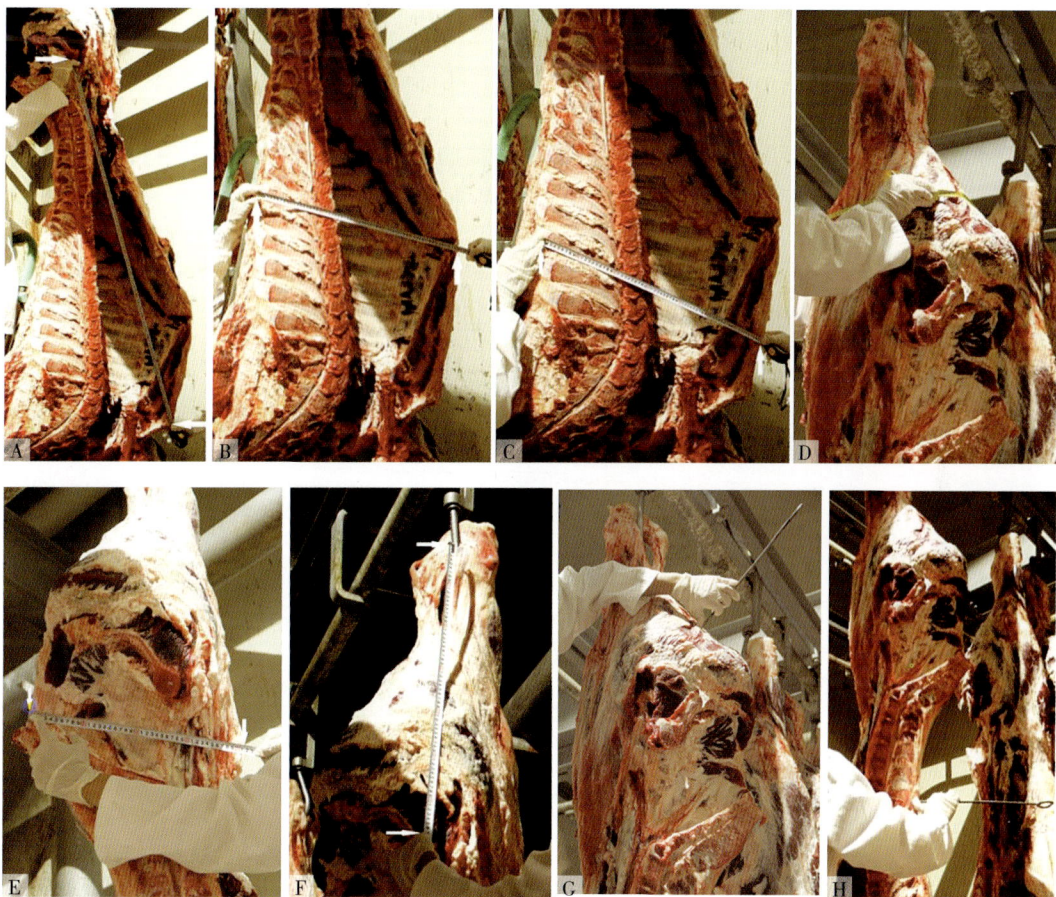

图 5-3　胴体各部位测量示意图
A. 胴体长　B. 胴体深　C. 胴体胸深　D. 胴体后腿围　E. 胴体后腿宽
F. 胴体后腿长　G. 大腿肉厚　H. 腰部肉厚

（9）背膘厚　在 12～13 胸肋间的眼肌横切面处，从靠近脊柱的一端起，垂直于外表面的背膘厚度（图 5-4）（用游标卡尺测量）。

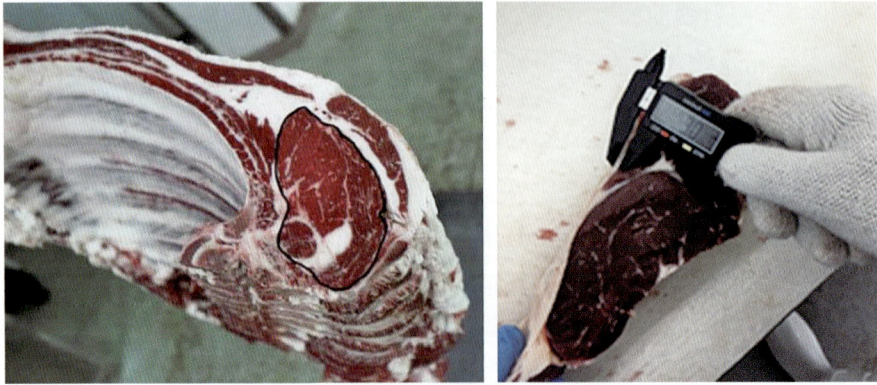

图 5-4 背膘厚测量部位示意图

（10）眼肌面积 第 12~13 胸肋间的眼肌横切面积。眼肌面积测定通常使用方格透明卡测定，可现场直接测定，也可利用硫酸纸将眼肌描样后保存，再用方格透明卡或求积仪计算（图 5-5）。

测定时，将方格透明卡覆盖在待测眼肌样品或描样纸上，读取眼肌部位所占的格子数量，一个格子为 1cm²。取格子的原则为满 1/2 视为一个，不满 1/2 视为没有，记录每次读取的数据，每个样品由同一实验人员测量 3 次，取平均值。

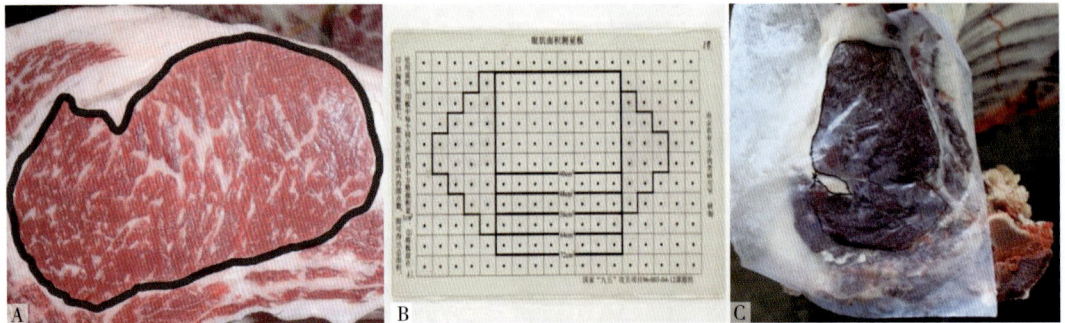

图 5-5 眼肌面积测量部位示意图及测量方法
A. 眼肌面积（黑线：眼肌面积） B. 方格透明卡测定 C. 硫酸纸描样

第五节 肉品质性能测定

肉质是一个综合性状，主要由肌肉大理石花纹、肌肉颜色、脂肪颜色、嫩度、pH、肌肉系水力等指标来度量。

（一）肌肉大理石花纹

肌肉大理石花纹是肌肉中可见脂肪和结缔组织的分布似大理石花纹状，因此称为大理石花纹。它反映了肌肉纤维间脂肪的含量和分布，也是影响牛肉口味的主要因素。通常以第 12～13 肋间处眼肌横断面为代表进行标准卡目测对比评分。采用评分标准有：①5 分制（中国）；②6 分制（美国）；③12 分制（日本）。图 5-6 是中国、美国和日本大理石花纹评定标准卡片，可参考使用（王宝国等，2013）。

中国5分制（农业行业标准NY/T 676—2010）：

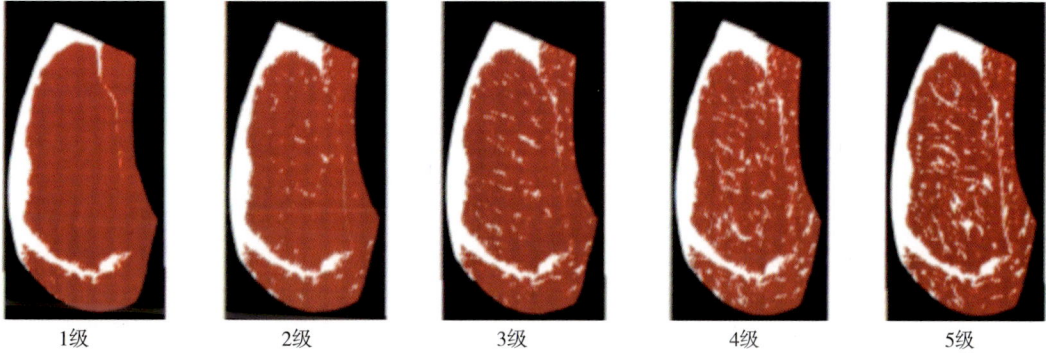

| 1级 | 2级 | 3级 | 4级 | 5级 |

美国6分制：

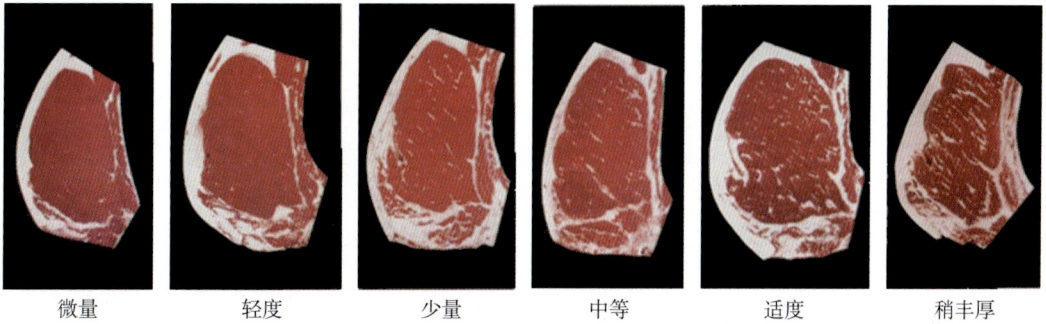

| 微量 | 轻度 | 少量 | 中等 | 适度 | 稍丰厚 |

日本12分制：

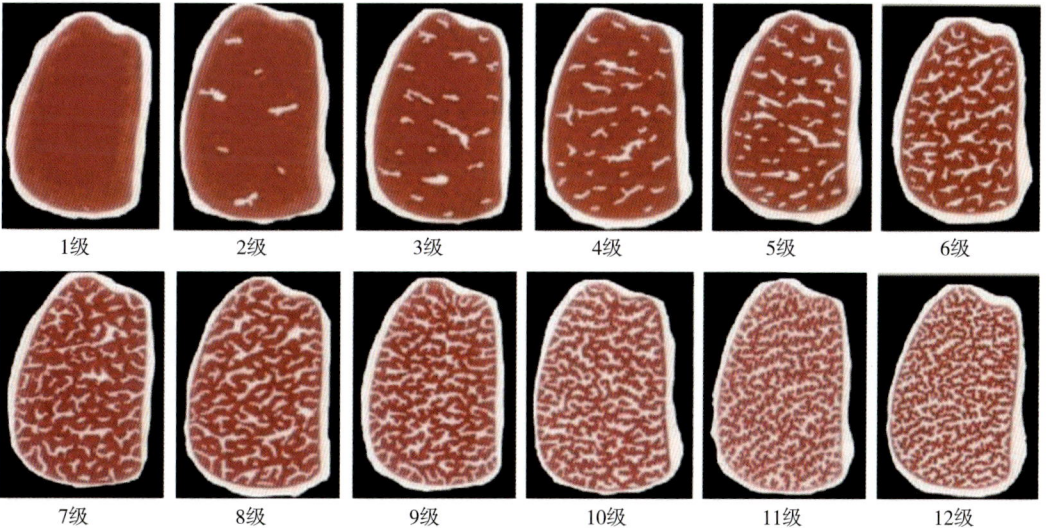

图 5-6 中国、美国和日本大理石花纹评定标准卡片

（二）肌肉颜色

肌肉颜色，简称肉色，是牛屠宰后 24h 内，鉴定第 12～13 肋间背最长肌横断面肉的颜色。肉色是肉质的重要标志，也是胴体质量等级评定的重要指标。肉色鉴定通常有目测法和色差计法。

1. 目测法

屠宰后 24h 内，对照肉色标准图，目测第 12～13 肋间眼肌横切面肉的颜色。目前采用较多的肉色标准图（图 5-7）有：①8 分制（中国）；②7 分制（美国）；③7 分制（日本）。一般肉色呈"樱桃红色"为最佳；在中国 8 分制中，4 分、5 分最好；在美国和日本 7 分制中，3 分、4 分最好。

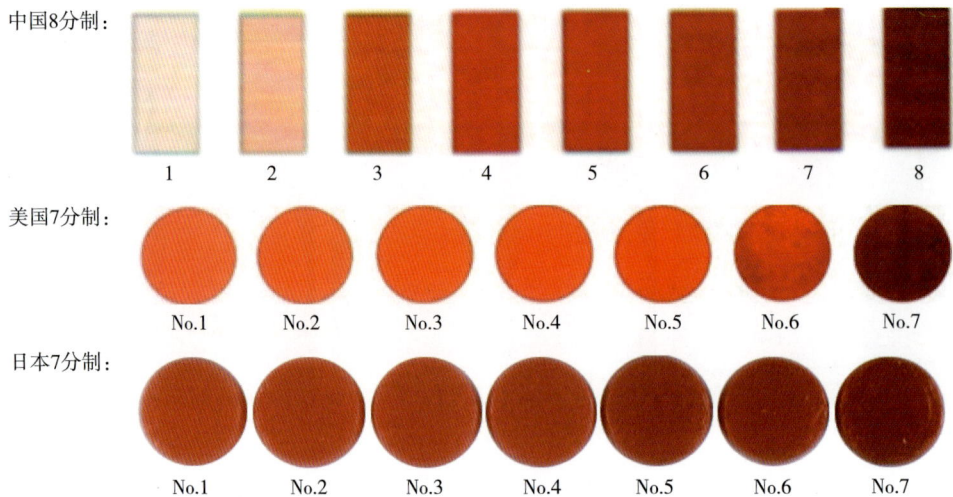

图 5-7 中国、美国和日本肉色评定标准卡片

2. 色差计法

在有条件的情况下，也可采用色差计对肉色进行客观评定，用来降低目测法的主观误差。牛屠宰后 24h 内，利用色差计测定第 12～13 肋间背最长肌横断面肉的颜色。色差计见图 5-8，应配备 D65 光源，波长 400～700nm。

测定步骤：取牛胴体第 12～13 肋间背最长肌，肉样厚度大于 1cm，垂直肌纤维走向切开，横断面在室温下氧合 40min 后测定。氧合过程环境风速应小于 0.5m/s。每个肉样选取 3 个不同位置重复测定后取平均值（图 5-8）。

（三）脂肪颜色

屠宰后成熟，在第 12～13 肋间取新鲜背部脂肪断面，目测脂肪色泽，对照标准脂肪颜色图（图 5-9）评分；目前国内采用较多脂肪颜色标准图有：①8 分制（中国）；②7 分制（美国）；③7 分制（日本）。一般脂肪颜色越白越好，1 分为最佳。

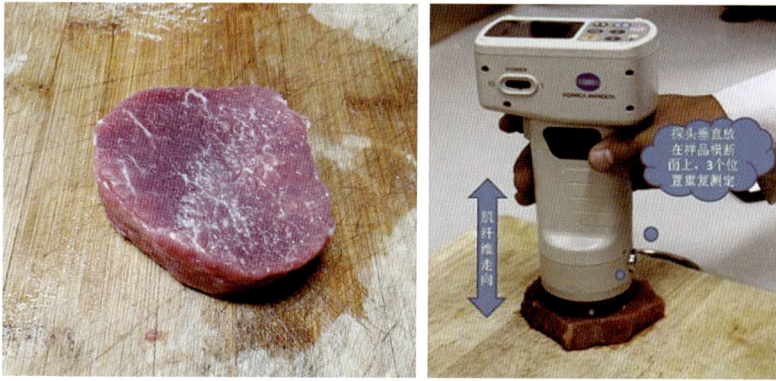

图 5-8 肉样示意图及色差计测量

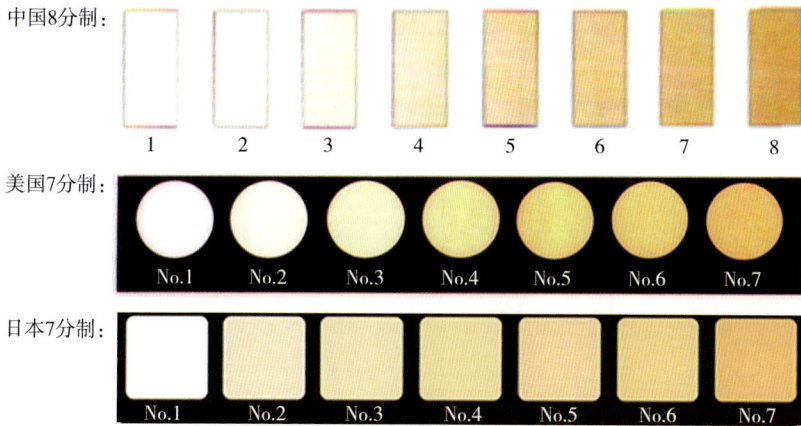

图 5-9 中国、美国和日本脂肪颜色评定标准卡片

（四）嫩度

嫩度指煮熟牛肉的柔软、多汁和易于被嚼烂的程度，是检验肉品质的重要指标。借助仪器来衡量切断力、穿透力、咬力、剁碎力、压缩力、弹力和拉力等来评定肉的嫩度，而最通用的是切断力，又称剪切力。一般用剪切仪或质构仪测定（图 5-10），单位为 kg。这种方法测定方便，结果可比性强，是最常用的嫩度评定方法（云巾宴，2018）。

1. 嫩度判定标准

剪切力在 1kg 以内的，嫩度为极嫩；1～2kg 的为很嫩；2～5kg 的为嫩；5～7kg 的为中等嫩；7～11kg 的则口感粗硬；大于 11kg 的则为粗硬。一般来说剪切力值大于 4kg，就难以被消费者接受。

2. 嫩度测定的步骤

（1）取肉样。取外脊（前端部分）200g，修成 6cm×3cm×3cm 的肉样。

（2）将肉样置于恒温水浴锅加热，用针式温度计测定肉样中心温度，当达 70℃时，保持恒温 20min。

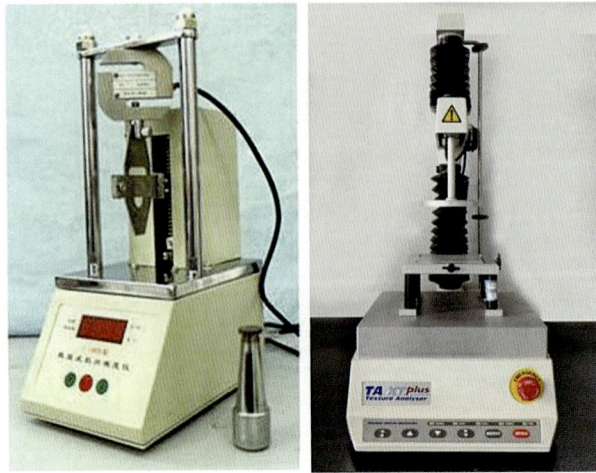

图 5-10　剪切仪（左）和质构仪（右）

（3）20min 后取出，在室温条件下测定。

（4）用直径 1.27cm 的取样器，沿肌肉束走向取肉柱 10 个。

（5）将肉柱置剪切仪上剪切，记录每个肉柱被切断时的剪切力值（用 kg 表示）。

（6）10 个肉柱的平均剪切力值，便是该牛肉的嫩度（图 5-11）。

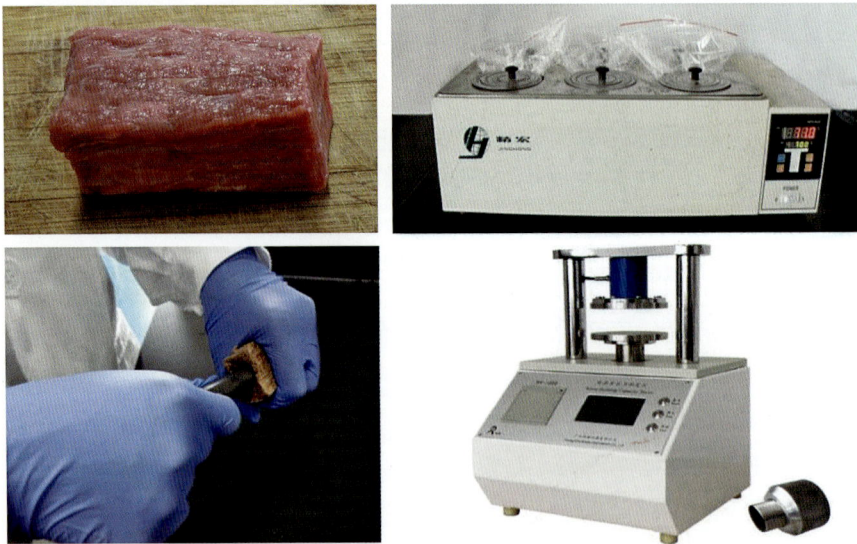

图 5-11　肉样嫩度测定

（五）pH

肉 pH 是反映宰杀后肉糖原酵解速率的重要指标。肌肉 pH 下降的速度和强度对一系列肉质性状产生决定性的影响。肌肉呈酸性首先导致肌肉蛋白质变性，使肌肉保水力降低。pH 测定方法如下：

1. 直接测定法

屠宰后 45~60min 内，用 pH 测定仪（图 5-12）在倒数 3~4 肋间测背最长肌和后腿肌肉 pH，待读数稳定 5s 以上，记录 pH。将胴体在 4℃冷却 24h 后，在相同位置测定 pH，记录 pH。此方法操作简单，推荐使用（图 5-13）。

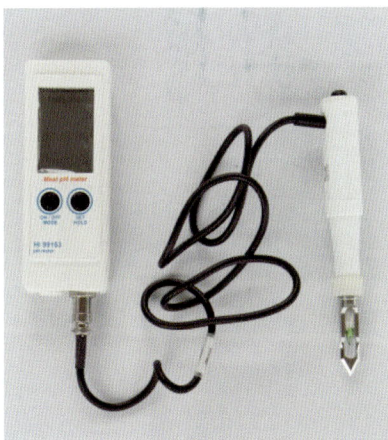

图 5-12　pH 测定仪

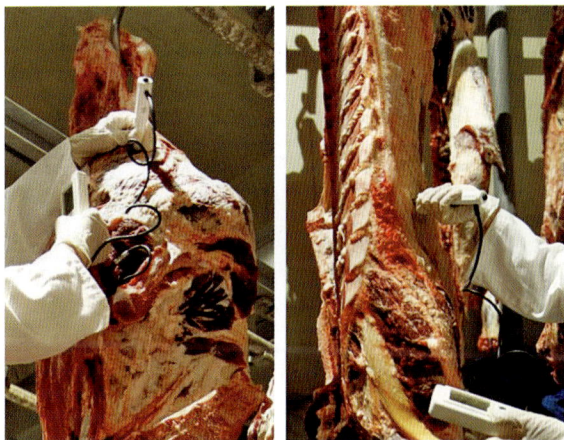

图 5-13　测后腿肌肉（左）和背最长肌（右）pH

2. 间接测定法

采样后，用刀片切取肉样 30g，加 30mL 蒸馏水，置于组织捣碎机中捣碎，过滤后取滤液，用酸度计或 pH 试纸测定其 pH，要求取样后 2h 内完成。

（六）肌肉系水力

肌肉系水力是指当肌肉受到外力作用时，如加压、切碎、加热、冷冻、贮存、加工等，保持其原有水分的能力，也称为持水性。肌肉吸水力的测定方法可分为三类：①不施加外力，如滴水法；②施加外力，如加压法和离心法；③施加热力法，如熟肉率反映烹调水分损失。

1. 滴水损失法

滴水损失是指不施加任何外力，只受重力作用下，蛋白质系统的液体损失量，或称贮存损失和自由滴水。此方法受外界影响小，不需要复杂的设备，测定方法简单易行。

具体测定方法：宰后 2h，取第 12~13 肋间处眼肌，剔除眼肌外周的脂肪和筋膜，顺肌纤维走向修成 5cm×3cm×2cm 的肉条，称重。用细铁丝钩住肉条的一端，使肌纤维垂直向下，悬挂于食品袋中央（避免肉样与食品袋壁接触）；然后用棉线将食品袋口与吊钩一起扎紧，在 0~4℃条件下吊挂 24h 后，取出肉条并用滤纸轻轻拭去肉样表层汁液后称重（图 5-14），并按下式计算。

滴水损失＝［（吊挂前肉条重－吊挂后肉条重）/吊挂前肉条重］×100%

2. 加压法

可利用质构仪测定（图 5-15）。具体测定方法如下：

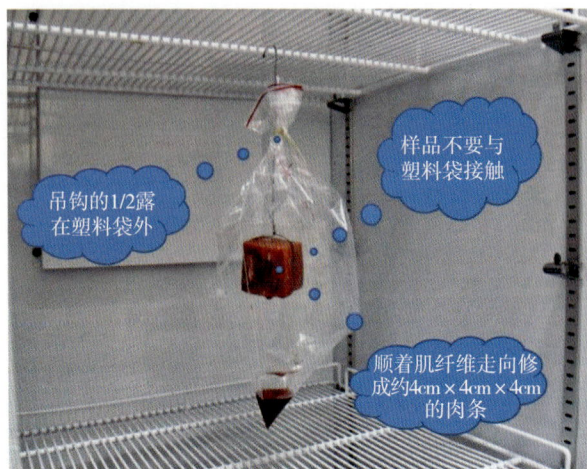

图 5-14 滴水损失法

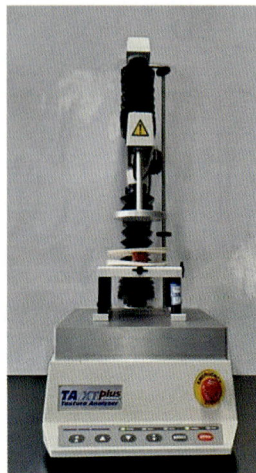

图 5-15 加压法测系水力

（1）质构仪换上压力片，设置程序参数：压力重量 25kg，挤压时间 300s。

（2）宰后 2h，取第 12~13 肋间处眼肌，修成边长约为 2cm 的立方体肉样，用分析天平称重，记下挤压前重量（m_1）。

（3）肉样上下各放 8~10 张滤纸，放到支承座上。

（4）开始挤压，由于滤纸比较松，会缓慢升到 25kg 的重量并保持 300s，一个肉样一般需要 6min 左右。

（5）挤压结束后，取出肉样，揭去两侧粘的滤纸，然后放入分析天平上称重，记下挤压后重量（m_2）。

（6）挤压前重与挤压后重之差占挤压前肉样的百分比即为系水力，计算公式为：

$$系水力 = \frac{m_1 - m_2}{m_1} \times 100\%$$

第六节　泌乳性能测定

牛奶的营养价值除含有乳糖、脂肪、蛋白质和无机元素等营养物质外，还含有种类繁多、作用巨大的生物活性物质，主要功能是用于维持和提升机体免疫系统、内分泌系统，保障酶类及其酶抑制和活性肽等的良好运转。泌乳性能测定是通过测定泌乳牛的奶样，分析其产奶量、乳成分和体细胞数等基础信息，形成生产性能测定报告，系统反映奶牛繁殖配种、饲养管理、乳房保健及疾病防治等状况，为牛群管理提供及时、客观、准确、科学的依据。

一、个体产奶量记录与计算方法

个体产奶量的记录是产奶量统计的基础，最精确的方法是：每头牛每次产奶量由挤奶员记录，每天产奶再由统计员统计，然后每月统计至泌乳期结束后进行总和，即为全泌乳期产奶量。但这种统计方法十分繁琐，工作量大。中国奶业协会建议每月记录3次，每次之间相距8～11d，将每次所得的数值乘以所隔天数，然后相加，最后即得出每月产量和泌乳期产量。其计算公式为：$(M1 \times D1) + (M2 \times D2) + (M3 \times D3) =$ 全月产奶量（kg），式中 $M1$、$M2$、$M3$ 为各测定日全天产奶量，$D1$、$D2$、$D3$ 为当次测定日与上次测定日间隔天数。用此种方法所测得结果与每天实测相加的实际产乳量之间差异很小，呈极显著正相关（$r = 0.993$，$P < 0.01$）。

正常情况下，奶牛每年产犊一次，并有60d干奶期，实际产奶天数为305d。一些国家及中国奶业协会都以统计305d产奶量为标准，即计算从产犊后第一天开始到305d为止的总产量。如实际产奶不足305d，则记录实际产奶量并记录产奶天数；如超过305d，则超出部分不计算在内。全泌乳期实际产奶量：是指自产犊后第一天开始到干奶为止的累计产奶量。年度产奶量是指本年度1月1日至本年度12月31日为止的全年产奶量，其中包括干奶阶段。

二、群体产奶量统计方法

（一）按牛群全年实际饲养乳牛数计算

按牛群全年实际饲养乳牛数计算群体产奶量是衡量饲料报酬、产乳成本及管理水平的依据。其计算公式：成年母牛全年平均产奶量＝全群全年总产奶量/全年平均每天饲养成年母牛头数。

全年平均每天饲养成年母牛头数，是将全部成年母牛（包括泌乳牛、干乳牛、转进或买进成年母牛，卖出或死亡以前的成年母牛）的在群天数总和除以365所得的值，代入上列公式（朱深圳，2014）。

（二）按全年实际产乳牛头数计算

泌乳牛年平均产奶量＝全群全年总产奶量/全年平均每天饲养泌乳牛头数

全年平均每天饲养泌乳牛头数是指全年每天饲养泌乳牛头数总和除以365d（闰年为366d），泌乳牛中不包括干奶牛及其他不产奶的牛，因此计算结果比成年母牛全年平均产奶量高（魏学蕊，2002）。

三、乳脂率的测定和计算

乳脂率为乳中脂肪所占的百分比，一般为个体多次检测的平均值。常规的乳脂测定方法，是在全泌乳期的10个月内，每月测一次，将测定的乳脂率乘各月的实际产奶量，求得该月的乳脂量，而后算出全泌乳期的乳脂量总和。用总产奶量除以乳脂量总和，即得平均乳脂率。

乳脂率为 4% 的乳称为标准乳（FCM）。由于每头母牛所产乳的成分不同，个体间比较时不能直接应用 305d 的产乳量，要按能量相等的原则将 305d 产乳量折算成标准乳，才可进行个体间比较。标准乳的计算公式：

$$FCM = (0.4 + 0.15 \times 乳脂率) \times 305d 的产乳量$$

四、奶牛生产性能测定

奶牛生产性能测定（DHI）是指每个月对牛奶产量、乳成分和体细胞数等进行测定，可为奶牛场提供泌乳奶牛的生产性能数据，是奶牛选种选配的重要参考依据，同时也是提高奶牛场饲养管理水平的重要手段。奶牛生产性能测定是通过技术手段对奶牛场的个体牛和牛群状况进行科学评估，依据科学手段适时调整奶牛场饲养管理，最大限度发挥奶牛生产潜力，实现奶牛场科学化管理和精细化管理。

第七节　繁殖性能测定

繁殖力表示动物生殖机能的强弱以及生育后代的能力，亦称生殖力。由一系列生理现象和许多性能指标构成：母畜为性成熟时期、发情周期频率和季节性、排卵数、卵子受精率、受胎率和每次受胎配种次数、妊娠的建立和维持、胚胎成活率、妊娠持续期、分娩情况、产仔率（分娩率）、每胎产仔数、哺乳期、哺育仔畜的能力、产仔至再次繁殖的能力（配种月龄、繁殖季节、情期受胎率、杂交犊牛初生重、成活率及 6 月龄体重、发情季节、受配时间、初配年龄、妊娠期、受配率、受胎率等）（贾春晖，2018）。

1. 受胎率

母牛的总受胎率是指一年内受胎的母牛头数占配种母牛头数的百分率，这一指标反映了牛群的配种受胎情况，用来衡量一年内配种计划完成情况。受胎率还包括情期受胎率，这是指在一个年度内，受胎母牛占配种母牛总数的百分率。受胎母牛至少有一个情期，还有的牛有几个情期可能未受胎，总情期是这些牛情期的累加的总和。受胎率还有一个指标是第一次授精情期受胎率，是第一次参与配种就成功受胎的母牛数占每一情期配种母牛总数的百分率，这一指标反映了种公牛精液的品质和母牛的繁殖管理水平（陈玲等，2013）。

$$总受胎率(\%) = \frac{一年内总受胎母牛数}{一年内配种母牛数} \times 100\%$$

$$情期受胎率(\%) = \frac{一个情期内受胎母牛数}{一个情期内配种母牛数} \times 100\%$$

2. 受配率

是指一年内一个群体参加配种的母牛数占该群体所有适繁母牛数的百分率，这一指标反映了该群体中能繁母牛发情、配种以及管理的情况。

$$受配率(\%) = \frac{受配母牛数}{适繁母牛数} \times 100\%$$

3. 不返情率

返情是指能繁母牛在配种后一定期限内再次发情的现象，是配种失败的表现。不返情率则是指母牛在配种后的一定期限内不再发情的母牛数占该期限内与配母牛总数的百分率，不返情率按期限可分为 30d、60d、90d、120d 不返情率，并且期限越长，其比率越接近实际的受胎率。

4. 产犊率和产犊指数

产犊率是指分娩母牛数占妊娠母牛数的百分率。产犊指数又可称为产犊间隔或者平均胎间隔，是指母牛连续两次产犊间的时间间隔，以平均天数表示，是牛群繁殖力的综合指标。

$$产犊率(\%) = \frac{分娩母牛数}{妊娠母牛数} \times 100\%$$

$$平均产犊间隔 = \frac{总个体产犊间隔(d)}{产犊母牛总数} \times 100$$

5. 犊牛成活率

犊牛成活率是指出生 3 个月时成活的犊牛总数占分娩时产活犊总数的百分率，反映的是犊牛培育的成绩。

$$犊牛成活率(\%) = \frac{3个月时成活的犊牛总数}{分娩时产活犊总数} \times 100\%$$

6. 繁殖成活率

是指本年度断奶的犊牛数占该牛群中能繁母牛总数的百分率，该指标反映了一个年度内繁殖工作的总水平，也可将其称为牛群的繁殖效率。

$$繁殖成活率(\%) = \frac{本年度断奶的犊牛数}{能繁母牛总数} \times 100\%$$

7. 产犊率

$$产犊(存活)率(\%) = \frac{本年度出生犊牛总数}{上年度末成年母牛数} \times 100\%$$

8. 每次受孕的配种（输精）次数

$$每次受孕的配种(输精)次数 = \frac{总配种(输精)次数}{犊牛总数} \times 100$$

第八节　牛遗传性能评定

稳定遗传是指相对性状的稳定遗传，即亲本互交不会出现性状分离，亲本的性状一定会遗传给子代的现象。一般指的是纯合子，由于杂合子有一种以上等位基因，遗传时会发生性状分离，不能稳定遗传亲本的性状。因此，稳定遗传就是各世代能够产生与亲本相同的纯合的基因型，遗传性能评定的目的就是能够找到稳定遗传的基因类型（贾春晖，2018）。

一、早期遗传评定方法

奶牛的遗传评定方法是畜禽遗传育种研究中最深入、应用最广泛、效果最好的领域之一。概括起来，育种值的估计方法可以分为选择指数法和 BLUP 法两大分类。选择指数法就是将来自不同渠道的信息进行适当加权加以合并为一个数值，一般能将种畜的全面遗传价值加以准确地概括。选择指数法主要有同期同龄比较法（CC），同群牛比较法（HC）和改进同期同龄比较法（MCC）等。

二、动物模型 BLUP 法

1948 年，美国科学家 Handerson 提出了 BLUP（best linear unbiased prediction）法，即最佳线性无偏预测法。1973 年又对该法的理论和应用进行了系统阐述，随后很多人对此进行了研究，普遍认为 BLUP 是最好的畜禽遗传评定方法，并广泛应用于畜禽遗传评定中。利用 BLUP 法预测家畜的育种值最早主要应用在奶牛育种上。1972 年我国开始利用动物模型 BLUP 实施中国荷斯坦奶牛的全国联合育种，经过 20 多年的选育，每头牛平均年产奶量从 3 335kg 提高到 4 450kg。北京地区自 1990 年开始应用混合模型 BLUP 法进行种公牛育种值估计，最初使用的是公牛模型。1994 年后，北京奶牛中心与中国农业大学合作编制了动物模型 BLUP 法育种值评定程序，并使用该方法对北京市奶牛群进行遗传评定，大大提高了优秀种公牛和种子母牛的选择准确性，使北京的奶牛遗传评定工作处于中国领先地位（魏学蕊，2002）。

三、测定日模型测定

传统动物模型奶牛遗传评估系统存在一定的缺陷，主要包括需要通过测定日记录估计泌乳期记录，估计的过程本身存在较大的误差：对只作用于一定泌乳阶段的系统环境效应无法在模型中直接考虑，假设性状的育种值在一个泌乳期内保持不变等。为解决上述问题，1993 年 Larry Schaeffer 首次提出了测定日模型，其原理是利用牛泌乳测定日记录直接估计牛泌乳测定日育种值，进而得到泌乳期育种值（谭桂芳等，2009）。

四、其他性能测定

后裔测定是选择优良种公牛的主要手段。育种工作者应当始终把种公牛后裔测定作为一项中心任务。种公牛的选择，首先是审查系谱，其次是审查该公牛外貌表现及发育情况，最后还要根据种公牛的后裔测定成绩，以断定其遗传性是否稳定。良种公牛的选择，主要是通过种公牛的后裔测定，选出相对育种值较高的公牛作种用。选择公牛方法的相对育种值称为"总性能指数（total performance index，TPI）"，是包括产乳量、乳脂率、体型外貌及体细胞数 4 个指标的综合指数（陈玲等，2013）。

本章小结

　　本章主要介绍了中国黄牛遗传性能测定的相关内容，涵盖了体型外貌、生长发育、宰前要求、胴体性能、肉品质性能、泌乳性能和繁殖性能等多个方面的测定方法和评定标准。通过对这些性能的测定和评定，可以更好地了解黄牛的遗传特性，为育种和改良提供科学依据。

　　体型外貌是黄牛遗传性能的重要外在表现。传统的鉴定方法包括观察鉴定、评分鉴定和测量鉴定。鉴定时，鉴定人员需要熟知各种用途牛的典型外貌特征，鉴定步骤包括个体毛色标记、个体外貌鉴定等。通过这些方法，可以判断牛的品种纯度、生产性能、健康状况等，并为改良和育种提供方向。生长发育性能是评定肉牛经济学特性的重要指标。测定这些数据不仅有助于了解牛的生长速度和体型发育，还可以作为选种的重要依据。胴体性能测定是对屠宰后的胴体品质进行评估，包括胴体重量、产肉性能和胴体形态等。胴体重量的测定包括宰前活重、胴体重等。通过计算屠宰率、净肉率、胴体产肉率和肉骨比等指标，可以全面了解肉牛的产肉性能和肉质。肉品质是一个综合性状，主要由肌肉大理石花纹、肌肉颜色、脂肪颜色、嫩度、pH 和肌肉系水力等指标来度量。大理石花纹反映了肌肉纤维间脂肪的含量和分布，是影响牛肉口味的主要因素。肉色和脂肪颜色则是肉质的重要标志和胴体质量等级评定的重要指标。嫩度、pH 和肌肉系水力则通过仪器测定和实验方法来评估。通过泌乳性能测定，分析牛的产奶量、乳成分和体细胞数等基础信息。个体产奶量的记录和计算方法包括每天记录和每月记录两种方式。群体产奶量统计方法则包括按牛群全年实际饲养乳牛数计算和按全年实际产乳牛头数计算两种方式。乳脂率的测定和计算则是通过每月测定乳脂率并乘以各月的实际产奶量来计算。繁殖性能是衡量牛群繁殖力的重要指标，包括受胎率、受配率、不返情率、产犊率和每次受孕的配种次数等，这些指标反映了牛群的繁殖效率和管理水平。遗传性能评定的目的是找到稳定遗传的基因类型，确保优良性状的稳定遗传。早期遗传评定方法包括选择指数法和 BLUP 法。动物模型 BLUP 法是一种广泛应用于畜禽遗传评定的方法，能够准确预测畜禽的育种值。测定日模型测定则是利用牛泌乳测定日记录直接估计牛泌乳测定日育种值，进而得到泌乳期育种值。其他性能测定如后裔测定也是选择优良种公牛的重要手段。

　　总之，本章详细介绍了中国黄牛遗传性能测定的各个方面，通过科学的测定和评定方法，可以全面了解黄牛的遗传特性，为育种和改良提供重要的科学依据。

参考文献

安徽省农业科学院畜牧兽医研究所，2023. 牛肉胴体眼肌面积自动测定方法和系统：CN202310525342.4

［P］．2023-09-19.

陈玲，王秀清，2013. 规模奶牛场场长技术人员必须掌握的技术指标［J］. 中国乳业（11）：32-34.

程婷婷，2014. 新疆褐牛的胴体分级与分割肉质量特性研究［D］. 青岛：青岛农业大学.

杜丽丽，2022. 基于转录组与脂质代谢组联合分析鉴定华西牛脂肪沉积候选基因［D］. 北京：中国农业科学院.

高翰，李海鹏，李俊雅，等，2022. 渤海黑牛的屠宰性能与肉质分析［J］. 山东农业大学学报（自然科学版），53（2）：228-239.

贾春晖，2018. 肉牛繁殖性能的主要指标及其提高措施［J］. 现代畜牧科技（2）：50.

姜会民，2012. 鲁西南地区地方牛羊品种种群现状调查与分析［D］. 保定：河北农业大学.

李英超，和利民，倪俊卿，等，2018. 荷斯坦后备种公牛生产性能测定技术要点［J］. 中国畜牧业（12）：49-50.

马桂变，2013. 红安格斯牛改良郏县红牛的试验效果［J］. 中国牛业科学，39（1）：15-17.

宁夏大学，2009. 能够提高羊肉品质和营养价值的滩羊饲养日粮及饲养方法：CN201910224238.5［P］. 2019-05-17.

谭桂芳，潘玉春，吴潇，等，2009. 奶牛生产性能测定与遗传评定方法［J］. 黑龙江动物繁殖，17（1）：18-20.

特日格勒，何辉杰，何小龙，等，2022. 杜蒙羊肉用性能活体检测及屠宰性能对比分析［J］. 畜牧与饲料科学，43（1）：104-109.

王宝国，王立君，2013. 肉牛重要生产力指标的测定［J］. 养殖技术顾问（10）：39.

王秀娟，高翰，李海鹏，等，2023. 平凉红牛生长性能、胴体及肉质性状分析［J］. 中国农业科学，56（3）：559-571.

王永智，2013. 牛的外貌鉴定、体尺测量及体重估测［J］. 养殖技术顾问（12）：20.

魏学蕊，2002. 动物模型 BLUP 法在奶牛核心群选育中的应用研究［D］. 保定：河北农业大学.

谢云怡，司敬方，武轩宇，等，2016. 不同剩余采食量水平的奶牛采食行为及体尺指标差异分析［J］. 畜牧与兽医，48（8）：58-61.

杨敏，2009. 皮南牛遗传参数估计与遗传评定［D］. 合肥：安徽农业大学.

云巾宴，2018. 延黄牛脂肪细胞转录组学及相关功能基因对成脂分化作用的研究［D］. 延吉：延边大学.

张英汉，2001. 论牛的肉用、役用经济类型划分的意义和方法（BPI 指数）［J］. 黄牛杂志（2）：1-5.

朱深圳，2014. 规模化牧场奶牛乳房炎的综合防制［D］. 南京：南京农业大学.

（黄永震　张子敬　秦本源）

第六章
中国黄牛遗传资源保护策略与方法

畜禽品种资源是生物多样性的重要组成部分，是人类赖以生存和发展的基础。这些资源的任何合理利用都可能在类型、质量、数量上给肉、蛋、奶和毛皮等生产带来创新。因此，为了实现畜牧业持续、稳定、高效的发展，满足人类社会对畜禽产品种类、质量的更高的需求，加强对现有畜禽品种资源的保护和有效、合理、持续利用具有重大战略意义。

第一节　中国黄牛遗传资源保护的策略

一、保种区的划分与建立

我国具有悠久的养牛历史，同时也是世界上牛品种资源丰富的国家之一。黄牛是中国家牛的通称。在大多数人印象里，我国是动物资源大国，不存在生物稀缺的情况，资源保护意识淡薄。加上近年来，在经济高速发展的大环境下，受利益驱使，单纯追求产品的高产化和专一化，不断引进外来品种，造成品种无序混杂，地方品种数量日趋减少，不少品种已经消亡，还有许多品种正处于濒危状态。由于黄牛的杂交改良，原本丰富的黄牛品种，目前已有不少地方品种濒临灭绝。2011年农业部制定的《全国肉牛遗传改良计划（2011—2025年）》中指出：我国地方牛种资源保护和利用能力不强，"良种化"为"洋种化"的趋势明显，导致地方牛种选育提高进展滞后，地方牛种肉质好、耐粗饲、抗逆性强等优良特性没有得到重视和发挥，一些珍稀地方黄牛遗传资源濒临灭绝。中国黄牛地方品种的保种保护亟待加强。为了保护国家畜禽遗传资源，需要设立其保种区、保护区、保护名录和保种场。

多年来，国家和各级政府对黄牛的保种工作都十分重视，在黄牛保种方面做了大量的工作，提出了部分黄牛品种保种名录，支持建立了一批黄牛地方品种保种场，规划了相应品种的保种区和保护区。但是还有一大批黄牛地方品种没有设立或缺少相应的保种场、保种区和保护区。从"十四五"开始，国家极其重视畜禽种业发展，对黄牛品种进行了系统调研和摸底，为黄牛种业发展奠定了基础。

要保护一个品种不至濒危或灭绝，保种的措施应该实行六个相结合，即活体保种和其他保种形式相结合，本地保种和异地保种相结合，国家保种和地方政府保种相结合，保种场保种和保种区保种相结合，保种和选育相结合，保种和利用相结合。达到用最少保种成本，获得最大保种效率的保种目标。

为了保护我国黄牛地方品种，需要在其主产区建立保种场、划定保种区。1984年，养牛专家邱怀教授提出我国良种黄牛保种区的划分（邱怀，1995）：以国营良种黄牛原种场为核心及其所在县和邻近若干乡镇，分别建立一级和二级保种基地。如秦川牛保种区，以扶风、乾县、蒲城的3个国有秦川牛场为一级保种场，保存原种公牛30头，基础母牛300头；在扶风、乾县、渭南、蒲城等地，选择牛群集中、质量较好的37个乡镇作为一级保种区，保存一级以上的基础母牛3 000头，建立母牛核心群。晋南牛产区确定万荣、临猗二县为保种区，其他县为改良区，在保种区严禁引入其他品种公牛。其他良种牛品种产区也都划定了本品种的保种区和改良区，以便有计划地开展保种和选育工作。我国良种黄牛保种区的划分和建立，为保护我国地方良种黄牛遗传资源起到了重要作用。对还没有设立保护区的地方黄牛品种，应在国家和各级政府的指导下，在黄牛品种原产地有计划地做好这项工作。

二、国家级黄牛遗传资源保护品种名录

随着我国经济的高速发展，特别自20世纪90年代以来，为满足人民对牛肉与牛奶等产品的需求，我国相继引进了大量外来高产奶牛与肉牛品种杂交改良国内地方黄牛品种，受外来高产品种强烈冲击，我国地方黄牛品种数量逐渐减少和消失的问题日渐突出。许多良种黄牛品种，如秦川牛、晋南牛、鲁西牛、南阳牛、延边牛等品种的良种数量急剧减少，目前大多处于保种阶段。

2000年8月23日，中华人民共和国农业部公告发布，确定78个国家级畜禽品种资源保护品种，其中延边牛、复州牛、南阳牛、秦川牛、晋南牛、渤海黑牛、鲁西牛、温岭高峰牛、蒙古牛、雷琼牛共10个品种为国家级黄牛遗传资源保护品种。

2006年6月2日，中华人民共和国农业部第662号公告发布，确定138个畜禽品种为国家级畜禽遗传资源保护品种，其中延边牛、复州牛、南阳牛、秦川牛、晋南牛、渤海黑牛、鲁西牛、温岭高峰牛、蒙古牛、雷琼牛、郏县红牛、巫陵牛（湘西牛）共12个品种为国家级黄牛遗传资源保护品种。

2014年2月14日，中华人民共和国农业部第2061号公告发布，对《国家级畜禽遗传资源保护名录》（2006版）进行修订，确定159个畜禽品种为国家级畜禽遗传资源保护品种，其中延边牛、复州牛、南阳牛、秦川牛、晋南牛、渤海黑牛、鲁西牛、温岭高峰牛、蒙古牛、雷琼牛、郏县红牛、巫陵牛（湘西牛）共12个品种为国家级黄牛遗传资源保护品种。

三、国家级黄牛遗传资源保种场

2021年8月9日，中华人民共和国农业农村部第453号公告发布，确定国家畜禽遗

传资源基因库 8 个、保护区 24 个、保种场 173 个。此前发布的七批国家级畜禽遗传资源基因库、保护区、保种场名单（中华人民共和国农业部公告第 1058 号、1587 号、1828号、2234 号、2332 号、2535 号，中华人民共和国农业农村部公告第 167 号）同日废止。

　　2008 年 7 月 7 日公布的 16 个国家级畜禽遗传资源保护区中，山东省国家级渤海黑牛保护区为我国地方黄牛品种中唯一的国家级保护区，但在 2021 年 8 月 9 日公告的 24 个国家畜禽遗传资源保护区名单（第一批）中没有国家级黄牛保护区。在 2021 年国家畜禽遗传资源保种场名单（第一批）中，有国家晋南牛保种场、国家蒙古牛保种场、国家复州牛保种场、国家延边牛保种场、国家渤海黑牛保种场、国家鲁西牛保种场（2 个）、国家南阳牛保种场、国家郏县红牛保种场、国家巫陵牛（湘西牛）保种场、国家雷琼牛保种场、国家秦川牛保种场共计 12 个（表 6 - 1），但没有国家温岭高峰牛保种场。

表 6 - 1　国家畜禽（黄牛）遗传资源保种场名单（第一批）

编号	名称	建设单位
C1410201	国家晋南牛保种场	运城市国家级晋南牛遗传资源基因保护中心
C1510201	国家蒙古牛保种场	阿拉善左旗绿森种牛场
C2110201	国家复州牛保种场	瓦房店市种牛场
C2210201	国家延边牛保种场	延边东盛黄牛资源保种有限公司
C3710201	国家渤海黑牛保种场	山东无棣华兴渤海黑牛种业股份有限公司
C3710202	国家鲁西牛保种场	鄄城鸿翔牧业有限公司
C3710203	国家鲁西牛保种场	山东科龙畜牧产业有限公司
C4110201	国家南阳牛保种场	南阳市黄牛良种繁育场
C4110202	国家郏县红牛保种场	平顶山市犇牛畜禽良种繁育有限公司
C4310201	国家巫陵牛（湘西牛）保种场	湖南德农牧业集团有限公司
C4410201	国家雷琼牛保种场	湛江市麻章区畜牧技术推广站
C6110201	国家秦川牛保种场	陕西省农牧良种场

　　这 12 个国家级黄牛遗传资源保护品种是我国的"国宝"级黄牛遗传资源。确认国家级黄牛遗传资源保种场，是做好我国黄牛资源保护工作的基础和前提。相信我国黄牛遗传资源保护工作"国家队"能高质量完成国家黄牛遗传资源保护任务，确保国家黄牛遗传资源稳定安全，为我国肉牛新品种培育提供遗传素材。

第二节　保种的原则和任务

一、保种的原则

　　我国是世界上黄牛遗传资源最丰富的国家之一，不仅物种、类群齐全，而且种质特性各异。目前我国共有 85 个黄牛品种，其中地方品种 58 个，培育品种 11 个，引入品种 16

个。地方黄牛品种占中国黄牛品种资源总数的 68.2%，培育品种占 12.9%，引入品种占 18.9%。

近 40 年来，在外来高产品种的强烈冲击下，我国黄牛地方品种数量逐渐减少和消失的问题日渐突出。2011 年《中国畜禽遗传资源志·牛志》显示，有 10 个地方品种濒危，4 个品种濒临灭绝，3 个品种已经灭绝。这种趋势随着近年大量引种和集约化程度的提高而进一步加剧，估计至少有 30% 的黄牛遗传资源处于灭绝的高度危险之中。

从 1995 年开始，国家启动了畜禽种质资源保护项目。根据"重点、濒危、特定性状"的保种原则和急需保护品种资源的分布情况，以保护地方黄牛种质资源的遗传多样性和独特基因资源为保种内容，国家财政每年拨专项经费用于全国家养动物遗传资源的保护工作。承担实施的单位有畜禽品种资源保种场、保护区、国家基因库和科研院校等单位。

品种是家畜遗传多样性的载体，保护家畜品种多样性就是保护家畜遗传多样性的重要内容。就黄牛来说，目前我国有 58 个地方品种，由于保护品种需要大量资金投入，不可能把所有地方品种都进行保种，所以必须选择一些具有代表性的品种，采取国家与地方两级保种的方法。

在延边牛、复州牛、南阳牛、秦川牛、晋南牛、渤海黑牛、鲁西牛、温岭高峰牛、蒙古牛、雷琼牛、郏县红牛、巫陵牛（湘西牛）这 12 个国家级黄牛遗传资源保护品种中，延边牛、南阳牛、秦川牛、晋南牛、鲁西牛是中国五大地方良种黄牛品种，传统知名度高，是重点保护品种。复州牛处于濒危状态。渤海黑牛与郏县红牛均属于中原黄牛，毛色独特。温岭高峰牛与雷琼牛属于典型的南方黄牛，肩峰高耸，垂皮发达，瘤牛特征非常明显。蒙古牛属于典型的北方黄牛，耐粗饲、耐寒、抗病力强，能适应恶劣的环境条件。巫陵牛又名恩施牛、湘西牛、思南牛，是南方山地黄牛的典型代表，具有明显的耐劳、耐旱、抗湿及耐粗饲等特性，且能适应独特的山区生态环境条件。

二、保种的任务

家畜的遗传资源保护简称保种，具体来说，保种的主要任务就是保持家畜的遗传多样性，即保持家畜品种多样化的基因种类，保持家畜品种基因库中全部有利基因和有价值的基因组合体系，保持家畜品种特定基因位点及基因组合体系的稳定性，避免其混杂、退化和泯灭。

保持起源系统、地域来源、生态类型、经济用途、文化特征的多样性及品种特性，是家畜保种任务（常洪，2009）的重要体现。12 个国家级黄牛遗传资源保护品种的多样性来源见表 6-2。在现阶段，普遍饲养的奶牛与肉牛高产品种，如荷斯坦牛、西门塔尔牛等，都没有泯灭之患，不存在保种的问题。保护那些有品种特色、有潜在育种利用价值，但在目前肉牛产业和市场背景中产量或牛肉产品价值相对较低的地方品种，是我国黄牛保种的重点与关键。

黄牛品种资源的开发与利用是实施资源保护的主要目的，保存是利用的前提，是持续有效利用的基础；利用是保存的目的，是保存的合理方式。根据市场需求，大力推进黄牛品种资源的开发利用，实现产业化开发，真正做到以保为主，保用结合，以用促保。

表 6 - 2　我国 12 个黄牛品种保护名录的多样性来源

品种	起源系统	地域来源	生态类型	文化特征	品种特性
延边牛	普通牛	吉林延边	北方黄牛	东北文化区	耐寒、肉质好
复州牛	普通牛	辽宁大连	北方黄牛	东北文化区	耐寒、挽力大
蒙古牛	普通牛	内蒙古、陕西北部、新疆巴州	北方黄牛	东北文化区、内蒙古文化区、新疆文化区、甘宁过渡文化区	耐粗宜牧，抗逆性强
秦川牛	普通牛与瘤牛	陕西关中	中原黄牛	华北文化区	体型高大，大理石纹明显
晋南牛	普通牛与瘤牛	山西运城	中原黄牛	华北文化区	体型高大
郏县红牛	普通牛与瘤牛	河南平顶山	中原黄牛	华北文化区	被毛红色，大理石纹明显
南阳牛	普通牛与瘤牛	河南南阳	中原黄牛	华北文化区	体大力强
鲁西牛	普通牛与瘤牛	山东西南	中原黄牛	华北文化区	体型高大，繁殖力强
渤海黑牛	普通牛与瘤牛	山东无棣	中原黄牛	华北文化区	被毛黑色
温岭高峰牛	瘤牛	浙江温岭	南方黄牛	东南文化区	肩峰高耸、耐热
巫陵牛	普通牛与瘤牛	湖南、湖北、贵州交界区	南方黄牛	湘鄂赣文化区、西南文化区	耐湿热、抗虫
雷琼牛	瘤牛	广东、海南雷州半岛	南方黄牛	闽粤文化区	耐热、抗虫

第三节　中国黄牛遗传资源的保护方法

2016 年农业部制定的《全国畜禽遗传资源保护和利用"十三五"规划》介绍了我国地方黄牛资源保护与利用的现状和策略。重点保护 21 个国家级保护品种，以活体保种和遗传物质保存相结合，加强基因库建设，是我国黄牛保种的方向。保护好这些珍贵的地方品种资源，尤其是中国黄牛遗传资源的保护是我国广大畜牧工作者面临的重大任务，对我国养牛业的可持续发展具有重要意义。保种方法可以分为三类：一是活体保种，二是冷冻保种，三是新的生物技术保种。其中前两种是现在常用的保种方法，第三种在技术方面已经日趋成熟，应用前景看好。此外，活体保种与冷冻保种相结合是目前较为有效的保种方法（吴常信，2000；盛志廉，2002）。

一、黄牛的活体保种

（一）活体保种的概念

活体保种也称活体保存，是将需要保护的动物以小群留养于原来的生存环境中，通过活体保存或自然、人工繁殖活动使该动物品种的群体得以保护。畜禽通过在品种原产地建立保种场和保护区的方式进行活体保存是动物遗传资源保护中最为传统的方法（陈瑶生等，2003）。该方法的优点是可以继续保留甚至增强畜禽对外界环境的适应能力，也可继续对该品种进行生产性能的测定工作，是地方特有畜禽品种资源的保护中最值得提倡的方法之一（柴同杰，2008）。

吴常信（2001）指出，从学术观点上阐明保种的对象是群体而不是某些性状或基因。最大的群体是一个畜种，最小的群体是一个家系。由于畜禽种质资源的形成和发展与其特定的自然环境有很大的关系，如果生存环境遭到了破坏，常常会导致某些特定性能退化和消失。因此，应该选择与原生境相似的环境或人为创造条件建立保种场，进行活体保种。目前我国已经建立了许多保种基地，如陕西扶风的秦川牛保种基地等。活体保种不仅可以继续保留甚至增强畜禽对外界环境的适应能力，而且可以在保种的同时检查和消除基因欠缺，改良某些不利性状，开发利用保护的遗传资源，使得畜禽的遗传资源得到可持续发展。但为了使近交程度不要过高，同时防止自然选择改变群体遗传结构，需要建立一定数量群体的保种群，维持成本很高（王均辉等，2014）。

（二）活体保种的方法

1. 原地活体保种

由于我国生物技术起步较晚，原地活体保种仍是目前畜禽保种最常用的方法。可以从优良品种群体中挑选优秀的公母畜，在其原产地的保种场或者保护区进行活体保种。活体保种的关键在于要保持一定的群体有效数量并严格控制世代间隔，需要建立特殊的保种场（吴常信，2001）。保种区内以本品种选育为主，完善系谱登记制度，尤其要加强种公牛的选留和管理，严禁引进其他品种的种公牛及冻精，实行群养、群配、群繁，加强选育，在保证群体数量、保留本品种特征的基础上，不断提高其产肉性能和产品品质。根据动物遗传学的原理，利用保种群在原种场内保种，在各家系随机留种的前提下，为保证 100 年内保种群体不发生明显的近交退化（近交系数不超过 0.1）、不受遗传漂变的影响，其世代间隔为 5 年，公母比例为 1∶5，即保种群应有 30 头公牛和 150 头母牛（Canali 等，2003）。

2. 异地活体保种

是指动物原栖息地由于某些因素变化，不适合该品种的生存，而人为地寻找环境气候等与之相适应的地区或有充裕的科技资金支持地区进行动物保护。目前我国也有少数品种迁移出原产地进行建场保护，同时展开一系列的科学研究。与原产地保护相比，异地活体保种易导致畜禽品种受风土驯化等影响而使原品种特点发生变化，因此在采用异地活体保种时，应尽量选择与原产地纬度、海拔、温度、湿度等自然环境因素相似的地区进行（丁旭等，2011）。活体保种过程受到许多因素的影响，进而可能导致群体遗传结构的改变。因此，及时调整和控制群体的性别比例、有效含量、世代间隔等是活体保种具有良好效果的关键。

（三）黄牛的活体保种

黄牛的活体保种一般要求选择符合本品种特征特性、体型较大、生长发育良好、繁殖力高、健康、无血缘关系的优秀种牛组群，在原产地建立保种场。同时，组建基础母牛150 头以上，公牛 12 头以上，三代之内没有血缘关系，家系数不少于 8 个的保种核心群。根据育种学的原理，要避免保种群近交，有效控制近交系数增量，保种群的规模要适当大，公母比例要适当，以 1∶9 为宜，后代选留时要避免同一祖先的同时选留，每头公牛的后代中选留一头公牛，每头母牛的后代中选留一头母牛，以保证群体规模不变的同时将基因丢失的可能性降到最低，同时，适当延长世代间隔，确保 50 年后保种群的近交系数小于 0.1（鲁建民等，2002）。杨东英（2008）认为活体保种是将需要保护的黄牛以小群留养于原来的环境中，地点可以是小型实验场或动物园。这种方法的优点是可继续保留甚至增强黄牛对外界环境的适应能力，也可继续对该品种进行生产性能的测定工作。但为了使近交程度不要过高，对保种群的动物数量有一定的要求。要使群体的近交系数保持在0.2% 的水平，保种群的最低数量公、母牛分别为 10 头和 26 头，每年需要替补的种畜数量公、母牛分别为 10 头和 5 头。另外，以活体形式保种对疾病的防疫提出了更高的要求，以防由于染病而引起牛种的全群死亡（杨东英，2008）。典型的黄牛活体保种情况如下。

1. **秦川牛**

秦川牛中心产区主要集中在陕西关中地区。关中地区气候温和，水草茂盛，盛产玉米、小麦等农作物，生态条件和地理环境优良，是传统的家畜养殖区，当地秦川牛养殖历史悠久。先后在扶风、周至、乾县、蒲城等县建立了秦川牛场，以加强对秦川牛的资源保护。其中，扶风县既有国家级秦川牛保种场——陕西省农牧良种场，秦川牛保种群规模稳定在 200 头以上；也建有标准化秦川牛繁育龙头企业——陕西省秦川肉牛良种繁育中心。乾县秦川牛场属省级保种场，现存栏秦川牛 120 头（昝林森，2015）。

2. **鲁西牛、渤海黑牛、蒙山牛**

山东省拥有鲁西牛、渤海黑牛和蒙山牛 3 个地方黄牛品种，其中鲁西牛、渤海黑牛被全国地方良种黄牛育种委员会列入我国 8 大名牛。目前，全省地方黄牛保种场有 8 个，其中鲁西牛存栏 1 412 头，渤海黑牛存栏 1 233 头，蒙山牛存栏 110 头。社会散养约 1.5 万头，其中鲁西牛保种场 6 个，渤海黑牛保种场 2 个，蒙山牛保种场 1 个（张淑二等，2018）。

3. **延边牛**

延边牛品种的培育、保护和良种扩繁等工作任务由延边朝鲜族自治州家畜繁育改良工作总站承担。该站饲养延边牛种公牛 11 头，延边牛基础母牛 50 头（李国范等，2006）。杜昕桐（2019）报道，截至 2017 年，延边牛存栏数为 42 万头，出栏 18.9 万头，要使延边牛产业持续稳定的发展，需要发挥延边牛独特的优势，从品种资源保护开始进行延边牛产业建设。她建议选取饲草饲料丰富的地区建立延边牛纯种繁育保护区，在保护区内分区域饲养纯种延边牛公牛及基础母牛，定期对其体质及繁殖性能等进行测定，保证提供延边牛繁殖所需要的优质精液及优势母体。

4. 南阳牛

南阳牛是中国五大良种黄牛之一,其主要特征是体躯高大,力强持久;肉质细腻、口感好、香味浓,肉质切面大理石花纹明显;牛皮质优良。南阳牛毛色分黄、红、草白3种,以黄色为主。1998年南阳牛被农业部首批列入《国家畜禽品种保护名录》。为保护这一品质资源,南阳市建立了南阳市黄牛良种繁育场(原南阳黄牛场)和南阳黄牛科技中心(原南阳黄牛研究所),对南阳牛进行品种保护和改良利用(陈希鹃,2020)。

5. 其他黄牛

通江县空山牛的保种措施是:黄牛保种核心群要求公牛为特级或一级,80%的母牛为一级以上。留种方式为种母牛100~200头,种公牛20头以上,三代之内没有血缘关系的家系不少于6个。采用各家系等量留种,即每头公牛后代留1头公牛,每头母牛后代留1头母牛。交配方式为避免近交,世代间隔为6年(秦汉等,2014)。为此,许多畜牧工作者对地方黄牛品种或遗传资源进行了调研,在此基础上,提出了活体保种的策略和具体方案。

丁晓婷等(2020)介绍了郏县红牛品种资源现状、保护措施以及存在的问题与对策。她指出郏县红牛是全国八大良种黄牛品种之一,以肉质细嫩出名。目前,郏县红牛已建立了国家级资源保种场,设立了保种区。

唐建华等(2016)对耐粗饲、耐高寒、抗缺氧、抗病力强、适应性好的西藏各地方类群黄牛中心产区、品种特征、养殖现状、发展不利因素进行了剖析,并提出西藏黄牛种质资源保护与利用的对策。

据方东辉等(2018)的调查,平武牛在平武县25个乡镇均有分布。2017年底全县3.1万头牛存栏中,平武本地黄牛约2.76万头,占89.03%。建议利用平武县现有养牛场资源,采取养牛场公有、农户分散饲养方式,制定包括资源保护场、育种核心群、社会保种区、保种基地、品种登记制度等配套的保种体系,建立足够量的保种群,保护与提高品种质量。

彭梦阳等(2019)介绍贵州优良黄牛品种资源,包括关岭牛、威宁牛、黎平牛、思南牛、务川黑牛5个优良地方品种。针对贵州地方黄牛种业现状、存在问题等提出贵州地方黄牛的活体保种及合理利用的建议。

二、精液保种

(一) 精液保种的历程及原理

18世纪末19世纪初,研究人员偶然发现将人精液埋藏于冰雪中,在0℃以下的严寒环境下保存,用适当方法复温后,某些精子仍然存活,但这一发现当时并未引起人们的重视(侯云鹏等,2016)。直到1949年英国的Polge和Smith等研究牛精液的冷冻保存方法成功后,又用人工授精技术产下了世界上第1头用冻精受孕的牛犊,人们才关注到这种方法。如今,为保护濒危动物和优良地方品种,世界各地相继建立了多种动物精液基因库

（张颖，2017）。20 世纪 70 年代以来，美国、加拿大、澳大利亚等一些畜牧业发达的国家，牛冷冻精液利用率已达 100%。目前我国采用冷冻精液授精的奶牛已达 100%，冷冻精液人工授精总受胎率可达 85%～95%。牛精液保存研究取得了一些进展：一是冻精剂型由最初的安瓿保存过渡到颗粒冷冻法和细管冷冻法保存，目前 0.25mL 和 0.5mL 塑料细管在牛冷冻精液中广泛使用；二是冷冻过程中抗冻保护剂、精液稀释液和其他添加物质的选择和使用剂量更加合理；三是性控精液冷冻研究和生产应用得到进一步完善（侯云鹏等，2016）。

有关精子能从冰结状态复苏的冷冻保存原理，比较公认的观点是精液冷冻过程中，在冷冻保护剂的作用下，采用一定的降温速率，尽可能形成玻璃化，而防止精子水分冰晶化。精液的冷冻是根据快速降温法使细胞中的水结成冰，细胞中的所有新陈代谢活动终止，再对精液进行合适的复温，以保证精子仍具有受精能力。但精液在冷冻过程中精子的活力和形态都会受到一定程度的损害，甚至死亡。其冷冻受损伤致死的原因，曾有多种假说。现在比较认同的是 1972 年 Mazur 等提出的两因素假说：一是胞内冰的形成，这是过快冷却产生的，冷冻速率越快，此损伤越大；二是"溶液损伤"，这是由过慢冷却所产生的，使细胞在高浓度的溶液中暴露的时间过长而遭受损伤，冷冻速率越慢，此损伤越大。为此，进行精液冷冻保存就要配合使用专用的稀释液先将精液进行稀释。因此，筛选合适的精液稀释液、冷冻保护剂和冷冻方法与精液冷冻保存的成功有着直接的关系（李广武等，1998）。

（二）黄牛精液保种

20 世纪 50 年代，英国曾对牛的精液进行冷冻保存，于 1 年之后培育出了世界第 1 头通过冷冻精液繁殖的牛犊。随后，这种技术就被普遍地应用到了家畜遗传基因的保存中。利用精液冷冻技术对多种畜禽精液进行长期保存目前已基本可行，特别是对奶牛、黄牛和水牛的冻精已商品化（王志刚，2005）。我国现已能够成功地冷冻 50 种以上动物的精子，该技术的主要优点在于价廉，使用方便，安全、迅速，冷冻精的贮存还可以避免闭锁群体中的近亲交配和遗传漂变。黄牛精液保种研究显示，保存 25 头无亲缘关系公牛的精液，每头公牛获得了不少于 20 头后代，这对于黄牛的遗传资源保存已足够（王雪梅等，2011）。

根据《畜禽细胞与胚胎冷冻保种技术规范》（NY/T 1900—2010）标准，参照国际种质资源保存的标准制定了黄牛冷冻精液保存标准，主要内容为：冷冻精液保存指标为每个品种保存冷冻精液不少于 3 000 剂（0.5mL 细管），每个品种公牛不少于 10 头，每个个体保存冻精不少于 300 剂，每支剂量≥0.40mL，活力≥35%，精子畸形率≤18%，每支前进运动精子数≥$8.0×10^6$ 个，每支细菌菌落数≤800 个。对黄牛供体的要求是：符合其品种特性、特征；三代以内无亲缘关系，系谱清楚；健康、无传染性疾病、遗传疾病；有检疫证明。为了避开亲缘关系，所有精液应至少采自 154 头公牛，考虑到冻精的受胎率及检测损耗，每头种公牛的冻精保存数量至少 1 000 份（吉进卿等，2006）。

冷冻精液技术已成熟地应用于黄牛保种。尽管采用保存的牛冷冻精液，只保存了公牛

50％的遗传物质，但是借用其他品种母牛通过 4 代级进杂交，使第 4 代杂交牛含有原品种 93.75％的血液和遗传物质，可获得遗传特征基本一致的后代。当地方品种资源发生危险时，可采用人工授精对品种资源予以恢复。全国畜牧总站畜禽遗传资源保存利用中心应用现代生物技术，共保存了 69 个国内地方牛品种、国内外羊优良品种，共计冷冻精液 20 万余剂，第一批保存的 4 个黄牛品种（秦川牛、南阳牛、延边牛、晋南牛）冷冻精液时间长达 28 年之久，部分品种的遗传物质多次返回原产地，用于提高现有群体的品质和培育优良品种（刘丑生等，2014）。

目前，多数国家都在建立动物精液基因库，其目的是将濒临灭绝的珍稀动物和优良品种，特别是某些优良地方品种，以精液的形式长期保存，以便将来随时取用。

在秦川牛精液保种方面：陕西省秦川肉牛良种繁育中心建有肉牛冻精生产车间，引进法国卡苏式冻精生产设备 1 套，现存栏优秀秦川种公牛 21 头，年生产推广秦川牛冻精 70 万份。原陕西省种公牛站现改制成立了陕西秦申金牛育种有限公司，是经农业部验收并确定的首批"国家级种公牛站"之一（昝林森，2015）。

思南牛是巫陵牛的一个重要分支，思南牛精液保种的做法是：在核心群体中，选择健康、生产力正常、3～6 岁符合标准特级种公牛，长期保存其精液遗传材料，从而建立思南牛基因库。按照牛冷冻精液制作程序，采制冻精细管 3 000 份以上，冻精质量技术标准符合牛冷冻精液国家标准（罗应安，2017）。冷冻精液不仅可以长期保存，而且随着人工授精技术的成熟，一头优秀种公牛的精液甚至可以对 1 万头以上的母牛进行配种（赵尔军等，2016），将这种方法用于黄牛的保种，既经济又实用，可以按照《牛冷冻精液保存与使用方法》来进行（朱立军，2009）。

精液保种的实质相当于延长公牛的配种年龄，超低温保存精子法可改良黄牛品种和提高生产力。冻精和冷冻胚胎能最大限度地防止质量性状等位基因的丢失并减少数量性状的遗传漂变（马月辉等，2001）。但这种方法不能保存全部基因和性状，还需要用冻精对畜禽进行回交，并结合冷冻胚胎技术，必要时通过胚胎移植的方法来获得纯种（丁旭等，2011）。

三、卵子保种

（一）牛卵母细胞冷冻保存的历程

在家畜中，牛卵母细胞的冷冻保存研究最早、最多，特殊的生理特性使其比猪和羊的卵母细胞具有更高的冷冻耐受性，冷冻卵母细胞经体外受精产生的胚胎也可达到较高的囊胚发育率，并且获得了来自冷冻的牛 GV 期和 MII 期卵母细胞的犊牛。第一头玻璃化冷冻保存卵母细胞产生的犊牛于 1992 年出生（Fuku 等，1992）。Vajta 等（1997）首次采用开放式拉长细管（open pulled straw，OPS）法玻璃化冷冻保存牛卵母细胞获得成功，体外受精后囊胚发育率达 11％～25％，此后超速冷冻和解冻的思路应用于牛卵母细胞的冷冻保存中。Hou 等（2005）证实冷冻卵母细胞可以支持重组胚的全程发育，胚胎移植后获得世界首例冷冻卵母细胞作为核受体的体细胞克隆牛。总体来看，牛卵母细胞冷冻保存的效率仍不稳定，冷冻损伤较大，致使冷冻卵母细胞的成熟率、受精率和囊胚发育率均低于未冷冻卵母细胞。目前，牛卵母细胞冷冻保存的研究主要集中在玻璃化方法的改良，在低温生物学机理和冷冻损伤机制方面研究较少，有待进一步探讨（侯云鹏等，2016）。

利用超低温冷冻保存的方法，将珍稀濒危动物和优良地方品种黄牛的卵母细胞保存起来，建立卵子库，可以实现动物种质资源的长期保存，同时也为遗传资源在国际和国内长距离的运输提供了可能，为胚胎生物技术的研究提供充足的卵源。

（二）黄牛卵子保种

哺乳动物一生中用于受精的卵母细胞只占卵巢内卵母细胞总数中的极少一部分，而且99.9%的原始卵泡注定要闭锁，只有少数能够发育成熟并排卵（Ireland，1987）。随着近年来生殖细胞工程技术的发展，哺乳动物卵母细胞的体外成熟培养技术已经趋于完善和成熟，Forsberg 等（2002）已从未成熟的卵母细胞得到冷冻—解冻—体外成熟—体外受精—体外培养——胚胎移植的犊牛。利用超数排卵、活体采卵技术在低温环境下保存母牛的卵子和母牛卵巢，相当于延长了母牛的配种年龄，保存了母牛的优良性状和基因。当一个品种处于濒危状态时，可迅速使卵子复苏或从卵巢中采集卵泡，进行体外受精、繁殖（刘荣宗等，1998）。与精子相比，卵细胞体积较大，结构复杂，抗冻能力低，解冻后比精子复活率低。在其冷冻保存时易发生细胞骨架解体、基因异常、透明带质地变硬、膜完整性丧失等损伤，进而影响冷冻后卵母细胞的发育能力，降低了复苏后的受精率（孙青原，1993）。

卵母细胞适宜在成熟阶段冷冻，冷冻方法有常规冷冻、玻璃化冷冻、OPS 冷冻等，其中最常用的方法是玻璃化冷冻法。卵母细胞冷冻制作程序见《畜禽细胞与胚胎冷冻保种技术规范》（NY/T 1900—2010）。根据此规范，参照国际种质资源保存的标准制定了黄牛卵母细胞冷冻保存标准，主要内容为：黄牛每个品种保存冷冻卵母细胞不少于 1 000个，母牛不少于 50 头，每个个体保存卵母细胞不少于 20 个。卵母细胞的冷冻和解冻对其活化作用没有直接影响，并且保存后能受精。

最近 10 年，卵母细胞的低温贮存取得了很大的进展。在许多不同种生物中，卵母细胞冻融后是可育的。在一些物种中，卵母细胞冻融后的成功发育、受精和胚胎形成已有报道。虽然哺乳动物卵母细胞的长期冷冻保存可使其应用不再受时间与空间的限制，为胚胎体外生产提供便利，在畜禽遗传资源保护、动物繁育和拯救濒危动物等方面都具有独特的优势和应用价值，但目前在黄牛等家畜卵母细胞冷冻保存方面的效果仍不理想。虽已在小鼠、牛、兔等动物和人类获得后代，但冷冻保存操作体系及技术方法仍有待进一步优化和提高（康晔等，2013）。

四、胚胎保种

（一）牛胚胎冷冻保存的历程

胚胎冷冻技术是将胚胎和冷冻液装入冷冻管中，经过慢速降温（第 2～3 天的胚胎）

和快速降温（第 5～6 天的囊胚）后，使胚胎停止发育，并在液氮中保存的一种技术。牛胚胎冷冻保存技术由 Wilmut 和 Rowson 首次在 1973 年获得成功。此后，牛的胚胎冷冻技术发展迅速，现已成为应用最广的胚胎生物技术之一。根据世界胚胎移植协会 2009 年的统计数据，全世界 2008 年冷冻—解冻的牛胚胎移植的数量就已经超过 30 万枚（Thibier，2009）。

Willadsen（1977）在胚胎冷冻中首次建立了快速冷冻法，非手术移植牛冻融胚胎后受体妊娠率达 50%～60%。Massip（1986）首次用玻璃化法冷冻牛胚胎获得成功。之后，玻璃化冷冻的方法在牛胚胎冷冻中不断得到改良和深入。Landa 等（1990）成功地用最小滴冻法对牛的胚胎冷冻保存获得成功。Lane 等（1999）首次采用冷冻环法对牛的胚胎冷冻保存获得成功。Hamawaki 等（1999）采用滴冻法与细管法结合的方法，将胚胎冷冻在 0.25mL 细管内壁的冷冻液微滴（约 1μL）内。这种方法的冷冻速度可能略低于滴冻法，但是减少了污染，更加安全可靠。

国内在牛胚胎冷冻方面也开展了大量研究。牛慢速冷冻胚胎和玻璃化冷冻胚胎移植分别于 1982 年、1998 年首次产犊。朱士恩等（1996）利用玻璃化冷冻法在室温条件下，对牛的扩张囊胚采用一步法冷冻保存，其解冻后获得了较高的发育率，并经胚胎移植获得了较高的妊娠率和产仔率。桑润滋等（1999）采用玻璃化法冷冻保存牛囊胚获得成功。石德顺等（1998）对牛体外受精胚胎进行了冷冻保存，获得了国内首批来自超低温高体外发育率。马艳荣等（1998）的研究结果表明，开放式拉长细管（OPS）法较常规冷冻法简单、方便、成本低。

（二）黄牛胚胎保种

冷冻胚胎保存需要采取特殊的保护措施和降温程序，一般有缓慢冷冻法、常规快速冷冻法和超快速冷冻法（一步冷冻法和玻璃化冷冻法）3 种。20 世纪 70 年代以来冷冻胚胎一直是研究的热点，已经在 20 多种哺乳动物身上试验、应用成功，现在已进入商业化阶段。冷冻胚胎在牛、羊的慢冷冻和玻璃化程序冷冻都非常成功。冷冻胚胎的保种制作成本虽然较大，但用冷冻胚胎保种，等于延长了双亲的配种年龄，保存双亲的优良性状和基因，可以弥补冻精保种和冷冻卵子保种的缺陷，是进行超低温保种的好方法（Gosden，2005）。

王荣民等（2015）研究发现，年龄在 3 岁左右的经产母牛冷冻胚胎采集制作效果更好。根据《畜禽细胞与胚胎冷冻保种技术规范》，参照国际种质资源保存的标准制定了黄牛胚胎冷冻保存标准，主要内容为：黄牛每个品种冷冻保存体内胚胎不少于 200 枚，每个品种公牛不少于 10 头，母牛不少于 25 头，每个种公牛配种获得的胚胎数不少于 20 枚，冻前胚胎质量为 A 级。

肖杰等（2007）一直从事河南省良种黄牛遗传资源分析与胚胎基因库建立等方面的研究。现已获得南阳牛和秦川牛的冷冻精液 2 000 份，冷冻胚胎 600 枚。利用超数排卵技术，一次可采集 6～8 枚胚胎，鲜胚的受胎率可达 60%～70%，冷冻胚胎的受胎率可达

40%～50%。南阳牛和秦川牛的冷冻精液和胚胎基因库已初步建立，并筛选出了适合中国黄牛的同期发情、超数排卵和胚胎冷冻的方法。现正在建设郏县红牛的冷冻精液和胚胎基因库。

罗应安（2017）报道，可在核心群体中，选择健康、生产力正常、3～6岁符合标准特级种牛，长期保存思南牛胚胎遗传材料，建立思南牛基因库。种母牛依照同期发情、超数排卵、人工授精、冲胚采集、检胚分级、冷冻保存等程序，采制冻胚200枚以上，胚胎质量为A级。

刘丑生等（2014）报道，全国畜牧总站畜禽遗传资源保存冷冻黄牛胚胎10 000余枚，最早制作的牛冷冻胚胎已保存了15年。牛胚胎移植受胎率可达50%～60%，胚胎冷冻技术操作简单、费用低，是具有重要特色的地方黄牛遗传资源保护的最佳方法。

牛体外胚生产程序已经成熟，卵巢运输在20～25℃、12h左右带回，卵母细胞成熟率80%以上，卵裂率可以达到65%以上，桑葚胚、囊胚率可以达到30%以上。尤其是借助B型超声波引导的无损伤采卵和重复采卵技术的发展，体外冷冻胚胎已成为资源保存和利用的重要技术平台（刘丑生等，2014）。现已能深度冷冻并长期保存小鼠、大鼠、田鼠、牛、绵羊、山羊等几种动物的胚胎，其冷冻时的发育阶段依动物的种类而异。其优点是可以长期保存精细胞和卵细胞所表现的品种的全部遗传潜力，需要时采用移植某些胚胎给任何品种母畜的方法即可在若干年内恢复纯种家畜（王雪梅等，2011）。

冷冻胚胎技术是畜禽静态保种技术之一。研究表明，采用该技术处理后的胚胎，其某些基因和基因频率虽稍有变化，但已控制在较低的程度（李跃等，2006）。该方法具有抽样数量小、保种成本低、保存年限长、解冻后种群恢复快、生殖道疾病发生率低等优点。目前，该方法在我国的应用仅限于家畜的人工繁育工作，如肉牛、肉羊等，而在家禽的繁育和保种工作中的应用效果欠佳，其技术有待进一步完善。在当前各种现代生物技术手段中，冷冻胚胎技术仍是最安全、最有效的保种方法之一（刘喜生等，2014）。胚胎的冷冻保存为建立黄牛优良品种的胚胎库或基因库提供了条件，是保存某些特有黄牛品种的理想方法。建立胚胎库可保存多种地方黄牛品种、品系和稀有突变体的遗传信息，防止遗传资源的丢失、遗传漂变等，从而保护了优良的黄牛遗传资源。

五、体细胞和组织保种

体细胞和组织保种是指把动物幼体或者成年动物的肾、肺、皮肤等组织经过体外培养，获得上皮状细胞，将上皮状细胞通过特殊的方式保存起来，在需要的时候对其解冻复苏，进一步完成细胞分裂和生长的过程。这一技术也为克隆技术的发展和完善奠定了基础（孙素丽，2012）。多种类型体细胞的冷冻保存已被实验证明是可行的。早期研究发现，加5%～10%适宜的抗冻剂（如甘油、DMSG）到培养基细胞悬液中，然后将盛几毫升悬液的培养管放到−80℃冷冻保存，该方法目前仍然有效。但是用这种简单方法不能控制冷却速率，事实上在很多文章中冷却速率都是不可控的，只有皮肤成纤维细胞等很少的研究中使用了控温冷冻设备（侯磊，2016）。体细胞冷冻保存是成熟的保种技术，可以保存不同日龄、不同性别的种牛资源，结合体细胞克隆技术，可以随时快速恢复原有种牛资源群体。通过构建黄牛品种细胞库进而对细胞进行冷冻保存的途径来保护其遗传资源，是目前较为理想的方法之一，许多实验室正在建立动物成纤维细胞库。世界上一些国家都已建立了用于统一保藏典型培养物的"培养物银行"或保存中心，如美国典型培养物保藏中心（ATCC）、欧洲认证细胞培养物收藏中心（ECACC）（刘希斌等，2005），以及中国科学院昆明动物研究所的野生动物细胞库、中国农业科学院北京畜牧兽医研究所遗传资源研究室的细胞库等。自 2001 年起，中国农业科学院北京畜牧兽医研究所的科研人员在多年研究工作的基础上，针对畜禽遗传资源理论方法的建立、调查和动态信息分析及网络系统的构建、珍稀畜禽品种活体抢救性保护、遗传多样性评估和细胞库的建立等 5 个主要方面开展了积极、有效的工作，特别是建立了重要、濒危畜禽遗传资源体细胞库技术平台和体外培养细胞生物学特性检测与研究技术平台，开辟了畜禽种质资源收集、整理、保存和利用的新途径。目前中国农业科学院北京畜牧兽医研究所遗传资源研究室细胞库已构建了五指山小型猪、民猪、大白猪、德保矮马、鲁西牛、皮埃蒙特牛、小尾寒羊、蒙古羊、北京油鸡、藏鸡、矮脚鸡、狼山鸡、白耳鸡、石岐杂鸡、北京鸭和清远麻鸡等 95 个重要濒危畜禽品种的成纤维细胞库，共计 58 510 份，在细胞库鉴定时，对 ATCC 的检测项目进行检测，同时根据构建的濒危畜禽品种细胞库的特殊质量要求和试验经验，增加了染色体带型分析、部分基因在培养细胞中的表达检测、培养细胞与新鲜动物组织同基因序列的比较研究、培养细胞生长速度检测和培养细胞数量检测 5 项检测项目（关伟军等，2003；刘希斌等，2005），这些细胞库的构建在细胞和分子水平上为畜禽起源、进化和分类等的研究奠定了基础。对畜禽遗传资源进行鉴定与评价后创建体细胞库，可通过体细胞冷冻保存技术在细胞水平上长期安全保存中国的畜禽遗传资源，特别是濒危畜禽遗传资源，可实现细胞资源共享，同时也为畜禽动物 cDNA 文库、基因组文库、突变体库、干细胞库的构建及基因组、后基因组、体细胞克隆、生物制药等研究提供宝贵的实验材料和重要的技术平台。

根据《畜禽细胞与胚胎冷冻保种技术规范》（NY/T 1900—2010），参照国际种质资源保存的标准制定了黄牛体细胞冷冻保存标准，主要内容为：黄牛成纤维细胞冷冻保存指标公牛不少于 10 头，母牛不少于 25 头，每个个体体外培养第 3～4 代细胞 6 管，细胞密度为 $1×10^5～5×10^5$ 个/mL，台盼蓝染色检查细胞存活力 80% 以上。具体方法参见规范中的附录 E。关伟军等（2008）进行了鲁西牛耳源组织成纤维细胞库的构建和保存，同时还进行了皮埃蒙特牛、安格斯牛、西门塔尔牛等的脏器成纤维细胞库的构建和保存研究，取得良好培养效果。中国农业科学院北京畜牧兽医研究所遗传资源研究室从成立以来，共建立了民猪、鲁西牛等 50 多个濒危地方品种的成纤维细胞库，这些收藏物为种质资源的保护提供了更加经济、便捷的新途径（陈灿菊，2007）。另外，通过黄牛组织保存也可进行黄牛保种。取肾、皮肤等组织的体细胞，经体外传代培养，得到成纤维细胞或上皮状细胞。再经消化处理后，可以长期保存在液氮中。需要时通过核移植技术克隆出与供体一样的个体，从而达到保护种质资源的目的。

　　冷冻的细胞可以是体细胞，也可以是胚胎干细胞。从内细胞团分离的胚胎干细胞在培养时能够保持继续分裂的能力，但不发生分化。胚胎干细胞可以冷冻保存，解冻成活率达90%。无论是高等生物还是低等生物，构成生物体的各种细胞都包含着全套的遗传信息，也就是全套的基因；从原肠胚期之前早期胚胎内细胞团中取出的胚胎干细胞，经过培养还具有继续分裂和增殖的能力及多向分化的特性。其在体外或者体内都能被诱导分化成机体几乎任何一种的细胞类型。进行核移植后，在短期内可获得大量与供体完全相同的个体，对于保护珍稀野生动物有着重要意义（张颖，2007）。

　　随着第一个克隆哺乳动物 Dolly 的出现，证实了哺乳动物细胞具有全能性理论，可以说细胞系是一个密集的基因库，而细胞的全能性使得每一种细胞都有可能诱导发育成为个体的潜能（翟中和等，2003）。利用冷冻干细胞作为核供体迅速扩增胚胎，可生产克隆动物，也是畜禽遗传资源保护的方法之一（陈亮等，2010）。以干细胞的方式保存遗传资源，不仅给保种创造一种新的方式，且能为其他研究提供便利。但基于致瘤性和伦理学争议等诸多原因，胚胎干细胞（embryonic stem cell，ES）在再生医学中的临床应用价值受到质疑，这使更具有实用性的成体干细胞（adult stem cell，AS）越来越受到重视，同时以AS 的方式保存黄牛遗传资源也有一定的发展空间。

　　动物组织细胞培养学的发展和体细胞的超低温冷冻保存研究可以弥补活体保存、精液和胚胎冷冻保存技术的不足，为构建濒危黄牛地方遗传资源体细胞库，大规模地保存濒危地方黄牛的遗传资源提供了技术平台。动物体细胞含有该物种所有的遗传物质，当该物种由于某些因素在地球上消失时，其遗传物质是不会消失的，我们就可以从细胞库中提取该物种的体细胞，通过细胞培养或移植技术，再建已灭绝的动物。随着细胞生物学和分子发育生物学的高度发展，从收集、提供实验材料，或是从收集、保存和应用动物遗传资源角度看，动物体细胞技术都将有重大意义和广阔前景。

六、基因保存

　　盛志廉教授为解决保种与选育的相互对立关系，率先提出系统保种的新思路，认为保种重要的是要保存基因的种类和基因组合，有目的地保护每个品种所拥有的遗传特性成为保种的直接目标，这就是所谓"目标保种"理论。如果接受目标保种策略，又把不同遗传特性分配到各个品种中去保护，对一个国家或一个地区来说，保种工作真正成为一项系统工程，此后在这一观念的基础上发展了"系统保种"理论（刘荣宗等，1998）。

　　将含有某种生物不同基因的许多 DNA 片段，导入受体菌的群体中储存，各个受体菌分别含有这种生物的不同的基因，则称为基因文库。如果这个文库包含了某种生物的所有基因，则称为基因组文库。如果这个文库只包含了某种生物的一部分基因，则称为部分基因文库，如 cDNA 文库，首先得到 mRNA，再反转录得 cDNA，形成文库。对真核细胞来说，从基因组 DNA 文库获得的基因与从 cDNA 文库获得的不同，基因组 DNA 文库所含的是带有内含子和外显子的基因组基因，而从 cDNA 文库中获得的是已经过剪接、去除了内含子的 cDNA。基因保存，也叫 DNA 文库保种，即建立 DNA 基因文库，采用限制性内切酶对畜禽总 DNA 进行酶切，然后将畜禽细胞的总 DNA 或染色体 DNA 的所有片段随机连接到适当载体上进行重组，再转移到合适的宿主细胞中，通过细胞增殖而构成各个片段的无性繁殖系。在制备的克隆数目多到可以把该种畜禽的全部基因都包含在内的情况下，这一组克隆的总体就是该畜禽的基因文库（王均辉等，2014）。

根据保存物种基因组（genome）的大小和被克隆片段平均长度，可以通过一个统计学公式来计算某一基因文库所应包含的克隆数目。

$$N = \frac{\ln(1-D)}{\ln(1-f/G)}$$

式中：N 表示所需克隆数目，D 表示建立的基因文库中含有某一特定基因的期望概率，f 表示克隆基因片段的平均长度，G 表示该生物基因组的大小（陈灿菊，2007）。

采用基因文库将畜禽细胞总 DNA 通过载体连接、转化而进行克隆、增殖保存，建立 DNA 基因组文库，可以作为一种新型的遗传资源保存方法（李跃等，2006）。基因保存技术是一种安全、可靠、维持费用低的动物遗传资源保存方法，该技术可以长期保存畜禽某些特有的优良基因，并在需要时随时取用（王英，2010）。但有部分学者对此提出质疑，认为基因文库建立保存 DNA 的方法从严格意义上来说并不是一种畜禽遗传资源保护的措施。因此，要将这项技术应用于实践仍有待于各学科理论技术进一步的发展（陈灿菊，2007）。

（一）cDNA 文库保存

以特定的组织或细胞 mRNA 为模板，逆转录形成互补 DNA（cDNA），与适当的载体（常用噬菌体或质粒载体）连接后转化受体菌形成重组 DNA 克隆群，这种包含着细胞全部 mRNA 信息的 cDNA 克隆集合称为该组织或细胞的 cDNA 文库。基因组含有的基因在特定的组织细胞中只有一部分表达，而且处在不同环境条件、不同分化时期的细胞其基因表达的种类和强度也不同，因此 cDNA 文库具有组织细胞特异性。

农业部于 2010 年制定了畜禽 cDNA 文库构建与保存技术规程（GB/T 25168—2010）。本标准规定了畜禽 cDNA 文库构建方法，适用于猪、牛、羊、马、驴、鸡、鸭、鹅等畜禽 cDNA 文库构建与保存。地方黄牛品种的 cDNA 文库构建与保存可按照本技术规程开展。自 20 世纪 70 年代中期首例 cDNA 克隆问世以来，构建 cDNA 文库已成为研究功能基因组学的基本手段之一。cDNA 便于克隆和大量表达，它不像基因组含有内含子而难于表达，因此可以从 cDNA 文库中筛选到所需的目的基因，并直接用于该目的基因的表达。构建 cDNA 表达文库不仅可保护濒危珍惜生物资源，而且可以提供构建分子标记连锁图谱的探针，更重要的是可以用于分离全长基因进而开展基因功能研究（晏慧君等，2006）。

杜丽等（2007）运用 SMART（switching mechanism at 5′end of RNA transcript）技术构建海南黄牛外周血白细胞 cDNA 文库。经鉴定，库容量达到 1.2×10^6 克隆，原始文库滴度为 3×10^9 pfu/mL，扩增后的文库滴度为 4.3×10^{10} pfu/mL。PCR 鉴定重组子，发

现重组率接近 100%，插入片段大小分布为 0.5～2 kb，插入片段平均长度约为 1kb。文库的各项指标均达要求，为利用文库筛选海南黄牛已知和未知功能基因提供了材料来源，且为进一步研究基因的结构和功能奠定了重要基础。章嘎（2009）采用 SMART™ 技术构建鲁西牛的成纤维细胞 cDNA 文库。所构建的 cDNA 文库未扩增文库滴度为 2.88×10^6 pfu/mL，扩增后文库的滴度为 1.33×10^{10} pfu/mL。经 PCR 鉴定，发现其重组率是 92.7%，插入片段的平均大小是 1.0 kb。本试验的实施对鲁西牛基因资源的保存、基因结构和功能的研究都具有重要的意义。

（二）基因组文库保存

将某种生物的基因组 DNA 切割成一定大小的片段，并与合适的载体重组后导入宿主细胞进行克隆。这些存在于所有重组体内的基因组 DNA 片段的集合，即基因组文库，它包含了该生物的所有基因。利用基因克隆技术可以组建动物基因组文库，使一些独特的遗传资源得到长期保存，在需要时可通过转基因技术在畜禽群体中重现。20 世纪 90 年代以来，人类基因组计划的实施大大地推进了对高等生物的基因组作图工作，也为同步开展畜禽遗传图谱和物理图谱的构建提供了条件，并可以将两者综合起来构建综合图谱，之后可以将一些具有特色的基因克隆出来，为基因转移奠定基础。在同一物种个体间和不同物种间都能够进行基因转移，从而利用基因克隆技术组建动物基因组文库（王均辉等，2014），其优点是可以完整地保存家畜的全部基因，在家畜保种与开发利用方面具有重要的作用（Cortvrindt 等，1998）。以保存为目的文库构建工作，我国已经开展了 20 多年的研究。

（三）基因组保存

单倍体细胞中的全套染色体为一个基因组，或是单倍体细胞中的全部基因为一个基因组。基因组测序的结果发现基因编码序列只占整个基因组序列的很小一部分。家牛基因组测序始于 2003 年（Burt，2009），直到 2009 年才组装完成并发布，这极大地促进了家牛基因组的研究，但这些研究主要是以一头海福特牛的基因组作为参考，而普通牛与瘤牛无论表型还是遗传背景都存在显著的差异，因此对瘤牛进行测序并与普通牛进行基因组多样性比较研究，不仅意义重大而且可对家牛的后续研究提供支持。

世界上各家牛品种生活在不同的环境条件下，所受的环境选择压力不同，导致它们的基因组存在很大的差异，因此对不同家牛品种进行基因组遗传多样性研究可以直接发现它们基因组之间的结构差异，并进一步研究这些基因组差异与家牛适应不同的环境、当地的食物资源、对不同疾病耐受性等之间的联系，这对于家牛的育种具有很大的帮助（Groeneveld 等，2010）。中国地域辽阔，拥有许多的家牛地方品种，对具有代表性的中国家牛地方品种遗传多样性研究发现，分布于中国北方的家牛具有较高的普通牛血统，如延边牛和蒙古牛是纯种的普通牛；分布于中国南方的家牛的普通牛血统较低而瘤牛血统较高；中国中部地区的家牛介于两者之间，有普通牛和瘤牛血统的混杂，而且具有普通牛血统的地方品种在逐渐降低，而具有瘤牛血统的地方品种在逐渐增加，瘤牛的基因渗入呈现从南向北、从东向西的扩张趋势，这些都表明中国不同地区的家牛品种经历了不同的进化历史（Xin 等，2014）。

基因组保种所需的时间短，能最大限度地保存遗传信息，遗传漂变较小，保存时间长，但建立与恢复完全生命群体的可能性较小。目前基因组保存还处于研究阶段。全国畜牧总站畜禽遗传资源保存利用中心收集了 277 个品种的猪、牛、羊、马血样和基因组 DNA，共计 1.5 万余份遗传物质（刘丑生等，2014）。家牛基因组遗传多样性研究对于家牛品种的保护、管理以及遗传资源利用也具有重要的作用。尤其是一些地方品种，因为这些家牛品种往往种群数量较小很容易走向灭绝，但其对特定环境具有较好的适应性，因此对这些家牛品种的基因组遗传多样性研究可以很好地了解其种群的遗传多样性、种群大小和结构，并对其利用、保护和管理（Edea 等，2015）。

迄今为止，人类已经在牛的全基因组测序上做了大量的工作，并取得了理想的研究进展，不同品种牛的基因组测序的完成，对于帮助研究牛的进化起源（Soubrier 等，2016）、优良性状有着重要的意义，并且可以有效地保护珍稀品种的遗传信息，对保护世界物种多样性起到了积极作用。宋娜娜等（2017）采用全基因测序研究三江牛群体遗传多样性，从基因组层面讨论其群体遗传变异情况。经全基因组重测序分析共计得到 77.8Gb 序列数据，测序深度为 25.32×，覆盖率为 99.31%。检测到非同义 SNPs 分布在 9 017 个基因上，其中发现 567 个基因与已报道的重要经济性状相符，肉质、抗病、产奶、生长性状、生殖等相关基因的数量分别为 471、77、21、10、8 个，其中包括功能相重叠的基因。为进一步分析与经济性状相关的遗传学机制和保护三江牛品种遗传多样性提供了基因组数据支持（宋娜娜等，2017）。西北农林科技大学动物科学学院梅楚刚博士等在"基于全基因组重测序的中国牛遗传结构和基因组选择研究"一文中，对分布在中国不同地区的秦川牛、南阳牛、鲁西牛、延边牛、云南黄牛、雷琼牛等 6 个主要黄牛品种以及安格斯牛、黑毛和牛 2 个引进的专门化肉牛品种共 8 个品种进行了全基因组重测序，并结合国外现有 7 个牛品种的测序数据，开展了中国黄牛群体历史和适应性研究，构建了中国黄牛全基因组遗传变异数据库，极大地丰富了世界上牛的遗传变异数据库，印证了中国黄牛具有丰富的遗传多样性，同时也说明了中国黄牛具有极其重要的潜在价值（Mei 等，2016）。此外，对家牛遗传资源保护的投入远远落后于家牛遗传资源的改良和利用，这些情况在发展中国家尤为突出，家牛品种的改良和遗传资源的保护显得很矛盾。有研究表明在未来几十年我们可能会失去很多人类在过去几千年积累下来的宝贵的家畜遗传资源（Taberlet 等，2008），因此有效的保护计划应该马上实施，以免出现不可挽回的损失（Boettcher 等，2009）。

另外，其他生物方法，如胚胎分割、体外受精、哺乳动物的无性繁殖、动物嵌合体等的研究正在深入进行，这将为中国黄牛遗传资源保存和利用提供广阔的前景。

▌本章小结

黄牛遗传资源是养牛业持续、稳定、高效发展以及人类赖以生存和发展的基础，但由于社会经济的高速发展，单纯追求黄牛产品的高产化与专一化以及外来品种的不断引进，造成地方品种数量日趋减少，不少品种已经消亡，许多品种处于濒危状态。在此基础上，分析了黄牛品种资源保种的重要性和紧迫性。为了保护黄牛遗传资源，提出了黄牛遗传资源保护方法与策略，包括保种区的划分与建立，保种的原则和任务，需要设立其保种区、保护区和保种场。实行以活体保种和其他保种形式相结合、本地保种和异地保种相结合、国家保种和地方政府保种相结合、保种场和保种区保种相结合、保种和选育相结合、保种和利用相结合的保种措施，实现以用最少保种成本，获得最大保种效率的保种目标。坚持以"重点、濒危、特定性状"为保种原则，以保护地方黄牛种质资源的遗传多样性基因种类、独特的基因资源、基因库中全部有利基因和有价值的基因组合体系为保种内容，保持起源系统、地域来源、生态类型、经济用途、文化特征的多样性及品种特性为目标的保种任务。从黄牛的活体保种、精液保种、卵子保种、胚胎保种、体细胞和组织保种、基因保存等6个方面阐述了保种的原理、方法和应用。

参考文献

白志明，2014. 我国畜禽品种资源的保护与合理利用 [J]. 古今农业，2：15 - 19.

柴同杰，2008. 动物保护及福利 [M]. 北京：中国农业出版社.

常洪，2009. 家畜遗传资源学 [M]. 北京：科学出版社.

陈灿菊，2007. 我国畜禽遗传资源现状及其保护方法概述 [J]. 家禽科学，8：35.

陈希鹃，2020. 南阳黄牛的保种改良与种公牛饲养管理 [J]. 养殖与饲料，3：47 - 48.

陈瑶生，潘玉春，2003. 中国家畜遗传资源保护与利用. 盛志廉先生 80 寿辰纪念文集 [M]. 北京：中国农业科学技术出版社.

丁晓婷，张花菊，李志钢，等，2020. 郏县红牛遗传资源保护措施与肉用选育改良问题及对策 [J]. 中国牛业科学，46（3）：52 - 55.

丁旭，肖海霞，2011. 中国畜禽遗传资源的保护与利用 [J]. 草食家畜，4：6 - 9.

杜丽，刘涛，申明霞，等，2007. 海南黄牛外周血白细胞文库的构建 [J]. 华南热带农业大学学报，13（4）：1 - 5.

杜昕桐，2009. 延边黄牛品种资源问题研究 [J]. 农家参谋，11：162.

方东辉，李绍琼，甘佳，等，2018. 平武黄牛遗传资源现状及保护 [J]. 四川畜牧兽医，45（4）：19 - 21.

关伟军，马月辉，2003. 濒危畜禽品种细胞库的构建与鉴定 [J]. 中国农业科技导报，5：5 - 8.

关伟军，马月辉，2008. 家养动物细胞体外培养原理于技术 [M]. 北京：科学出版社.

侯磊，2016. 冷冻保存技术在动物遗传资源保护策略中的潜力 [J]. 山东畜牧兽医，37（8）：84 - 86.

侯云鹏，周光斌，傅祥伟，2016. 动物配子与胚胎冷冻保存原理及应用 [M]. 北京：科学出版社.

吉进卿，韩雪华，2006. 地方畜禽品种现代保种技术浅析 [J]. 河南畜牧兽医，27（5）：20 - 21.

《科学养牛之路》编纂委员会，1995. 科学养牛之路-邱怀教授论文选 [M]. 北京：中国农业出版社.

康晔，叶绍辉，赵倩君，等，2013. 畜禽遗传资源保护方法的研究进展 [J]. 中国畜牧兽医，40（11）：208 - 212.

李广武，郑从义，唐兵，1998. 低温生物学 [M]. 湖南：湖南科学技术出版社.

李国范，金龙南，申京浩，2006. 延边黄牛品种资源保护的现状及其对策 [J]. 吉林农业科技学院学报，15 (4)：22-24.

李跃，张录强，张玉，2006. 畜禽地方品种资源保护及其利用 [J]. 黑龙江畜牧兽医 (6)：42-44.

刘丑生，朱芳贤，孟飞，等，2014. 应用生物技术保护我国地方牛遗传资源 [J]. 中国畜牧业，12：33-35.

刘荣宗，罗玉英，1998. 家畜遗传资源保护的新途径 [J]. 畜牧兽医杂志，17 (2)：16-19.

刘希斌，关伟军，张洪海，等，2005. 濒危动物遗传资源的保存 [J]. 中国农业科技导报，5：34-38.

刘喜生，白志明，李步高，2014. 我国畜禽品种资源的保护与合理利用 [J]. 畜牧与饲料科学，35 (10)：39-41.

鲁建民，刘文，2002. 秦川牛的保种与改良 [J]. 黄牛杂志，5：47-48.

罗应安，2017. 思南黄牛遗传资源及开发利用建议 [J]. 当代畜牧，33：28-30.

马艳荣，2011. 牛胚胎冷冻方法的应用研究 [J]. 黑龙江动物繁殖，19 (2)：14-17.

马月辉，吴常信，2001. 畜禽遗传资源受威胁程度评价 [J]. 家畜生态，22 (2)：8-13.

彭梦阳，王大会，贺花，等，2019. 贵州地方黄牛种业现状、存在问题及对策 [J]. 中国牛业科学，45 (4)：55-58.

秦汉，龚平，2014. 通江县空山黄牛的保种方案 [J]. 中国畜禽种业，10 (7)：52-53.

邱怀，1988. 中国牛品种志 [M]. 上海：上海科技出版社.

桑润滋，朱士恩，郑德富，等，1999. 牛胚胎玻璃化冷冻保存研究初报 [J]. 中国畜牧杂志，35 (5)：24-25.

盛志廉，2002. 论保护家畜多样性 [J]. 中国禽业导刊，19 (14)：4-6.

石德顺，凌泽继，韦英明，等，1998. 牛体外受精胚胎冷冻保存的研究 [J]. 广西农业大学学报，17 (4)：305-311.

宋娜娜，钟金城，柴志欣，等，2017. 三江黄牛全基因组数据分析. 中国农业科学，50 (1)：183-194.

孙青原，1993. 牛卵母细胞冷冻保存的研究进展 [J]. 国外畜牧科技，20 (6)：8-10.

孙素丽，2012. 应用现代生物学技术保存家畜遗传资源的方法 [J]. 当代畜牧，4：45-46.

唐建华，陈晓英，宋天增，等，2016. 西藏黄牛种质资源保护与利用研究 [J]. 中国牛业科学，42 (3)：48-51.

王均辉，王舒宁，2014. 畜禽品种资源保存理论与方法的思考 [J]. 中国畜牧兽医文摘，5：53-54.

王荣民，隋鹤鸣，2015. 锦江牛保种胚胎制作效果初探 [J]. 江西畜牧兽医杂志，1：13.

王雪梅，刘丽梅，2011. 家畜遗传资源保存的意义与方法 [J]. 现代畜牧科技 (7)：57.

王英，2010. 畜禽遗传资源保存的理论与方法 [J]. 上海畜牧兽医通讯 (3)：34-35.

王志刚，2005. 我国畜禽遗传资源保护手段分析 [J]. 中国牧业通讯 (13)：4-7.

吴常信，2000. 畜禽遗传资源保存的学术思想与技术 [J]. 中国家禽，22 (7)：4-5.

吴常信，2001. 畜禽遗传资源保存的理论与技术 [J]. 家畜生态，22 (1)：1-4.

肖杰，牛晖，王居强，等，2007. 中国黄牛的现代保种方法 [J]. 安徽农业科学，35 (27)：8505-8506.

晏慧君，黄兴奇，程在全，2006. cDNA 文库构建策略及其分析研究进展 [J]. 云南农业大学学报，21 (1)：7-12.

杨东英，2008. 我国地方黄牛遗传资源保护方法的思考 [J]. 广东农业科学，10：94-96.

昝林森，2015. 秦川牛种质资源保护与肉用选育改良 [J]. 中国畜牧业，17：20-22.

翟中和，王喜忠，丁明孝，2003. 细胞生物学 [M]. 北京：高等教育出版社.

张淑二，孙仁修，刘展生，2018. 山东地方畜禽遗传资源保护与开发调查报告 [J]. 中国畜禽种业，14
　　（1）：12－17.

张颖，2017. 我国家畜主要保种方法及应用现状 [J]. 当代畜牧（2）：33－34.

张沅，2001. 家畜育种学 [M]. 北京：中国农业出版社.

章嘎，2009. 鲁西黄牛耳组织 cDNA 文库的构建及 Tβ4 基因的克隆与表达研究 [D]. 呼和浩特：内蒙古
　　农业大学.

赵春霞，王琳琳，2005. 我国地方畜禽品种的遗传资源多样性保护 [J]. 饲料与畜牧，5：28－29.

赵尔军，金刚，2016. 黄牛精液冷冻技术探讨 [J]. 畜牧兽医科技信息，8：67.

朱立军，2009. 牛冷冻精液保存与使用方法 [J]. 湖南农业，5：19.

朱士恩，葛西孙三，1996. 牛体外受精扩张囊胚的玻璃化超低温冷冻保存及移植技术的研究 [J]. 中国
　　奶牛，4：17－19.

Boettcher P J，Hoffmann I，2009. Conserve livestock genetic resources，too [J]. Science，326（5951）：365.

Burt D W，2009. The cattle genome reveals its secrets [J]. J Biol，8（4）：36.

Canali G，Consortium E，2006. Common agricultural policy reform and its effects on sheep and goat market
　　and rare breeds conservation [J]. Small Ruminant Research，629（3）：207－213.

Edea Z，Bhuiyan M S，Dessie T，et al，2015. Genome－wide genetic diversity，population structure and
　　admixture analysis in African and Asian cattle breeds [J]. Animal，9（2）：218－226.

Forsberg E J，Strelchenko N S，Augenstein M L，et al，2002. Production of cloned cattle from in vitro
　　systems [J]. Biology of Reproduction，67（1）：327－333.

Fuku E，Kojima T，Shioya Y，et al，1992. In vitro fertilization and development of frozen－thawed bovine
　　oocytes [J]. Cryobiology，29（4），485－492.

Gosden R G，2005. Prospects for oocyte banking and in vitro maturation [J]. J Natl Cancer Inst Monogr，
　　34：60－63.

Groeneveld L F，Lenstra J A，Eding H，et al，2010. Genetic diversityin farm animals－a review [J].
　　Anim Genet，41（S1）：6－31.

Hamawaki A，Kuwayama M，Hamano S，1999. Minimum volume cooling method for bovine blastocyst
　　vitrification [J]. Theriogenology，51（1）：165.

Hou Y P，Dai Y P，Zhu S E，et al，2005. Bovine oocytes vitrified by the open pulled straw method and
　　used for somatic cell cloning supported development to term [J]. Theriogenology，64（6）：1381－1391.

Ireland J J，1987. Control of follicular growth and development [J]. Journal of reproduction and
　　fertility. Supplement，34，39－54.

Landa V，Tepla O，1990. Cryopreservation of mouse 8－cell embryos in microdrops [J]. Folia Biol（Pra-
　　ha），36：153－158.

Lane M，Bavister B D，Lyons E A，et al，1999. Containerless vitrification of mammalian oocytes and
　　embryos [J]. Nature Biotechnology，17（12）：1234－1236.

Massip A，Zwalmen P V D，Scheffen B，et al，1986. Pregnancies following transfer of cattle embryos
　　preserved by vitrification [J]. Cryo letters，7：270－273.

Mazur P，Leibo S P，Chu E H，1972. A two－factor hypothesis of freezing injury. Evidence from Chinese
　　hamster tissue－culture cells [J]. Experimental Cell Research，71（2）：345－355.

Mei C，Wang H，Liao Q，et al，2018. Genetic architecture and selection of Chinese cattle revealed by whole genome resequencing [J]. Molecular Biology and Evolution，35：688 - 699.

Polge C，Smith A U，Parkes A S，1949. Revival of spermatozoa after vitrification and dehydration at low temperatures [J]. Nature，164 (4172)：666.

Ruane J，1999. A critical review of the value of genetic distance studies in conservation of animal genetic resources [J]. Journal of Animal Breeding and Genetics，116 (5)：317 - 323.

Soubrier J，Gower G，Chen K F，et al，2016. Early，cave art and ancient DNA record the origin of European bison [J]. Nat Commun，7：13158.

Taberlet P，Valentini A，Rezaei H R，et al，2008. Are cattle，sheep，and goats endangered species [J]. Mol Ecol，17 (1)：275 - 284.

Thibier E，2009. Population exposure to environmental noise in Champlan [J]. Environ Risque Sante，8 (3)：227 - 236.

Vajta G，Booth P J，Holm P，et al，1997. Successful vitrification of early stage bovine in vitro produced embryos with the open pulled straw (OPS) method [J]. Cryo Lett，18 (3)：191 - 195.

Willadsen S M，1977. Factors affecting the survival of sheep embryos during - freezing and thawing [J]. Ciba Foundation Symposium，52：175 - 201.

Wilmut I，Rowson L E，1973. Experiments on the low - temperature preservation of cow embryos [J]. The Veterinary Record，92 (26)：686 - 690.

Xin Y P，Zan L S，Liu Y F，et al，2014. Genetic diversity of Y - shorttandem repeats in Chinese native cattle breeds [J]. Genet Mol Res，13 (4)：9578 - 9587.

（房兴堂　雷初朝　张春雷　王二耀）

第七章
中国黄牛遗传资源的选育技术

第一节 中国黄牛的常规育种

一、本品种选育

传统的纯种选育方法包括品种内选育和亲缘繁育。任何一个品种都是一个丰富的基因库，汇集着各式各样的优良基因，这些基因在一定的环境中发挥作用，从而使品种表现出各种人类所需要的优良性状，是培育优质高产品种的原材料。我国地方黄牛数量多、分布广，具有丰富的牛品种资源和遗传资源。虽然有些地方品种生长速度慢、生产水平和出栏率低，但体格健壮、性情温驯，某些地方品种牛对北方严寒干燥气候或某些地方品种牛对南方亚热带自然条件有较好的适应性，抗病力强，对饲养管理条件要求不高，具有较好的生产性能，遗传性稳定，如晋南牛、秦川牛、南阳牛、鲁西牛、延边牛等。在实际工作中，必须加强这些地方良种的系统选育工作，逐步提高其生产性能，保持品种的优良特性和遗传基础。

（一）品种内选育

品种内选育也称本品种选育，是在牛的品种内按照育种目标，通过选种、选配和培育，不断提高牛群的整齐度、牛群质量及其生产性能的方法，其任务是保持和发展一个品种的优良特性，增加品种内优良个体的比重，克服该品种的某些缺点，保持品种纯度，提高整个品种的质量。国外许多肉牛品种和国内众多的地方黄牛品种，都是通过该方法培育形成的。在肉牛业中，仍需依赖于纯种繁育提供种牛。

1. 本品种选育的原则

（1）要保持和发展本品种原有的特点和优良品质，并注意克服其存在的缺点　如秦川牛体格高大、适应性强、遗传性稳定，但存在后躯发育较差、尻部尖斜、腹部肌肉欠充实等影响肉用性能的缺点。因此，在制定品种选育方案时，应把臀端宽作为选育目标，这可在保持其优良特性的同时，改善该品种的产肉性能。

（2）选种、选配相结合　严格选择基础品种中品质优良的个体，加强各世代留种个体的选择和不理想个体的淘汰力度，结合有效的选配措施，才能取得较大进展，达到预期目标。

（3）保持良好的饲养管理条件　　只有在良好的培育条件下，牛的优良遗传性能才能充分发挥出来。没有良好的饲养管理条件，再好的品种也会逐渐退化，任何选育手段也起不到应有的作用。

（4）以坚持本品种内选择为主，但不排斥必要时适度地导入外血　　在某品种的缺点仅靠本品种选育无法克服时，可以考虑针对其缺点，引入同性状有突出优点的外来品种进行适度杂交，这样既解决了保种的问题，又提高生产性能，达到育种目标。

2. 本品种选育的基本措施

（1）加强领导，建立选育机构　　这是保证选育成功的组织措施。建立协作组，对品种进行调查研究（主要性能、优缺点、数量、分布、形成的历史条件、当地群众的喜好等），确定选育方向，明确选育目标，制订选育计划。

（2）建立良种繁育体系　　良种繁育体系（图7-1）包括建立牛育种核心群、扩繁群和商品生产群。育种核心群指的是在育种过程中，根据一定的选种标准选出的优秀群体。这个群体的生产性能、品种特征高于一般生产群，是育种的核心。牛育种核心群是一个专门用于育种的牛群，目的是通过选择和培育具有优良遗传特性的个体，以提高整个牛群的遗传质量和生产性能。这种育种策略通常涉及对牛群进行细致的筛选和管理，以确保只有最优质的个体被用于繁殖，从而逐步提高整个牛群的遗传水平和生产效率。扩繁群即经人工选择，通过一定的配种制度所形成的繁殖群体，主要是繁殖商品生产的牛群体。

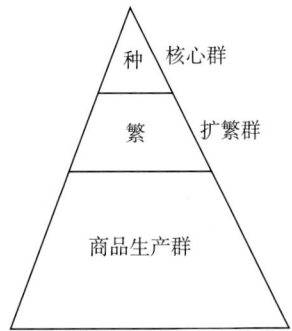

图7-1　良繁体系示意图

育种核心群可分为闭锁式和开放式两大类。前者一旦核心群个体确定后，就封闭起来，不再吸收其他群体的任何个体，将核心群所产生的幼畜作为补充该群的唯一来源；后者则可不断收入其他群中特别优秀的且经过后裔测定证实优秀的个体，不断丰富核心群的遗传组成，克服近交带来的损失，在金字塔式的繁育体系中，核心群内获得的遗传进展经繁殖群体传递下来，最终体现在商品群，使商品代牛群的生产性能得以提高。这里的基因流动是自上而下的，不允许基因逆向流动，即祖代牛只能生产父母代，而父母代只能提供商品代，商品代牛群是整个繁育体系的终点，不再作种用。

牛育种核心群的建设和管理涉及多个方面：

①选择和培育：通过选择具有优良遗传特性的公牛和母牛进行交配，以产生具有更好遗传潜力的后代。这些后代将进一步扩充核心育种群，通过代际遗传改良，逐步提高整个牛群的遗传质量。

②登记和鉴定：对核心群的母牛及其生产的犊牛进行严格的鉴定和登记，确保只有符合特定标准的个体被保留在核心群中。这包括对犊牛进行体型和外貌的鉴定，以及必要的遗传测试。

③系统选育与动态化管理：核心群的育种户需要积极配合开展生产性能测定，做好种

牛生长发育和鉴定数据的记录，实现信息化管理。这有助于确保生产性能测定数据的完整性与连续性，为育种工作提供有效的数据支撑。

④技术集成与创新：利用现代生物技术和育种技术，如分子标记辅助选择、基因组选择等，加速遗传进展，提高改良速度。这些技术的应用有助于更精确地选择和培育具有优良遗传特性的个体。

⑤监督与管理：各级农牧部门对核心群的生产经营进行监督和管理，确保育种工作的顺利进行。不符合建设标准的核心群可能会被吊销资质，以保证育种工作的质量和效率。

通过上述措施，牛育种核心群能够有效地提高牛群的整体遗传质量和生产性能，为畜牧业的发展做出贡献。核心群是生产性能最优秀的群体，占的比例比较少，一般 500～2 000 头。主要集中在技术水平、环境条件比较好的牧场。繁殖群主要集中在农牧民家庭户养群体，商品生产群数量比较大，环境条件和群体质量要求相对宽松一些。

（3）健全性能测定制度和严格选种选配　不进行性能测定就不知道选育效果，性能测定不完善就不能充分说明选育效果。因此，健全性能测定制度是进行品种选育的重要环节。

（4）科学饲养与合理培育　任何遗传性状的表现都离不开环境因素的影响，其中科学饲养与合理培育是遗传性状表现影响最为关键的因素。为了使性状能够得到充分发育和表现，科学饲养与合理培育是必需的。

（5）开展品系繁育　开展品系繁育可以加快遗传进展，同时，也可以进行系间杂交，获得最大的杂种优势。

（6）适当导入外血　可以促进群体有缺陷的性状得到快速改善。

3. 选育的方法

选育包括公牛和母牛（图 7-2），但重点是种公牛的选育。具体方法可采用：①个体选择法：包括个体测定和外貌鉴定；②亲子选择法：结合母亲和个体的性状表现选择；③同胞测定法：按照同胞的性能

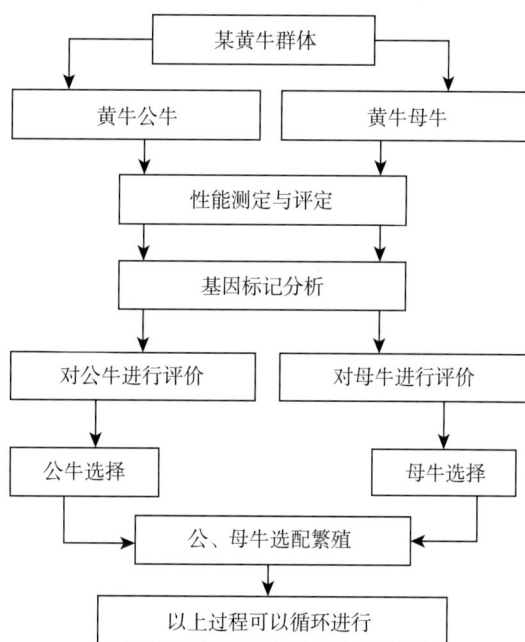

图 7-2　本品种选育提高总体技术方案

选择、留种；④后裔测定法：按照后代的表现留种；⑤基因标记法选择：通过基因测定进行早期留种；⑥核心群选育与群选群育相结合：在民间发现优秀的个体应留种。

（二）亲缘繁育

亲缘繁育是指相互有亲缘关系的个体间的交配组合。从家畜育种学的观点来看，交配双方到共同祖先的世代数在六代以内的交配繁殖，称为近亲繁殖，简称近交。因此，亲缘

繁育又被划分为近交繁育和品系繁育两种。

亲缘繁育既能使某些优良基因纯化，也能使某些隐性不利基因纯合而暴露出来，表现出不良性状而成为不良个体，如体格变小、体质变弱、生产性能降低、畸形发育等。防止近交衰退的方法：①近亲交配只用一次或两次，然后用中亲或远亲交配，以保持其优良性状；②严格选择，防止有共同缺点的公母牛交配；③严格淘汰突变型和重新结合的纯合劣质基因型的不良个体。

在很多情况下，某些公牛不仅对一个小群，甚至对整个品种的遗传改良产生巨大影响。利用祖先牛通过选种选配所创造出来的品系，可以成功地保持若干代。但若没有专门的选种选配，这种影响经过1～2代就会消失。因此，既不能轻视群体选种，又要重视在牛群中最大限度地发挥具有优良遗传特性的个体的作用。

反映近亲程度的参数是近交系数和亲缘系数。近交系数（inbreeding coefficient）实际上是表示个体基因组中由于近交而增加的纯合子比例，即由于共同祖先的近亲交配，个体从双亲那里继承相同等位基因的概率。亲缘系数指群体中个体之间基因组成的相似程度，即拥有共同祖先的两个个体，在某一位点上具有同一基因的概率。

育种工作者必须对近交的有利和不利影响有清醒的认识。近交的不良影响，主要通过有害的隐性基因（致死的、半致死的）纯合而表现出来。这些隐性基因平时被显性基因掩盖并不表现，当进行近交时，由于基因纯合，隐性基因暴露的机会增多。这会给牛群带来衰退现象，主要表现为后代的生活力和繁殖力减退、生长发育缓慢、死亡率增高，体质、适应性和生产性能下降，甚至出现畸形个体。但近交尤其是嫡亲交配，在实践中具有另一方面的重要意义。正是由于近交提高了基因的纯合性，所以它是分化畜群、获得优秀系祖和取得较好同质畜群的有效手段。在基因纯合过程中，畜群中还可能出现很多性状固定的、具有较高育种价值的个体。

育种的任务在于培育出为以后育种所必需的、育种价值较高的家畜和从群体中淘汰那些因近交而出现有害性状的个体。因而，必须合理地应用近交，无计划滥用近交是不允许的。必须在近交的同时结合有目的、有方向的严格选择，才可能创造出具有独特遗传品质的、决定该品种育种方向的杰出个体，作为品系的奠基者。育种工作不仅仅是选种和选配制度，而是要确定各品系所具有的特有品质（目标），并能较快扩大繁殖，成为品种的群体优势，这样才具有现实意义。

二、品系育种

（一）品系的概念

品系是指一个群内个体的亲缘关系比品种内其他群体更加紧密且具有特别价值的牛群。品系有狭义和广义之分，狭义的品系指来源于同一头卓越的系祖，不仅具有同一血统来源，一定的、比一般牛群和品种更优越的品质，而且有与系祖类似的体质和生产力的种用高产牛群。由于该品系建立在系祖个体基础上，即单一系祖建系法形成的品系，所以，实质上遗传基础范围较窄，也可称为单系。广义的品系指一群具有突出优点，并能将这些突出优点相对稳定地遗传下去的种用价值较高的种畜群。这种品系实质上是建立在群体基础上，遗传基础范围较宽。一般品系应具备的条件有 3 个：①有突出的优点；②具有相对稳定的遗传性；③有一定数量的个体。

（二）品系的类别

品系可分为 6 类：①地方品系：特点是形成时间长，群体较大，保存时间较长；②单系：是围绕同一头系祖建立的品系；③近交系：指运用连续近交所形成的品系，其群体近交系数达 0.375 以上；④群系：指由群体继代选育法建立的多系祖品系；⑤专门化品系：指具有某方面突出优点，专门用于某一配套系杂交的品系；⑥合成品系：指以两个或两个以上品种或品系杂交建立的品系。

（三）品系育种的意义和条件

品系育种也称品系繁育。育种工作必须有计划、有目的地保持和发展品系的优良品质。因此，确定家畜所属品系不仅仅是要明确来源问题，更主要的是在品质上尽可能地保持一致。只有在品质基本一致的时候，品系属性才具有现实意义，才能够将该品系的家畜用于育种场和商品场。只有保持了一致性，才有可能将其特点遗传给后代。在现代养牛业中，应当利用不同品系的卓越种公牛与具有最优秀遗传品质的母牛群配种。这样轮换使用不同品系，可以使它们的优良品质得到结合，取得最大的经济效益。由于品系提纯比较容易，因此，品系育种的意义在于能够加快种群的遗传进展，加速现有品种的遗传改良，促进新品种的育成，而且能够利用系间杂交，产生杂种优势，提高群体的生产性能。如不同近交系的杂交或不同专门化品系的杂交等。

品系培育的条件为：①要有足够的品系数量和各品系内的家系数量；②建系所用的个体除必须具有较高的综合性能外，还各自具有某一方面突出的优良特征；③饲养管理条件应保持相对稳定；④应具备相应的测定设备和分析设备。

（四）培育品系的方法

培育品系的方法有系祖建系法、近交建系法和群体继代选育法等。

1. 系祖建系法

选择具有最突出优点性状的个体作为系祖，再围绕系祖进行近交繁育和选择，以使系祖的优良基因迅速扩散并固定。

系祖建系法的步骤是：①选择系祖，选择具有某突出优秀性状的个体，在非主选性状上，系祖不能有太严重的缺点；②测定系祖的育种值；③围绕系祖进行近交繁殖，并严格选择和淘汰，扩大优秀个体的数量，形成遗传性稳定群体。

2. 近交建系法

利用亲缘关系极亲密的个体交配，使优良基因迅速纯合，达到建系的目的。

近交建系法的步骤是：在组建基础群时，按性状优秀选择公母牛，母牛越多越好，公牛不宜太多且尽量同质并有亲缘关系（以免出现过多纯合型，影响建系）。运用近交时，要考虑个体品质和纯合度，也要考虑亲缘关系，以决定近交程度。

3. 群体继代选育法

从选基础群开始，然后封闭畜群，再在闭锁的小群体内逐代选种选配，以培育符合预定品系标准、遗传性稳定、整齐均一的畜群。

群体继代选育法步骤：首先组建基础群，然后闭锁繁育，再进行选种选配，扩大优秀个体的数量，形成遗传性稳定的优秀群体。

（1）组建基础群　如预期品系要求有多方面优秀性状，基础群以异质为好；如只突出个别性状，基础群以同质为好；以便在基础群中汇集所有所需优良基因。为使基础群具更广泛的遗传基础，群内个体间近交系数最好都为 0。

数量要求：$S=\dfrac{n+1}{8n\Delta F}$

式中，S 为公牛最低需要量；n 为参与配种的母牛数；ΔF 为每代近交系数增量。

（2）闭锁繁育　畜群封闭，群内随机交配，但近交是必要的。

（3）选种选配　①每世代的出生时间、饲养条件和选种标准保持一致；②多留精选：各阶段的选择强度随年龄的增长而加大；③要特别照顾家系：每个家系都留后代；④缩短世代间隔；⑤控制近交系数在 0.10～0.15 之间。

群体继代选育的特点是组建基础群，闭锁繁育，世代分明，每代留种数相等，避免强烈近交，加强选择，加速优良性状固定；优点是基础群采用随机交配，近交衰退小，遗传基础丰富，继代种畜选留容易。

（五）品系的鉴定与维持

1. 品系的鉴定

（1）性能指标　公牛直接进行鉴定和同胞测定或后裔测定，母牛需做性能测定或同胞测定。

（2）纯度标准　要求群体继代选育的牛群近交系数达 12% 左右，亲缘选育的牛群个体间亲缘系数达 10%，平均群体亲缘系数超过 20%。

群体近交系数估计：$Fn=1-(1-\Delta F)^n$；n 为世代数；ΔF 为每代近交增量。

（3）遗传稳定程度　变异系数、上下代相似程度。

（4）数量　最小群体含量为 4 公、20 母，5～6 个家系。

（5）杂交效果测定　配合力测定结果。

2. 品系的维持

培育品系的目的是为了推广利用。因此，为了充分发挥品系的作用，必须采取措施，使品系维持足够长的时间。具体措施：①扩大牛群数量（多留公牛）；②控制近交系数的上升速度；③扩大后代群的变异；④延长世代间隔；⑤各家系等数留种。

(六) 品系的利用

品系的建立是为了增加品种内的差异性，各个品系各有特点。品系间的结合（杂交）是要将各品系的优良特性结合起来，以提高和丰富品种的质量和遗传性。品系的不断建立、不断结合使品种不断完善、不断提高。牛育种工作通常是在一个品种内建立若干个品系，每个品系都具有独特的优点，之后通过品系间的结合，就可使整个牛群得到多方面的改良。

三、杂交育种

杂交育种是在肉牛育种和生产中广泛采用的方法。在遗传学中，一般把两个基因型不同的纯合子之间的交配称为杂交。在畜牧业生产中，杂交是指不同种群，包括种间、品种间、品系间的公母畜的交配。杂交产生的后代称为杂种。

杂交的分类方法很多，按杂交双方种群关系的远近可分为系间杂交、品种间杂交、种间杂交、属间杂交等；按杂交目的不同可分为经济杂交、引入杂交、改良杂交、育成杂交；按杂交方式不同可分为简单杂交、复杂杂交、级进杂交、轮回杂交、双杂交等。如果杂交的两个品种间性状表现差异较大，杂交的目的是为了以一个品种来提高另一个品种的某方面性能，这种杂交也称改良杂交或杂交改良。亲缘较远的群体间杂交具有使杂种群性状趋于一致、个体间表现均匀一致、在生长发育和生产性能方面差异减小的特点，因而，可使商品家畜规格一致，有利于畜牧生产实现商品化和工厂化。杂交能使群体基因杂合体频率增加，基因非加性效应增大，从而产生杂种优势，提高群体均值。同时，由于杂种具有较多的新变异，对选择和培育有利，因而是培育新品种和建立新品系的良好材料。

我国黄牛分布广、数量多，除少数产肉性能较好外，大部分产肉性能较差。但是本地黄牛具有耐粗饲、抗病力强、适应性好、遗传性稳定等优良特性。为适应肉牛饲养业的发展，必须对现有黄牛进行杂交改良，从而改善黄牛的体型外貌，提高以增重速度和肉用品质为主的肉用性能。在黄牛的杂交育种中，多采用级进杂交、引入杂交、育成杂交和种间杂交。育成杂交又包括两品种的简单育成杂交和多品种的育成杂交。

(一) 级进杂交育种

级进杂交是用优良的高产品种改良低产品种的最常用的杂交方法，即利用高产品种的公牛与低产品种的母牛持续逐代进行交配（杂种后代都与同一品种的公牛交配），直至获得所需要的性能为止，然后在级进杂种中选出优良的公牛与母牛进行自群繁育，直至育成新品种。进行级进杂交时，杂种后代的公牛不参加配种，每世代母牛都与高产品种公牛交配（图 7-3），使高产品种基因成分不断增加，原有品种基因成分逐渐减少。

级进杂交应当注意以下问题：①引入品种的选择，除了考虑生产性能高、满足畜牧业发展需要外，要特别注意其对当地气候、饲养管理条件的适应性。因为随着级进代数的增高，外来品种的基因成分不断增加，适应性的问题会越来越突出。②级进代数没有固定模式，随着级进代数的增加，杂种优势逐渐减弱并趋于回归，因此，实践中不必追求过高代数，一般级进 2～3 代即可，过高代数还会使杂种后代的生活力、适应性下降；实际上，只要体型外貌、生产性能基本接近引入品种就可以固定了。原有品种应当有一定比例的基因成分，这对提高品种适应性、抗病力和耐粗饲等有好处。③饲养管理条件的改善和选种选配的加强，随着杂交代数的增加，生产性能不断提高，要求饲养管理水平也要相应提高。

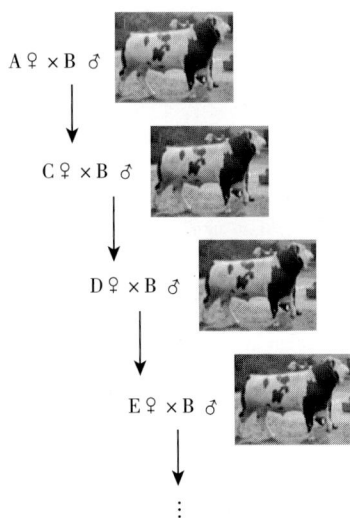

图 7-3　级进杂交示意图

级进杂交是提高本地牛品种生产力的一种最普遍、最有效的方法。当某一品种的生产性能不符合人们的生产、生活需要时，就要采用级进杂交。如把役用牛改良为乳用牛或肉用牛等。

辽育白牛是以夏洛来牛为父本、辽宁本地黄牛为母本级进杂交，形成的含夏洛来牛血统 93.75%、本地黄牛血统 6.25% 遗传组成的稳定群体。

（二）引入杂交育种

当一个品种的生产性能基本满足要求，但只有个别性状仍存在缺点，这种缺点用本品种选育法又不易纠正时，可选择一个理想品种的公牛与需要改良某个缺点的一群母牛交配，以纠正其缺点，使牛群趋于理想，这种杂交方法称为引入杂交。引入杂交的特点是在保持原有品种主要特征特性的基础上，通过杂交克服其不足，进一步提高原有品种的质量而不是彻底改造（图 7-4）。例如，我国有些黄牛品种，许多性状都很好，但存在尻部尖斜、后躯发育差的缺点，为保持原黄牛品种的优点，纠正存在的缺点，可引用一般性状良好，而且尻部宽、长、平且后躯发达的公牛品种（如利木赞牛）进行引入杂交。一般引入交配一次，以后即将符合要求的杂种公牛与母牛相互交配或根据需要进行 1～2 次回交。值得注意的是，选择的引入品种的生产方向与原有品种应基本相同。一般用于育种的引入外血量为 1/8～1/4。

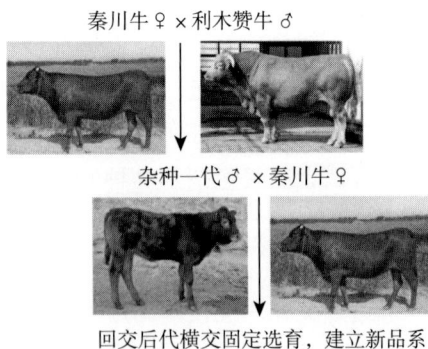

秦川牛♀×利木赞牛♂

杂种一代♂×秦川牛♀

回交后代横交固定选育，建立新品系

图 7-4　引入杂交示意图

（三）育成杂交育种

育成杂交是用两个或两个以上品种杂交以培育新品种的杂交方法，目的在于使两个或两个以上品种牛各自具有的优良特性结合在一起，并使其巩固下来，从而创造出比原来亲本更为优异的品种。育成杂交可以扩大变异的范围，经过闭锁繁育、横交固定，能创造出亲本不具备的新的有益性状，提高后代的生活力，增加体尺、体重，改进外形缺点，提高生产性能。有时还可以改善引入品种不能适应当地特殊自然条件的生理特点。

育成杂交可以采用多种形式，在杂种后代符合育种要求时，选择其中的优秀公母牛进行自群繁育、横交固定而育成新的品种。杂交方案可由简单到复杂，如果只用两个品种杂交，称为简单育成杂交；用两个以上品种杂交，称为复杂育成杂交。

育成杂交在国内外新品种培育中起到重要作用。如美国利用育成杂交培育出"比法罗牛"（美洲野牛×夏洛来牛×海福特牛）等优良品种。我国利用育成杂交培育出了草原红牛（短角牛×蒙古牛）、三河牛（西门塔尔牛×雅罗斯拉夫牛×霍尔莫戈尔牛×西伯利亚牛×蒙古牛）等优良品种。我国的夏南牛也是采用南阳牛和夏洛来牛二元育成杂交加回交的方法育成的（图 7-5）。我国的云岭牛是采用三元杂交育成的，即先用云南当地黄牛与莫累灰牛杂交，杂交后代再与婆罗门杂交，其后代经横交固定加选育育成云岭牛。

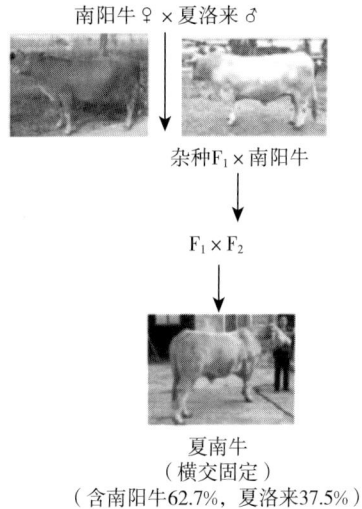

南阳牛♀ × 夏洛来♂

↓

杂种F₁×南阳牛

↓

F₁×F₂

↓

夏南牛
（横交固定）
（含南阳牛62.7%，夏洛来37.5%）

图 7-5 夏南牛二元育成杂交示意图

（四）种间杂交育种

种间杂交即不同种的公母牛间的交配繁殖，也称为异种间杂交，其后代称为远缘杂种。远缘杂种后代雄性多不育，雌性有不同程度的可育性。亲缘关系太远的物种由于染色体缺乏同源性，杂交不能成功，如黄牛与水牛交配就不能受精。我国青藏高原地区利用公黄牛与母牦牛杂交也属种间杂交，其杂交一代称为犏牛，其后代的体型，体重均比母本高，利用年限也长。但公犏牛无生育能力，故杂种公母牛之间不能自群繁育。瘤牛和普通牛的杂交后代具有生育能力，染色体数目也相同，都是 $2n=60$。其种间杂交的后代表现出对各种恶劣条件有良好的适应能力。

四、横交固定

固定杂交育种得到的优良性状，并使其稳定地遗传下来，这与杂交工作的成效密切相关。根据遗传学原理，固定隐性理想性状并不困难，只要把显性类型全部淘汰，仅能在一代之间就能固定隐性理想性状。困难的是固定优良性状组合中的显性性状，特别是要同时固定若干个显性性状更加困难，在这种情况下，固定就是一项相当艰巨的任务。

（一）理想型横交固定

理想型横交固定的要点：具有相同优良性状组合的个体间相互交配，使优良性状在后代群体中得以固定。其实质是育种学上的表型选择加同质交配。自 20 世纪 50 年代以来，我国也曾一度盛行。

1. 固定两个位点的显性基因

这是优良性状涉及多数显性基因中最简单的一种情况。若要通过杂交把两个种群（家系/品种）的有利显性性状结合在一起：

$$P: \quad AAbb \times aaBB$$

$$\downarrow$$

$$F_1: \quad AaBb$$

F_1 代具有两个种群的有利性状，胜过了两个原种群，即所谓"理想型"。具有两种显性有利性状的"理想型"个体相交配，获得的后代中只有 9/16 是"理想型"。在这些"理想型"中，

双位点显性纯合子	AABB	占	1/9
单位点显性纯合子	AABb	占	2/9
	AaBB	占	2/9
双位点杂合子	AaBb	占	4/9

获得具有两个种群有利性状的个体后，进行横交固定，结果见表 7-1。

表 7-1　两个显性基因的"理想型"交配后代的基因型

F₁代精子类型	F₁代卵子类型			
	$\frac{1}{4}AB$	$\frac{1}{4}Ab$	$\frac{1}{4}aB$	$\frac{1}{4}ab$
$\frac{1}{4}AB$	$\frac{1}{16}AABB$	$\frac{1}{16}AABb$	$\frac{1}{16}AaBB$	$\frac{1}{16}AaBb$
$\frac{1}{4}Ab$	$\frac{1}{16}AABb$	$\frac{1}{16}AAbb$	$\frac{1}{16}AaBb$	$\frac{1}{16}Aabb$
$\frac{1}{4}aB$	$\frac{1}{16}AaBB$	$\frac{1}{16}AaBb$	$\frac{1}{16}aaBB$	$\frac{1}{16}aaBb$
$\frac{1}{4}ab$	$\frac{1}{16}AaBb$	$\frac{1}{16}Aabb$	$\frac{1}{16}aaBb$	$\frac{1}{16}aabb$

因而在 F_2 代的"理想型"即双显性类型中，双位点显性纯合子：单位点显性纯合子（另一位点是杂合子）：双位点杂合子＝1：4：4。其分布形式可以用二项式表示：

$$1 = \left(\frac{1}{9} + \frac{4}{9} + \frac{4}{9}\right) = \left(\frac{1}{3} + \frac{2}{3}\right)^2$$

如果在 F_2 代中仍然选择"理想型"留种，其余 7/16 都淘汰，那么留种畜群产生的各类配子的比例如下：

1/9 的双显性纯合子 AABB 产生：$\frac{1}{9}AB$

2/9 的 AABb 产生：$\frac{2}{9} \times \frac{1}{2}AB$

$$\frac{2}{9}\times\frac{1}{2}Ab$$

2/9 的 AaBB 产生：

$$\frac{2}{9}\times\frac{1}{2}AB$$

$$\frac{2}{9}\times\frac{1}{2}aB$$

4/9 的双杂合子 AaBb 产生：

$$\frac{4}{9}\times\frac{1}{4}AB$$

$$\frac{4}{9}\times\frac{1}{4}Ab$$

$$\frac{4}{9}\times\frac{1}{4}aB$$

$$\frac{4}{9}\times\frac{1}{4}ab$$

总共有 4/9AB、2/9Ab、2/9aB 和 1/9ab。也就是说携带两个位点显性基因的配子数：携带一个位点显性基因的配子数：没有显性基因的配子数＝4/9：4/9：1/9。这个比例也可用二项式表示：

$$1=\left(\frac{1}{9}+\frac{4}{9}+\frac{4}{9}\right)=\left(\frac{1}{3}+\frac{2}{3}\right)^2$$

由 F_1 代这些配子产生的 F_3 代中，各类基因型的双显性类型（"理想型"）占 F_3 代总体的比例为：

AABB 的比例：$(4/9)^2=\dfrac{16}{81}$

AaBB 的比例：$2\times（4/9\times2/9）=\dfrac{16}{81}$

AABb 的比例：$2\times（4/9\times2/9）=\dfrac{16}{81}$

AaBb 的比例：$2\times（4/9\times1/9）+2\times（2/9\times2/9）=\dfrac{16}{81}$

在 F_3 代同样把双位点显性类型留下，其余的淘汰。在留下的这一部分"理想型"个体中，各类基因型的比例是：

AABB：$\dfrac{16}{64}=\dfrac{4}{16}$

AaBB：$\dfrac{16}{64}=\dfrac{4}{16}$ $\left.\begin{array}{c}\\ \\ \end{array}\right\}\dfrac{8}{16}$

AABb：$\dfrac{16}{64}=\dfrac{4}{16}$

AaBb：$\dfrac{16}{64}=\dfrac{4}{16}$

因而，双位点显性纯合子：单位点显性纯合子：双位点杂合子＝$\dfrac{4}{16}：\dfrac{8}{16}：\dfrac{4}{16}$，这一比例用二项式表示则是 $\left(\dfrac{2}{4}+\dfrac{2}{4}\right)^2$。

用同样方法求出 F_3 代留种群配子比例以及以后各代的合子比例和配子比例，结果见表 7 - 2。

表 7 - 2　按表型选双显性类型时横交各世代的合子频率与配子频率*

世代	合子				配子			
亲代	AAbb×aaBB				Ab×aB			
理想型后代	AABB	AABb AaBB	AaBb	二项式	AB	Ab aB	ab	二项式
F_1	0	0	$\dfrac{4}{4}$	$\left(\dfrac{0}{2}+\dfrac{2}{2}\right)^2$	$\dfrac{1}{4}$	$\dfrac{1}{2}$	$\dfrac{1}{4}$	$\left(\dfrac{1}{2}+\dfrac{1}{2}\right)^2$
F_2	$\dfrac{1}{9}$	$\dfrac{4}{9}$	$\dfrac{4}{9}$	$\left(\dfrac{1}{3}+\dfrac{2}{3}\right)^2$	$\dfrac{4}{9}$	$\dfrac{4}{9}$	$\dfrac{1}{9}$	$\left(\dfrac{2}{3}+\dfrac{1}{3}\right)^2$
F_3	$\dfrac{4}{16}$	$\dfrac{8}{16}$	$\dfrac{4}{16}$	$\left(\dfrac{2}{4}+\dfrac{2}{4}\right)^2$	$\dfrac{9}{16}$	$\dfrac{6}{16}$	$\dfrac{1}{16}$	$\left(\dfrac{3}{4}+\dfrac{1}{4}\right)^2$
F_4	$\dfrac{9}{25}$	$\dfrac{12}{25}$	$\dfrac{4}{25}$	$\left(\dfrac{3}{5}+\dfrac{2}{5}\right)^2$	$\dfrac{16}{25}$	$\dfrac{8}{25}$	$\dfrac{1}{25}$	$\left(\dfrac{4}{5}+\dfrac{1}{5}\right)^2$
…	…	…	…	…	…	…	…	…
F_t	$\dfrac{(t-1)^2}{(t+1)^2}$	$\dfrac{4(t-1)}{(t+1)^2}$	$\dfrac{2^2}{(t+1)^2}$	$\left(\dfrac{t-1}{t+1}+\dfrac{2}{t+1}\right)^2$	$\dfrac{t^2}{(t+1)^2}$	$\dfrac{2t}{(t+1)^2}$	$\dfrac{1}{(t+1)^2}$	$\left(\dfrac{1}{t+1}+\dfrac{1}{t+1}\right)^2$

这说明在固定涉及两个位点显性基因的优良性状时，如果从全部为双杂合的双显性类型开始横交，以后累代淘汰所有非双显性类型，那么横交经过的代数（t）和"理想型"中双显性纯合子、单显性纯合子、双杂合子的比例，可归纳为下式：

$$1=\left(\frac{t-1}{t+1}+\frac{2}{t+1}\right)^2$$

横交经过的代数（t）和留种群（双显性类型）各类配子（AB、Ab、aB 和 ab）的比例，可归纳为下式：

$$1=\left(\frac{t}{t+1}+\frac{1}{t+1}\right)^2$$

2. 固定 3 个位点的显性基因

如果所期待的优良性状涉及 3 个位点的显性基因，从所有个体都是三重杂合子的显性类型的世代开始横交，用与上面相同的方法，结果见表 7 - 3。横交经过的代数（t）与三重显性类型各类合子的比例关系，可归纳为下式：

$$1=\left(\frac{t-1}{t+1}+\frac{2}{t+1}\right)^3$$

代数与三重显性类型所产生各类配子的比例关系，可归纳为下式：

$$1 = \left(\frac{t}{t+1} + \frac{1}{t+1}\right)^3$$

用同法可知，在固定 4 个位点的显性基因时，所不同的仍然只有两个二项式的次数（次数为 4）；固定 5 个位点的显性基因时的次数为 5。

因此，我们可以把"理想型横交"经过的代数与"理想型"中各类合子的比例以及各类配子的比例关系分别概括为以下两个公式：

$$1 = \left(\frac{t-1}{t+1} + \frac{2}{t+1}\right)^n \tag{式 7-1}$$

$$1 = \left(\frac{t}{t+1} + \frac{1}{t+1}\right)^n \tag{式 7-2}$$

式中，t 代表横交代数，n 代表涉及的显性基因数。

表 7-3　按表型选三重显性类型时横交各世代的合子频率与配子频率

世代	合子					配子				
亲代	AAbbCC×aaBBcc					AbC×aBc				
理想型后代	三纯合	二纯合一杂合	一纯合二杂合	三杂合	二项式	三显	二显一隐	一显二隐	三隐	二项式
F_1	0	0	0	$\frac{8}{8}$	$\left(\frac{0}{2}+\frac{2}{2}\right)^3$	$\frac{1}{8}$	$\frac{3}{8}$	$\frac{3}{8}$	$\frac{1}{8}$	$\left(\frac{1}{2}+\frac{1}{2}\right)^3$
F_2	$\frac{1}{27}$	$\frac{6}{27}$	$\frac{12}{27}$	$\frac{8}{27}$	$\left(\frac{1}{3}+\frac{2}{3}\right)^3$	$\frac{8}{27}$	$\frac{12}{27}$	$\frac{6}{27}$	$\frac{1}{27}$	$\left(\frac{2}{3}+\frac{1}{3}\right)^3$
F_3	$\frac{8}{64}$	$\frac{24}{64}$	$\frac{24}{64}$	$\frac{8}{64}$	$\left(\frac{2}{4}+\frac{2}{4}\right)^3$	$\frac{27}{64}$	$\frac{27}{64}$	$\frac{9}{64}$	$\frac{1}{64}$	$\left(\frac{3}{4}+\frac{1}{4}\right)^3$
F_4	$\frac{27}{125}$	$\frac{54}{125}$	$\frac{36}{125}$	$\frac{8}{125}$	$\left(\frac{3}{5}+\frac{2}{5}\right)^3$	$\frac{64}{125}$	$\frac{48}{125}$	$\frac{12}{125}$	$\frac{1}{125}$	$\left(\frac{4}{5}+\frac{1}{5}\right)^3$
…	…	…	…	…		…	…	…	…	
F_t	$\frac{(t-1)^3}{(t+1)^3}$	$\frac{6(t-1)^2}{(t+1)^3}$	$\frac{12(t-1)}{(t+1)^3}$	$\frac{2^3}{(t+1)^3}$	$\left(\frac{t-1}{t+1}+\frac{2}{t+1}\right)^3$	$\frac{t^2}{(t+1)^2}$	$\frac{3t^2}{(t+1)^3}$	$\frac{3t}{(t+1)^3}$	$\frac{1}{(t+1)^3}$	$\left(\frac{1}{t+1}+\frac{1}{t+1}\right)^3$

可见，按这种表型选择加同质交配的方法进行固定，畜群中所有位点都是显性纯合子个体的概率：

$$P_{Dh} = \left(\frac{t-1}{t+1}\right)^n \tag{式 7-3}$$

各世代的配子中，每个位点都是显性基因的配子的概率：

$$P_{Dg} = \left(\frac{t}{t+1}\right)^n \tag{式 7-4}$$

式 7-3、式 7-4 中，P_{Dh} 为畜群中各位点都是显性纯合子个体的概率；P_{Dg} 为配子群中每个位点都是显性基因配子的概率；t 为从所有个体都是多位点杂合子的世代开始，横交经过的代数；n 为优良性状涉及的显性基因位点数。

有了这些论证，我们就能看出理想型横交固定的效率。

例题 1：优良性状涉及 4 个位点的显性基因，开始横交时四位点显性个体全是杂合子，如果每代都只保留四位点显性个体，需经过多少代才能使留种群产生的配子有 90% 在 4 个位点全是显性基因？使 4 个位点都是显性纯合子的个体达到理想类型的 90%，又需多少代？

已知：$P_{Dg}=0.90$，$n=4$；$P_{Dh}=0.90$，$n=4$

求：满足上述两种条件的代数 t_1 和 t_2

解：(1) $P_{Dg}=\left(\dfrac{t}{t+1}\right)^n$，$\sqrt[n]{P_{Dg}}=\dfrac{1}{t+1}$，$\sqrt[n]{P_{Dg}}=\dfrac{t+1}{t}$，$\dfrac{1}{\sqrt[n]{P_{Dg}}}-1=\dfrac{1}{t}$

因此，$t=\dfrac{\sqrt[4]{P_{Dg}}}{1-\sqrt[4]{P_{Dg}}}$，故 $t_1=\dfrac{\sqrt[4]{0.90}}{1-\sqrt[4]{0.90}}=\dfrac{0.974\,0}{0.026\,0}=37.47$

(2) $P_{Dh}=\left(\dfrac{t-1}{t+1}\right)^n$，$\sqrt[n]{P_{Dh}}=\dfrac{t-1}{t+1}$，$\sqrt[n]{P_{Dh}}=\dfrac{t+1-2}{t+1}$，$\sqrt[n]{P_{Dh}}=1-\dfrac{2}{t+1}$，$1-\sqrt[n]{P_{Dh}}=\dfrac{2}{t+1}$，所以，$t=\dfrac{2}{1-\sqrt[n]{P_{Dh}}}-1$，故 $t_2=\dfrac{2}{1-\sqrt[4]{0.90}}-1=75.93$

答：37.47 代才能使携带 4 个显性基因的配子占到 90%；75.93 代才能使 4 个位点的显性纯合体占留种群的 90%。可见，"理想型横交固定"的方法效率很低。

（二）用多元测交选择多重显性纯合子公畜进行固定

20 世纪 70 年代土库曼斯坦学者 M. Kolaboy 用二元测交方法成功地固定了卡拉库尔羊的金色性状，并提出了用三元测交方法固定银色性状的设想。到 20 世纪 80 年代，常洪（1988）提出了多元测交的概念，推导并用生物学试验证明了以多元测交为基础的选种方法固定孟德尔性状的效率。所谓多元测交（multiple test cross），即用多重显性类型的公畜在多个遗传位点上进行的测交。杂交获得具有多重显性性状的有利类型后，先使这种类型互相交配，然后在下一代用多元测交选择多重显性纯合子公畜和理想类型母畜交配；以后累代用多元测交选公畜，母畜不再作选择。这种方法的固定效率分析如下（以两位点为例）。

P₃   AAbb×aaBB

P₂   ↓

P₂   AaBb（横交）

P₁ $\dfrac{9}{16}$双显性类型（包括$\dfrac{1}{9}$AABB，$\dfrac{2}{9}$AABb，$\dfrac{2}{9}$AaBB，$\dfrac{4}{9}$AaBb），$\dfrac{7}{16}$非理想型个体（淘汰）。

从 P₁ 代（杂交开始的第三代，获得双位点显性的第二代）开始测交，选出 AABB 类型公畜，与各种双位点显性类型母畜交配，交配产生的 F₁ 代，基因类型比例的决定过程：

$AABB\, \male \times \frac{1}{9}AABB\, \female \to \frac{1}{9}AABB$；

$AABB\, \male \times \frac{2}{9}AABb\, \female \to \frac{2}{9}\times\frac{1}{2}AABB,\ \frac{2}{9}\times\frac{1}{2}AABb$；

$AABB\, \male \times \frac{2}{9}AaBB\, \female \to \frac{2}{9}\times\frac{1}{2}AABB,\ \frac{2}{9}\times\frac{1}{2}AaBB$；

$AABB\, \male \times \frac{4}{9}AaBb\, \female \to \frac{4}{9}\times\frac{1}{4}AABB,\ \frac{4}{9}\times\frac{1}{4}AABb,\ \frac{4}{9}\times\frac{1}{4}AaBB,\ \frac{4}{9}\times\frac{1}{4}AaBb$。

因此，AABB 占（1/9＋2/9＋1/9）＝4/9；AABb 占（1/9＋1/9）＝2/9；AaBB 占（1/9＋1/9）＝2/9；AaBb 占 1/9。

则双位点显性纯合子：单显性纯合子：双杂合子＝4/9：4/9：1/9。可归纳为二项式 $\left(\frac{2}{3}+\frac{1}{3}\right)^2$。

F_2 代各类型基因型比例的决定过程：

$AABB\, \male \times \frac{4}{9}AABB\, \female \to \frac{4}{9}AABB$；

$AABB\, \male \times \frac{2}{9}AABb\, \female \to \frac{1}{9}AABB,\ \frac{1}{9}AABb$；

$AABB\, \male \times \frac{2}{9}AaBB\, \female \to \frac{1}{9}AABB,\ \frac{1}{9}AaBB$；

$AABB\, \male \times \frac{1}{9}AaBb\, \female \to \frac{1}{36}AABB,\ \frac{1}{36}AABb,\ \frac{1}{36}AaBB,\ \frac{1}{36}AaBb$。

由此可得双位点显性纯合子：单位点显性纯合子：双位点杂合子 $=\frac{25}{36}:\frac{2\times5}{36}:\frac{1}{36}$；可归纳为 $\left(\frac{5}{6}+\frac{1}{6}\right)$。

用同样的方式，可知：

F_3 代各类合子的比例是 $\frac{121}{144}:\frac{2\times11}{144}:\frac{1}{144}$；归纳为 $\left(\frac{11}{12}+\frac{1}{12}\right)^2$。

F_4 代各类合子的比例是 $\frac{529}{576}:\frac{2\times23}{576}:\frac{1}{576}$；归纳为 $\left(\frac{23}{24}+\frac{1}{24}\right)^2$。于是，$F_t$ 代各类合子的比例归纳见表 7-4。

表 7-4 用多元测交选择双显性纯合子公畜进行固定时，各世代不同类型合子比例

测交世代	合子比例（二项式）
F_1	$\left(\frac{2}{3}+\frac{1}{3}\right)^2$
F_2	$\left(\frac{5}{6}+\frac{1}{6}\right)^2$
F_3	$\left(\frac{11}{12}+\frac{1}{12}\right)^2$

（续）

测交世代	合子比例（二项式）
F_4	$\left(\dfrac{23}{24}+\dfrac{1}{24}\right)^2$
⋮ ⋮ ⋯	⋮ ⋯ ⋮
F_t	$\left(\dfrac{3\times2^{t-1}-1}{3\times2^{t-1}}+\dfrac{1}{3\times2^{t-1}}\right)^2$

用相同的分析方法，也可以得出，当有利性状涉及 3 个位点的显性基因时，

各世代合子比例的通式：$1=\left(\dfrac{3\times2^{t-1}-1}{3\times2^{t-1}}+\dfrac{1}{3\times2^{t-1}}\right)^3$

涉及 4 个显性基因时的通式：$1=\left(\dfrac{3\times2^{t-1}-1}{3\times2^{t-1}}+\dfrac{1}{3\times2^{t-1}}\right)^4$

涉及 n 个显性基因时的通式：$1=\left(\dfrac{3\times2^{t-1}-1}{3\times2^{t-1}}+\dfrac{1}{3\times2^{t-1}}\right)^n$ （式 7-5）

式中，t 为测交开始后的代数；n 为有利性状涉及的显性基因位点数。

若以 P_{Dh} 代表所有位点都是显性纯合子的个体在全群中占的比例，那么，从式 7-5 可以直接导出：

$$P_{Dh}=\left(\dfrac{2^{t-1}\times3-1}{2^{t-1}\times3}\right)^n \qquad \text{（式 7-6）}$$

式 7-6 也可再作演变：

$$\sqrt[n]{P_{Dh}}=\dfrac{2^{t-1}\times3-1}{2^{t-1}\times3};\ \sqrt[n]{P_{Dh}}=\dfrac{2^{t-1}\times3}{2^{t-1}\times3}-\dfrac{1}{2^{t-1}\times3};$$

$$\dfrac{1}{2^{t-1}\times3}=1-\sqrt[n]{P_{Dh}};\ 2^{t-1}=\dfrac{1}{3(1-\sqrt[n]{P_{Dh}})};\ t-1=\dfrac{\lg\dfrac{1}{3(1-\sqrt[n]{P_{Dh}})}}{\lg2};$$

因此，

$$t=\dfrac{-\lg\left[3(1-\sqrt[n]{P_{Dh}})\right]}{\lg2}+1 \qquad \text{（式 7-7）}$$

这种方式的固定效率非"理想型横交"所能比拟。

例题 2：例题 1 中要使涉及 4 个显性基因的优良性状得到固定，使四重显性纯合子在群中达到 90%。用多元测交选择四重显性纯合子的方法又需要多少代？

$$t=\dfrac{-\lg\left[3(1-\sqrt[4]{0.90})\right]}{\lg2}+1=\dfrac{-(-1.107\,968)}{0.301\,03}+1=3.680+1=4.680$$

也就是说，从测交公畜产生的第一代算起，只要 4.680 代就能使 4 个位点的显性纯合子占到全群的 90%。可见，用这种方法可以在 4.680 代之间就完成理想型横交固定 75.93 代才能完成的育种任务。如果需要固定的显性基因越多，两种方法得到的效果差别就越悬殊。

由以上事例可以看出，应用多元测交选择多重显性纯合子公畜进行固定的优点：①育种效率高，能在短时间内完成理想型横交固定漫长的代数。②对公畜加以选择，对母畜不做选择，将后代中非理想型淘汰，选出理想型公畜以后，产生的后代表型整齐。③节省财力与时间。④生产中便于实施。

第二节　中国黄牛的分子标记辅助选择育种

一、分子标记技术的类型

动物基因组变异是动物基因育种的基础。分子标记技术的类型取决于基因组遗传变异的类型。分子标记（molecular markers）是以个体间遗传物质内核苷酸序列变异为基础的遗传标记，是 DNA 水平遗传多态性的直接反映，即生物在进化过程中，DNA 上出现的核苷酸突变、核苷酸缺失或增加、DNA 片段的丢失或多出等。从基因组变异的大小可将变异来源分为 4 个层次：①染色体水平上的变化所引起的染色体重排（chromosomal rearrangement）；②基因组中拷贝数变异（copy number variations，CNV），即基因或序列拷贝数的增加或减少，一般 CNV 长为 1kb 或者更长；③基因组中的微插入/缺失（insertion/deletion，InDels），即基因组序列上某区段碱基的插入或缺失，一般为长度<1kb 的 DNA 片段；④单核苷酸多态性（single nucleotide polymorphisms，SNP）是指基因组序列上的单核苷酸的改变，即点突变。在分子水平上，一般后 3 种情况常用于分子标记辅助选择育种。有许多方法可用于检测这些突变、缺失、增加、丢失、多出的核苷酸 DNA。根据检测方法的差异，DNA 标记技术可分为 4 类：①以分子杂交为基础的 DNA 标记；②基于 PCR 技术的分子标记；③PCR 与限制性酶切相结合的 DNA 标记；④单核苷酸多态性标记。

（一）以分子杂交为基础的 DNA 标记

1. 限制性片段长度多态性

限制性片段长度多态性（restriction fragment length polymorphism，RFLP）于 1974 年由 Grodzicker 等创立。RFLP 是一种以 DNA-DNA 杂交为基础的第一代分子遗传标记。其基本原理是利用特定的限制性内切酶识别并切割不同生物个体的基因组 DNA，得到大小不等的 DNA 片段，所产生的 DNA 数目和各个片段的长度反映了 DNA 分子上不同酶切位点的分布情况。通过凝胶电泳分析这些片段，就形成不同带，然后与克隆 DNA 探针进行 Southern 杂交和放射自显影，即获得反映个体特异性的 RFLP 图谱。RFLP 代表的是基因组 DNA 在限制性内切酶消化后产生的片段在长度上的差异。不同个体 DNA 碱基的替换、重排、缺失等变化，导致限制性内切酶识别和酶切位点发生改变，从而形成基因型间的限制性片段长度的差异。RFLP 标记的特点是其形成的等位基因有共显性，标记位点数量不受限制。

2. 可变数串联重复序列

1987 年，Nakamura 发现生物基因组内存在短的重复次数不同的核心序列，它们在生物体内的多态性水平极高，将其命名为可变数串联重复序列（variable number of tandem repeats，VNTR），也叫可变串联重复多态性数目。根据其重复核心序列数目的多寡，可变数串联重复序列可分为小卫星 DNA（minisatellite DNA）和微卫星 DNA（microsatellite DNA）标记两种，其中微卫星标记又称 SSR。

小卫星的重复碱基数为 10 到几百核苷酸，拷贝数为 10~1 000。检测 VNTR 的基本原理与 RFLP 大致相同，只是对限制性内切酶和 DNA 探针有特殊要求：①限制性内切酶的酶切位点必须不在重复序列中，以保证小卫星序列的完整性。②内切酶在基因组的其他部位有较多酶切位点，可使卫星序列所在片段含有较少无关序列，通过电泳可充分显示不同长度重复序列片段的多态性。③分子杂交所用 DNA 探针核苷酸序列必须是小卫星或微卫星序列，通过分子杂交和放射自显影后，可一次性检测到众多小卫星或微卫星位点，得到个体特异性的 DNA 指纹图谱。小卫星或微卫星 DNA 标记的特点是多态信息含量较高，但存在基因组上分布不均匀、实验操作繁琐、检测时间长、成本高的缺点。

微卫星标记的重复核心序列由 1~6 个碱基组成，重复数为 10~60，如（CA）n、（AT）n、（GGC）n、（GATA）n 等（n 代表重复次数）。由于微卫星 DNA 两端的序列多是相对保守的单拷贝序列，可根据其两端序列设计一对特异引物，使用 PCR 技术检测，故其又称为 PCR‑SSR。

（二）基于 PCR 技术的分子标记

1. 随机扩增多态性 DNA 标记

随机扩增多态性 DNA（random amplified polymorphism DNA，RAPD）由 Williams 等（1990）利用 PCR 技术发展的检测 DNA 多态性的方法，是一种对整个未知序列的基因组进行多态性分析的分子技术。其基本原理是利用长度 8~10 个核苷酸序列的随机引物，通过 PCR 反应非定点扩增 DNA 片段，然后用凝胶电泳分析扩增 DNA 片段的多态性。扩增片段多样性的差异便反映了基因组相应区域的 DNA 多态性。RAPD 所使用的引物各不相同，但对任一特定引物，它在基因组 DNA 序列上有其特定的结合位点，一旦基因组在这些区域发生 DNA 片段插入、缺失或碱基突变，就可能导致这些特定结合位点的分布发生变化，从而导致扩增产物的数量和大小发生改变，表现出多态性。就单一引物而言，其只能检测基因组特定区域的 DNA 多态性，但利用一系列引物就可使检测区域扩大到整个基因组。

RAPD 标记的遗传特点是显性或共显性。与 RFLP 相比，RAPD 具有以下优点：①技术简单，检测快速；②RAPD 分析只需少量 DNA 样品；③不依赖于种属特异性和基因组结构，一套引物可用于不同基因组分析；④成本较低。但 RAPD 也存在一些缺点：①RAPD 标记是一个显性标记，不能区分杂合子和纯合子；②存在共迁移问题，凝胶电泳只能分开不同长度的 DNA 片段，而不能分开那些分子质量相同、但碱基序列组成不同的 DNA 片段；③RAPD 技术中影响因素很多，实验的稳定性和重复性差。

2. 任意引物 PCR 标记

任意引物 PCR 标记（arbitrarily primed polymerase chain reaction，AP‑PCR）使用的引物较长，一般为 10～50bp。PCR 反应分为两个阶段，一是寡核苷酸引物在低严谨条件下与模板 DNA 退火，此时发生了一些合成，以便稳定模板与引物之间的相互作用；二是进行高严谨退火条件的循环，两个位点间那些序列在低严谨退火条件下发生的引物延伸可继续在高严谨条件下扩增。PCR 产物采用变性聚丙烯酰胺凝胶电泳进行分析，最终反应结果与 RAPD 类似。AP‑PCR 方法的特点是无需预知序列资料，而且检测的基因组样本是任意的，其缺点是每个新的多态性都必须经纯化才能进一步使用，另外，在杂合体中仅可辨别长度多态性。

3. DNA 扩增指纹

DNA 扩增指纹（DNA amplification fingerprinting，DAF）是一种改进的 RAPD 分析技术。与 RAPD 技术不同的是 DAF 分析中使用的引物浓度更高，长度更短，引物一般长 5～8bp，因此其所提供的谱带信息远比 RAPD 多。如使用 5 个核苷酸的引物时，引物和模板的组合可扩增出 10～100 个 DNA 片段。PCR 扩增产物在凝胶上进行分离，通过银染可产生复杂带型。

4. 特异引物 PCR 标记

（1）序列标志位点（PCR sequence tagged sites，PCR‑STS）　通过设计特定的引物，使其与基因组 DNA 序列中特定位点结合，从而可用来扩增基因组中特定区域，分析其多态性。特异 PCR 技术的最大优点是产生的信息非常可靠，而不像 RFLP 和 RAPD 存在某种模糊性。

（2）简单重复序列（simple sequence repeat，PCR‑SSR）或微卫星 DNA　串联重复的核心序列为 1～6bp，其中最常见的是双核苷酸重复，即（CA）n 和（TG）n。重复单位数目 10～60 个，也有报道重复单位数目可达数百万。每个微卫星 DNA 的核心序列结构相同，其高度多态性主要来源于串联数目的不同。SSR 标记的基本原理：根据微卫星序列两端互补序列设计引物，通过 PCR 反应扩增微卫星片段，由于核心序列串联重复数目不同，因而能够用 PCR 的方法扩增出不同长度的 PCR 产物，将扩增产物进行凝胶电泳，根据分离片段的大小决定基因型并计算等位基因频率。SSR 的优点：①一般检测到的是一个单一的多等位基因位点；②微卫星呈共显性遗传，可鉴别杂合子和纯合子；③所需 DNA 量少。在采用 SSR 技术分析微卫星 DNA 多态性时，必须知道重复序列两端的 DNA 序列的信息。如不能直接从 DNA 数据库查询则首先必须对其进行测序。

（3）序列特异性扩增区（PCR sequence‑characterized amplified region，PCR‑SCAR）　是在 RAPD 技术基础上发展而来。其试验方法是对目标 RAPD 片段克隆并对其末端测序，然后根据 RAPD 片段两端序列设计特异引物，对基因 DNA 片段再进行 PCR 特异扩增，把与原 RAPD 片段相对应的单一位点鉴别出来。SCAR 标记是显性遗传，待检 DNA 间的差异可直接通过有无扩增产物来显示。SCAR 标记方便、快捷、可靠，可以快速检测大量个体，结果稳定性好，重现性高。

（4）单引物扩增反应（single primer amplification reaction，SPAR） 该技术是与 RAPD 技术相似的一种标记技术，其特点是只用一个引物，但所用的引物是在 SSR 的基础上设计的。这些引物能与 SSR 之间的间隔序列进行特异性结合，然后通过 PCR 技术扩增 SSR 之间的 DNA 序列，凝胶电泳分离扩增产物，分析其多态性。另外，还有一种与 SPAR 技术非常相似的标记技术，即反向序列标签重复技术（inverse sequence - tagged repeat，ISTR），ISTR 所用的引物是在反向重复序列基础上设计的，PCR 扩增的是反向重复序列之间的 DNA 序列。

（5）DNA 单链构象多态性（PCR single strand conformation polymorphism，PCR - SSCP） 是指等长的单链 DNA 因核苷酸序列的差异而产生构象变异，在非变性聚丙烯酰胺中表现为电泳迁移率有差别。单链 DNA 构象分析对 DNA 序列的改变非常敏感，常常一个碱基的差别都能显示出来。在 SSCP 分析中，利用 PCR 技术定点扩增基因组 DNA 中某一目的片段，将扩增产物进行变性处理，双链 DNA 分开成单链，再用非变性聚丙烯酰胺凝胶电泳分离，根据条带位置变化来判断目的片段中是否存在突变。

SSCP 结果的判定是通过多个样品之间对比，观察条带之间位置改变，从而显示出不同生物个体间的 DNA 特异性。若要提高 SSCP 的检出率，可将 SSCP 分析与其他突变检测方法相结合。其中与杂交双链分析法（Het）结合可使检出率大幅度提高。杂交双链分析法是用探针与要检测的单链 DNA 或 RNA 进行杂交，含有一对碱基对错配的杂交链可以和完全互补的杂交链，在非变性聚丙烯酰胺凝胶上通过电泳被分离开。对同一靶序列分别进行 SSCP 和 Het 分析可以使点突变的检出率接近 100%，且实验简便。

（6）双脱氧化指纹法（dideoxy fingerprints，ddF） 是将双脱氧末端终止测序法与 SSCP 结合起来的分析技术，对由双脱氧末端终止的长短不一的单链 DNA 进行 SSCP 分析。如果目的片段存在一个突变，则所有大于某一大小对应于突变位置的双脱氧终止片段无野生型系统，对于每一个突变有多次机会检测其迁移率改变，提高了检测突变的效率。ddF 方法克服了 SSCP 分析时因 DNA 长度影响 SSCP 显示的困难，通过一种双脱氧核苷酸产生特异性的单链 DNA，使其中长度合适的 DNA 片段显示 SSCP 改变。

（三）PCR 与限制性酶切相结合的 DNA 标记

1. 扩增片段长度多态性

扩增片段长度多态性（amplified fragment length polymorphism，AFLP），1995 年由荷兰科学家 Vos 和 Zabeau 等发明。其基本原理是先利用限制性内切酶水解基因组 DNA，产生不同大小的 DNA 片段，再将合成双链人工接头与酶切片段相连接，为扩增反应的模板 DNA，然后以人工接头的互补链为引物进行预扩增，最后在接头互补链的基础上添加 1～3 个选择性核苷酸为引物，对模板 DNA 基因再进行选择性扩增，扩增结果应用聚丙烯酰胺凝胶电泳进行分离分析，根据扩增片段长度的不同判定多态性。

2. 酶切扩增多态性序列

酶切扩增多态性序列（cleaved amplified polymorphism sequences，CAPS）简称 PCR -

RFLP，其原理是利用已知的 DNA 序列资源设计出一对特异性的 PCR 引物，引物长度一般 19～27bp，然后用这些引物扩增目标 DNA 片段；接着用一种限制性内切酶切割扩增产物，凝胶电泳分离酶切片段，染色并进行 RFLP 分析。CAPS 标记揭示的是特异片段的限制性长度变异的信息，是一类共显性分子标记。这种标记的优点是避免了 RFLP 分析中膜转印步骤，又能保持 RFLP 分析的精确度。

（四）单核苷酸多态性标记

单核苷酸多态性标记（single nucleotide polymorphism，SNP），是美国学者 Lander E 于 1996 年发明的第三代 DNA 遗传标记技术。SNP 是由单个核苷酸的改变导致的核苷酸序列多态性，一般 SNP 位点只有两种等位基因，因此称为双等位基因。SNP 在人基因组中的发生频率较高，大约平均每 1 000 个核苷酸中就有一个 SNP，估计总数为 300 万个甚至更多。经测序发现，在牛上，不同品种 SNP 的数量不同，中国地方黄牛具有丰富的 SNP 多态性，在秦川牛有接近 700 万个 SNP，南阳牛有约 900 万个 SNP。

二、黄牛分子标记的应用

（一）分子标记与牛遗传资源的保护

动物遗传资源就是各种动物遗传变异性的总和。保护遗传资源就是保护种质资源，即每个基因位点上尽可能多的变异被保存。由于 DNA 分子标记本身就是生物基因组的遗传变异，故可通过 DNA 分子标记对牛的品种资源进行保护。利用 DNA 分子标记可有效检测和控制种群近交速率。在牛品种保护中由于牛群的规模受诸多因素的制约，因而通常采用小群体保护。群体越小，近交水平越高，高度近交可导致基因丢失，致使品种衰亡，但是实际上，各后代的近交程度存在较大的差异。利用分子标记可分析小群体中各个世代不同个体的基因同源程度，将实际近交程度小的个体留作种用。还可以根据 DNA 指纹图谱所得的遗传相似系数进行标记辅助选配，从而实现近交速率的有效控制。利用 DNA 分子标记还可跟踪保护优质基因，防止目标基因的丢失。随着动物基因组计划的不断发展，动物的数量性状、质量性状基因在染色体上的定位及测序变得更为容易。可以利用 DNA 标记对与其紧密连锁的目标基因的世代传递进行监测，从而进行有目的地保护、选留，使之不至于因遗传漂变而丧失。同时可以建立各个牛种的 DNA 文库，对一些独特的遗传资源进行保存，将来需要时可通过转基因技术在牛群体中获得需要的牛种个体。

（二）分子标记用于研究牛起源进化

Zuckerkandl 和 Paining 于 1965 年提出分子钟假说，他们认为生物的分子进化过程中普遍存在有规律的钟，即分子进化速率，因此利用生物 DNA 上的核苷酸差异量，可以分析不同生物的进化亲缘关系。

中国黄牛遗传资源方面的研究主要集中在对中国黄牛的起源进化和亲缘关系的研究，如对牛线粒体 DNA D-loop 的多态性研究，发现中国黄牛有普通牛与瘤牛两大起源，其中普通牛单倍型又可分为 5 个支系，遗传多样性丰富，首次发现中国黄牛中含有非洲牛支系 T1；中国瘤牛也有两个支系 I1 和 I2，但其遗传多样性十分贫乏。对 mtDNA Cyt b 基因的测序分析和比较结果，界定了 47 个单倍型、105 个多态位点，证实中国黄牛有普通牛与瘤牛两大母系起源。从分子水平证明西藏黄牛是普通牛和瘤牛的混合起源，并且发现中国黄牛中普通牛与瘤牛类型的分布是有特点的。在北方黄牛中，只存在普通牛类型；在中原黄牛与南方黄牛中，绝大部分都是普通牛与瘤牛的混合类型；只有雷琼牛是瘤牛类型。

（三）分子标记用于构建和绘制黄牛基因图谱

对生物的基因进行鉴定，以此测定其在染色体上的特定位置，然后用图示的方式表示出来，就形成了基因图谱。通过对牛基因定位，将一些独特性能的基因定位于某一染色体特定区段，并测定基因在染色体上线性排列的顺序和相互间的距离，从而绘制牛的基因图谱，为改进牛的育种方式奠定了基础。目前对与生产性能密切相关的一些数量性状的基因定位已取得进展，一些对数量性状有较大影响的 QTL 得到定位。构建基因图谱后，就可利用图谱将一批具有特色的基因克隆出来，为基因转移奠定基础，在同一物种个体间和不同物种间进行基因转移。利用基因克隆技术可以组建基因组文库，使一些独特的遗传资源得到长期的保存，在将来需要时通过转基因技术在牛群重现。

（四）分子标记用于黄牛杂种优势预测

杂种优势指两个遗传组成不同的亲本杂交产生的 F_1 代比其双亲具有更强的生活力、生长势、适应性、抗逆性和丰产性等表现的现象。杂种优势的表现是杂交种中亲本遗传物质基因表达的结果，杂种优势的表现取决于两个亲本的表达情况。研究和实践均表明，杂交的两亲本间差异性越大，F_1 代的杂种优势就可能越大。DNA 或 mRNA 标记直接反映生物遗传物质上的差异，为杂种优势的研究提供分子标记。比如检测群体内的遗传多态，对于可以用基因频率度量的资料，可用杂合度（H）度量群体内的遗传多样性。

$$H = 1 - \sum_i^n P_i^2$$

这里 n 为一个复等位基因座上的等位基因数目，P_i 表示群体中第 i 个等位基因的频率。可见，H 实际上是在群体随机交配情况下，一个个体的两个等位基因处于杂合状态的概率。例如，若 ABO 血型基因座的 3 个基因频率分别为 0.1、0.3 和 0.6 时，杂合率 H 为 0.54，因而群体中在 ABO 基因座上大约有一半以上的个体可能是杂合型。此外，衡量群体内多样性的指标还有多态位点比例等。DNA 多态性还可用于进行种群间亲缘关系分析，即计算种群间的遗传距离。如果在 X 和 Y 两个群体中，第 i 个基因座上第 j 个等位基因的频率分别为 P_{Xij} 和 P_{Yij}，则这两个群体间的遗传距离为：

$$D = -\ln \frac{\sum_i \sum_j P_{Xij} P_{Yij}}{\sqrt{\sum_i \sum_j P_{Xij}^2 \cdot \sum_i \sum_j P_{Yij}^2}}$$

此处，为了提高分子标记预测杂种优势的准确性，选择与产量性状与杂种优势连锁程度高的分子标记体系十分重要。

三、分子标记辅助选择的概念

分子标记辅助选择育种是利用分子标记与目标性状基因紧密连锁的特点，通过对分子标记的检测和选择，达到对目标基因和目标性状选择的目的。例如，已知要评定的性状有QTL存在，并能直接测定它们的基因型，或者虽不能测定它们的基因型，但已知它们与某些标记存在连锁关系，可以通过测定这些标记的基因型，将这些信息应用到个体的遗传评定中，以提高评定的准确性。大多数分子标记为共显性，对隐性性状的选择十分便利；基因组变异丰富，分子标记的数量多；在生物发育的不同阶段，不同组织的DNA都可用于标记分析等。

四、分子标记辅助选择的实施

(一) 分子标记辅助选择的步骤

分子标记技术都要先进行DNA的分离提取、DNA的扩增合成、DNA的限制性酶切和序列测定等。对于拷贝数变异（CNV），常用qPCR技术和测序技术，该技术可通过qPCR检测基因组中DNA拷贝数量的变化，从而把个体分为增加型、正常型和减少型3种类型。对于微插入/缺失（InDels），可以设计包含InDels片段在内的引物，用PCR直接扩增，电泳后就可直接观察判定，并配合测序会更加准确。一般可以得到插入纯合型（II），插入/缺失杂合型（ID）和缺失纯合型（DD）3种类型。对于SNP的检测，可用的方法很多，如测序、DNA杂交、DNA指纹技术等，以及PCR基础上衍生的许多方法，如RAPD技术、AFLP技术、PCR-SCAR技术、PCR-SSR技术、PCR-SSCP技术等。在分子标记基因型确定之后，再与动物性状表型值进行关联分析，得出结果。

例如，利用PCR-RFLP技术检测黄牛 POU1F1 基因的遗传多态性并进行关联分析。结果发现黄牛群体出现AA、AB、BB 3种基因型（图7-6），经过与黄牛体尺性状的关联分析，BB型个体在初生重、6月龄断奶前平均日增重、周岁体高、体斜长、胸围和体重方面都显著的优越，差异显著。因此，BB型可作为体尺性状选择的分子标记，可将BB型个体作为候选个体留种。

分子标记辅助选择育种的具体步骤：①通过测定黄牛品种参考群目标性状的表型值，并做好记录，同时采集参考群个体的血样或耳组织样品，难以采集血样或耳组织样品的动物也可以采集毛发、粪便等；②测定动物个体基因组DNA的多态性，确定每个个体的基

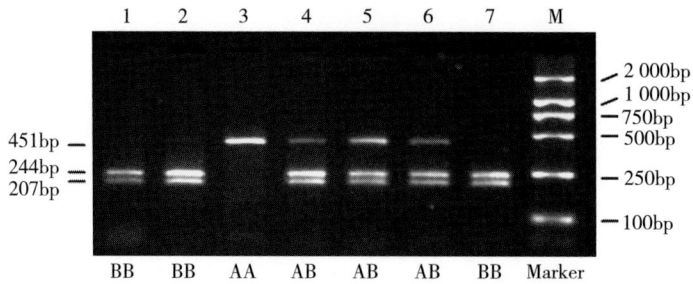

图 7 - 6 牛 POU1F1 - PCR 产物 Hinf I 酶切电泳图

因型；③进行表型值与分子标记基因型间的关联分析；④通过关联分析，寻找出具有显著差异的分子标记，可供选择性状用；⑤进行待选群体的采样和分子标记的检测；⑥根据基因型检查结果，选择优秀的基因型个体作为候选对象和留种，特别是可以进行早期选择。

（二）分子标记辅助选择育种的优点

分子标记辅助选择育种的优点：①操作简便，易于实施；②对群体的规模要求不太严格；③对单基因控制性状特别有效，如无角、毛色及有害基因控制的性状等；④快速，可以早期选择，加快育种进程，克服传统杂交选择法的各种缺陷，缩短世代间隔；⑤成本比较低。

（三）分子标记辅助选择育种的局限性

较理想的情况是能直接测定 QTL 或主效基因的基因型，这样在选择时就可直接选择那些具有理想基因型的个体。但目前已发现并且得到证实的这类主基因和 QTL 并不多，在牛上只有影响肉牛肌肉生成的双肌基因。标记辅助选择方法虽然有许多优点，但也存在一定的局限性，主要表现在：

1. 参考群体若太小，会影响准确性

一般参考群体最好在 300 头以上，越大越好。

2. 涉及位点少，易忽略其他有利位点

此方法涉及的位点少，对数量性状选种的准确性有一定的影响。在有的基因中若可能存在多个突变位点，这些突变都可引起该基因的有利效应，如牛的双肌基因就是这种情况，我们对基因的检测往往只针对一个突变位点，当在该位点上没有检测到有利突变时就不予考虑，这可能会漏掉那些在其他位点上存在有利突变的个体。如果能同时检测所有的突变位点，就可避免这种情况发生。

3. 容易误认为主效基因

在候选基因分析中，如果所选基因本身对所考察的性状并没有影响，在用于候选基因分析的群体中，该基因与真正影响性状的 QTL 处于连锁不平衡状态，则可能会错把该基因当成影响此性状的主效基因。如果对这个基因未做进一步的证实，就将它用于基因辅助

选择，可能会造成很大的误差，因为在候选群体中该基因可能与 QTL 处于另一种连锁状态。

4. 若存在交换率可能选择无效

当 QTL 的基因型不能直接测定，而只能根据标记信息推测时，问题就更复杂。假设已知某一 QTL 与一标记连锁，它们之间的重组率为 10%，在 QTL 座位上等位基因 Q 是有利基因，并假设已知在父亲中 Q 是与 M 连锁的，因而在其后代中，拥有标记等位基因 M 的个体将有更大的可能性（90%）拥有 QTL 等位基因 Q（可能性取决于标记与 QTL 之间的连锁程度），因此就更有理由中选。但是，由于标记与 QTL 之间可能会发生重组，在后代中拥有 M 的个体可能会拥有 q，因而这种选择有犯错误的可能。可以看出，这种标记辅助选择的必要前提是：

（1）父亲在标记和 QTL 上都必须是杂合子　如果在 QTL 上是纯合子，后代从父亲处获得的 QTL 等位基因都相同，选择就失去了意义。如果在标记上是纯合子，也无法根据标记来推断 QTL 等位基因的传递情况，这样的标记称为无信息标记，这时我们可以重新选择一个与 QTL 连锁的标记，以确保该父亲在标记上是杂合子。

（2）父亲的标记与 QTL 的连锁相已知　对群体中一个任意公畜，我们并不知道 M 是与 Q 连锁的还是与 q 连锁的，这样在其后代中就无从根据标记基因型来进行选择，因此在进行标记辅助选择之前，首先需要确定在每个家系中亲本的标记与 QTL 相连锁。这需要至少两代的信息，确定连锁的基本依据是在后代中重组型个体的理论比例一定小于非重组型的个体，因为重组率不大于 0.5。如果能观察到该公畜的后代中携带不同标记等位基因（如 M 和 m）的个体在表型上有差异，则可推断该公畜的标记与 QTL 连锁。

（3）必须能够准确判断后代从父亲那里获得了哪个标记等位基因　这样才能根据父亲的标记与 QTL 的连锁来推断后代从父亲处获得了哪一个 QTL 等位基因。假设母亲的标记基因型是 mm，她必定要传递一个 m 给后代，因而很容易判断后代从父亲处获得了 M 还是 m。如果母亲的标记基因型未知，后代的标记基因型是杂合子时，则无法判断它从父亲处得到的是 M 还是 m；如果母亲的基因型已知，但她和后代的标记基因型都是杂合子，则同样无法做出判断。在这种情况下，可考虑另外选择一个标记。

（四）分子标记辅助选择育种的策略

1. Marker – BLUP（MBLUP）

在常规 BLUP 的基础上加上标记的信息，也就是同时利用表型、系谱和标记的信息进行个体育种值估计。此时个体育种值可分为两个部分：

个体育种值＝QTL 育种值＋多基因育种值

其中的 QTL 育种值是在已知 QTL 上由 QTL 基因型所决定的育种值，多基因育种值是由所有其他基因效应所决定的育种值。标记信息可使 QTL 育种值的估计较为准确（尤其在 QTL 基因型可以直接测定的情况下），因而对个体总育种值的估计准确性也可能会有所提高。QTL 育种值和多基因育种值可按 BLUP 的原则同时进行估计，所用模型的一般形式为：

$$y = Xb + Wq + Za + e$$

式中，y 是性状观测值向量，b 是固定环境效应向量，q 是 QTL 效应向量，a 是效应向量，e 是随机残差向量，X、W 和 Z 分别是 b、q 和 a 的关联矩阵。

可以看出，与常规的 BLUP 模型相比，这个模型只是增加了 Wq 这一项，如果 QTL 的基因型能直接测定，即每个个体的 QTL 基因型已知，则可将 QTL 效应当成固定效应，q 是所有 QTL 基因型效应的向量，对此模型的分析和常规的 BLUP 完全相同，但 QTL 的基因型不能直接测定，而只能根据标记信息推测时，问题就要复杂得多。

2. 两阶段选择

在进行生产性能测定时，往往由于各种因素的限制不能对所有个体都进行测定，而是选出其中的一部分进行测定，这种选择一般基于其早期所表现出的某些生产性能，例如，在乳用公牛的后裔测定中，一般并不将所有青年公牛（一般由种子公牛和种子母牛相配所产生）都进行后裔测定，而主要是根据其生长速度和体型外貌，选择部分青年公牛参加后裔测定。由于这些早期性状与最终目标性状的相关性并不高，这种选择或多或少带有一定的随机性，如果这时能根据标记信息进行选择，将携带有理想标记等位基因的个体选留下来参加性能测定，然后再对性能测定结果，用常规的 BLUP 进行育种值估计，根据 BLUP 育种值进行第二次选择。这种两阶段选择在第一次选择时利用了标记的信息，减少了选择的随机性，提高了选择差和选择强度。

3. 早期选择

早期选择分子遗传标记的一个重要优点是其测定不受动物年龄的限制，这为进行种畜的早期选择创造了条件，对于那些要到生命的中晚期才能表达的性状和需要进行后裔测定的性状，早期选择（即在性能测定或后裔测定前就进行选择）可大大缩短世代间隔，但同时也意味着选择的准确性会降低。当我们所掌握的一个性状的 QTL 能够通过早期选择（根据标记信息）缩短世代间隔来弥补选择准确性降低的缺陷，并产生更大的遗传进展和育种效益，可考虑采用早期选择。当然在进行早期选择时，除了利用标记信息外，还应尽量利用其他可利用的信息，如祖先信息和同胞信息。

（五）影响分子标记辅助选择相对效率的因素

相对于常规的 BLUP 选择，标记辅助选择所带来的额外遗传进展（即相对效率）在不同情况下是不一样的，影响标记辅助选择相对效率的主要因素有以下几种。

1. QTL 效应的大小

QTL 效应大小可以用在总的遗传变异中，由 QTL 引起的变异所占的比例来度量。显然，QTL 效应越大，标记辅助选择的相对效率就越高，随着 QTL 方差（与总遗传方差之比）的增大，分子标记辅助选择所带来的额外的遗传进展也增大。

2. 标记与 QTL 的连锁程度

当不能直接测定 QTL 的基因型时，需要利用标记的信息来推测 QTL。显然，标记与

QTL 连锁得越紧密，这种推测的可靠性越高，因而标记辅助选择的相对效率就越高。

3. 选择的世代

许多研究表明，标记辅助选择的效率在短期选择中有明显的优势，但在长期选择中其优势就逐渐消失，其累积遗传进展甚至会低于常规的选择方法。造成这种现象的原因：一是 QTL 有利基因在标记辅助选择（尤其是基因辅助选择）中很快固定；二是标记辅助选择造成了剩余多基因部分的遗传进展降低。

4. 常规选择的效率

一般说来，如果常规选择已经非常有效，标记辅助选择的优势就不明显；反过来，常规选择的效率越低，标记辅助选择的优势就越大。造成常规选择效率低下的原因：①性状的遗传力低；②性状是限性表达性状；③性状难以测量或测定成本太高；④性状不能活体测量。

第三节　中国黄牛的全基因组选择育种

一、全基因组选择的概念

全基因组选择最早于 2001 年由 Meuwissen 等提出，基本涵义就是全基因组内的标记辅助选择。全基因组选择的方法主要是利用全基因组中大量的标记信息（主要是 SNP）估计出不同染色体片段的育种值，然后再估计出个体全基因组育种值范围并进行选择。全基因组选择育种主要利用的是连锁不平衡信息，即假设每个标记相邻的 QTL 处于连锁不平衡状态，因而利用标记估计的染色体片段效应在不同世代是相同的。由此可见，分子标记的密度必须足够高，以确保控制目标性状的所有的 QTL 标记处于连锁不平衡状态。牛、羊等家畜基因组序列图谱及 SNP 图谱的完成，为基因组研究提供了大量的标记，确保了有足够高的标记密度，而且由规模化高通量的 SNP 检测技术也相继建立和应用，如 SNP 芯片技术等。SNP 分型的明显降低使全基因组选择方法的应用成为可能，全基因组选择成为继杂交育种技术和 BLUP 技术之后的新育种技术。

二、全基因组选择的步骤

动物全基因组选择的步骤主要包括：①参考群目标性状的性能测定；②采集血样或组织样品；③全基因组测序或 SNP 芯片；④全基因组关联分析并估计所有标记效应值；⑤待测群体全基因组测序或 SNP 芯片测定基因型；⑥通过标记基因型估计个体育种值；⑦按照育种值对候选个体排队；⑧确定选择留种个体。

全基因组选择实施过程可分为两步：①通过参考群体（reference population）的表型信息和基因型信息估计出单个 SNP 标记或者不同染色体片段的效应；②预测群体（inference population）中只有基因型信息没有表型信息的个体根据上述估计出来的标记效应值

累加得到其个体基因组估计育种值（genomic EBVs，GEBVs）。图 7-7 展示了整个全基因组选择流程。

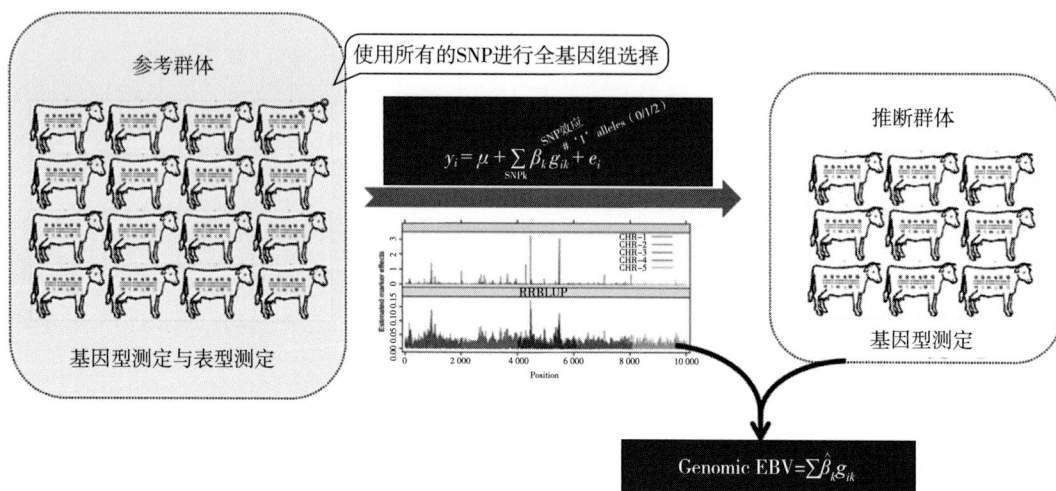

图 7-7 全基因组选择流程（引自张猛，2011）

三、全基因组选择的实施

自提出全基因组选择的概念后，美国、英国、澳大利亚、荷兰、以色列、加拿大等国家相继开展了全基因组选择的研究。VanRaden（2009）报道了美国和加拿大青年公牛基因组育种值的可靠性研究结果，他们选用 3 576 头荷斯坦公牛作为参考群体，与澳大利亚和新西兰的研究一样，用 Illumina Bovine SNP50™芯片获得了 38 416 个 SNP 位点的基因型信息。预测方法包括 GBLUP 法和贝叶斯方法（Bayes A、Bayes B 和 Bayes C）。双亲均值和基于系谱的多基因效应再与基因组预测值相结合得出最终的基因组估计育种值。他们的结论表明，基因组估计育种值的可靠性为 50%，高于双亲均值 27%，BLUP 法与贝叶斯法相比，可靠性仅降低了 1%。

荷兰 CRV 奶牛育种公司的 De Roos（2009）报道了开展全基因组选择的结果。他们采用含有 57 660 个 SNP 位点的定制芯片检测了参考群体的 1 583 头牛，获得了 46 529 个有效的 SNP 位点信息。该研究使用如下方法对基因组育种值的可靠性进行计算，从 1999—2008 年出生的 429 头牛的参考群体中，每次随机抽 5% 的个体，再计算他们的基因组育种值，与包含后裔测定信息的估计育种值进行相关性分析。以上步骤重复 20 次，每头公牛均有一次被抽出的机会，19 次在参考群体中。计算方法采用 Meuwissen 和 Goddard（2004）提出的 Gibbs 抽样法对单个 SNP 位点进行分析。结果表明，基因组估计育种值要高于基于双亲均值的估计育种值。

Luan 等（2009）在挪威红牛群体中实施了全基因组选择，他们选用 500 头个体中包括 466 头有后裔测定成绩的公牛和 34 头种公牛。利用筛选得到 18 991 个有效 SNP 标记，用 G-BLUP、Bayes B 和 Mixture 3 种模型对产奶量、脂肪含量、蛋白含量以及哺乳期乳腺炎等性状进行选择。交叉验证表明，G-BLUP 总体上给出了最高的准确性，基因组估计育种值准确性与性状选择遗传力相关，随着遗传力的增大准确性提高，偏差降低并提示，要想提高较低遗传力性状选择的准确性需要增大表型记录数目。

美国 BIF 成员在肉牛中开展了应用研究。该组织在 2009 年会的报告主要集中在如利用更少的标记进行全基因组选择，从而降低成本。Rolf 等（2010）对 1 707 头安格斯牛群体中利用 41 028 个 SNP 标记对大理石花纹性状进行全基因组选择时，仅有 509 个标记达到显著效应；在对个体采食量性状选择时，发现 31 个 SNP 即可解 46.13% 的 AFI 加性效应方差。Garrick（2009）教授研究表明，对于多数性状来说，600 个标记与 500 000 个标记的基因组育种值估计准确性差异不大。

Rolf 等（2010）在安格斯牛群体中对饲料效率相关性状实施了基因组选择。利用 Bvine SNP50™ 芯片筛选后得到 41 028 个有效 SNP 标记，对 698 头阉牛和 1 707 头公构建 G 矩阵对平均日采食量（AFD）、平均日增重（ADG）和净食效应（RFI）等性状基因组育种值进行估计。研究表明，当 SNP 标记数目大于 2 500 时，基于标记构建 G 矩阵进行育种值估计有较高的准确性。国内外关于全基因组选择在肉牛其他重要经济性状中应用尚未见报道，如肉质性状和胴体性状等。

从国外对畜禽实施全基因组选择的效果，尤其是在奶牛育种中的应用效果来看，全因组选择在进行早期选择、降低世代间隔、提高选择强度和进行平衡育种等方面显示出较大优势。

虽然全基因组选择在畜禽育种中有很大的优势，并取得了较好的试验研究效果，但存在很多挑战和问题，有待于育种专家以及分子生物学专家一步步解决。随着生物技术和统计学等的发展，在传统动物育种方法和标记辅助选择基础上发展起来的全基因选择必将成为新一代育种技术，并将在黄牛育种中起到举足轻重的作用。

四、影响全基因组选择准确性的因素

1. 遗传力

性状的遗传性也很重要，预测的准确性和性状的遗传性之间有很强的关系，遗传力越高，需要的记录就越少。对于低遗传力性状，在参考群体中需要大量的记录，才能在未分型动物中获得高的 GEBV 准确性。

2. 群体中具有表型和基因型的动物数量

基因组选择的准确性也受到用来估计 SNP 效应的表型记录数量的影响。可用的表型记录越多，每个 SNP 等位基因的观察越多，基因组选择的准确性就越高。因此，增加参考群体，能够增加 GEBV 的准确性。目前中国地方黄牛的群体都相对较小，在一定程度上将会影响全基因组选种的准确性。

3. 类型与密度

不同类型的标记具有不同的多态信息含量，标记的密度越高越可能与 QTL 保持连锁不平衡，从而获得更高的 GEBV 的准确性。

4. 单倍型

单倍型的影响与连锁不平衡、标记距离、种群等有关，但在遗传力较低的性状中，较短的单倍型有着更好的预测效果（Villumsen 等，2009）。

5. QTL 连锁不平衡

要使基因组选择起作用，单个标记必须与 QTL 保持足够的连锁不平衡水平，以便这些标记能够预测 QTL 在群体和世代中的作用，r^2 是由一个 QTL 上的等位基因引起的变异比例，根据相关研究，GEBV 的准确性随着相邻标记间 r^2 平均值的增加而显著提高（Habier 等，2007）。

五、全基因组选种预期效果与局限性

（一）全基因组选种预期效果

全基因组选种预期效果：①能够缩短育种周期，实现待选群体的低世代选留；②能够提高育种值估计准确性；③可以降低育种成本，减少表型鉴定的数量；④可以预测亲本杂交后代，选择最佳杂交优势组合。

（二）全基因组选择育种的局限性

1. 需要含有一个包含成千上万只动物的参考群

为了建立用于预测的方程，需要一个庞大的参考种群，包括成千上万只动物。一般要求测定的群体越大越好，但中国许多地方黄牛类群都比较小；这在奶牛中很容易实现，然而在肉牛等动物中就较难满足。基因组选择依赖于 QTL 与标记的连锁，不同品种的情况可能不一样，因此这是个潜在的问题。

2. 分型的成本较高

基因组选择需要高质量的测序结果，这就需要更高的测序深度，基因分型的成本费用相对较高。虽然这个成本在过去几年来随着芯片技术和高通量测序的发展，已经大大降低，但对于那些个体价值小、缺乏足够的经济效益的群体还是难以实施。

3. 测序数据庞大，要求技术高

由于测序数据庞大，分析软件处理速度较慢；要求技术高，使用复杂繁琐，对计算资源的配置需求较高。

4. 参考群与候选群的条件必须一致

测序只能检测参考基因组中已知的序列和基因信息，对于未知的序列和基因信息还不能深入研究。因此，参考群与候选群所处条件的一致性对于全基因组选择很重要。目前也有人以同一物种内不同品种的混合群体作为参考群，研究全基因组选择的可能性。

第四节 中国黄牛的转基因育种

一、转基因动物的概念

转基因动物技术是将外源 DNA 导入性细胞或胚胎细胞并生产出带有外源 DNA 片段动物的一种技术，是在 DNA 重组技术的基础上发展起来的。1980 年 Gordon 首次用显微注射法（microinjection）把外源基因导入小鼠受精卵的雄核，并将注射后的受精卵植入假孕母鼠子宫，产生了 78 只小鼠，其中有 2 只小鼠的所有细胞（包括生殖细胞）中都含有外源基因，但因缺乏启动子而不能表达，他们把出生后带外源基因的小鼠称为转基因小鼠（transgenic mice），自此以后，凡带有外源基因的动物都称为转基因动物（transgenic animal）。

二、转基因动物技术的一般步骤

生产转基因动物的步骤：①选择能有效表达的蛋白质；②克隆与分离编码这些蛋白质的基因；③选择能与所需组织特异性表达方式相适应的基因调节序列；④把调节序列与结构基因重组拼接，并在培养细胞或小鼠中预先检验其表达情况；⑤把拼接的基因引入受精卵的细胞核中；⑥把引入后的受精卵移植到子宫，完成胚胎发育；⑦检测幼畜是否整合外源基因、外源基因的表达情况以及外源基因在其后代中的传递情况；⑧部分后代细胞携带有转入外源基因，利用这些动物培育新的品系。

这个技术中涉及基因工程技术、胚胎生物工程技术和分子诊断等技术，其关键是目的基因的选择和提高外源基因导入的成功率。

三、导入外源基因的方法

导入外源基因的方法有多种，除了基因工程的基本方法外，还有显微注射法、精子载体法、胚胎干细胞介导法和染色体片段注入法等；在转基因动物中，DNA 显微注射法比较常用。

1. 显微注射法

显微注射法（microinjection）是在显微注射仪上将外源 DNA 直接注入细胞。用一支口径很小的吸管将受精卵固定，再将另一吸管插入受精卵直接注入外源基因，接着移植到受体动物的子宫，完成发育过程（图 7-8）。为了减少细胞的损伤，吸管以非常小的角度逐渐变细。原核膨胀表明基因已注入原核。如果将外源基因注入细胞质内，只有核膜消失时外源基因才有机会与受体细胞基因相结合。因此，注射到细胞质中的外源基因整合率很低，只有注射到原核内才能提高整合率。现已有人将基因注入卵母细胞核内，再让卵母细胞体外成熟，体外受精，由于卵细胞核较大，可以大大提高转化效率。这种方法的优点是不但可以控制注入 DNA 的量，而且可以把外源 DNA 注入细胞的不同部位，但是需要逐个操作每一个细胞，无法进行批量处理。

迄今为止，人们已利用此方法将胸苷激酶基因、生长激素基因和鼠 myc 基因转入了哺乳动物细胞。这种方法不仅可以获得转基因动物细胞，而且可以通过哺乳动物细胞来生产有用的蛋白质。

小鼠和兔的受精卵原核在普通显微镜下容易看到，而绵羊，尤其是猪和牛的卵细胞质稠密，不能看到原核。Hammer 等（1985）用干

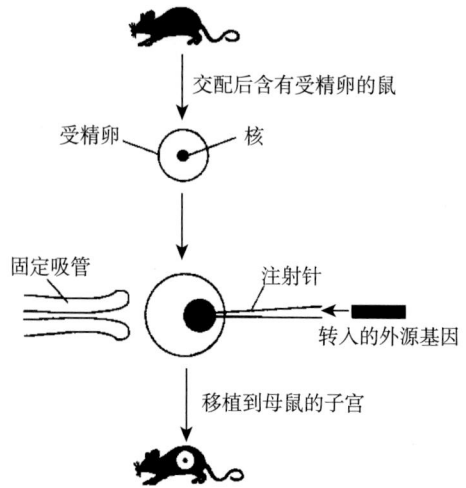

图 7-8 通过微注射生产转基因动物示意图

涉相差显微镜可观察到 80% 的绵羊卵核，而猪和牛的卵子需经离心处理再用干涉相差显微镜才能观察到卵原核，离心处理后的多数受精卵仍能正常发育。

2. 精子载体法

近年来利用精子作为外源基因的载体来生产转基因动物。采用的方法：将成熟的精子与带有外源 DNA 的载体进行共培育之后，精子携带外源 DNA 进入卵中，使之受精，并使外源 DNA 整合于染色体中。Brackett 等（1971）将家兔精液和放射性标记的 SV40 病毒 DNA 孵育后，在精子头部能够检测到放射活性，病毒 DNA 在受精过程中被带入卵细胞；Lavitrano 等（1989）把质粒与小鼠的精子共孵育 30min，进行体外受精和移植，结果获得 250 个后代中，30% 的为阳性，部分小鼠表达了 CAT 基因并传代到 F_1。

影响 DNA 与精子结合的因素可能是获得成功的关键因素，一是哺乳动物精子吸附外源 DNA 需特定的时期；二是精子吸附 DNA 时精子活性及 DNA 性质都受影响。

利用精子作为基因转移的工具，在实践中存在许多问题，但此技术至少在构思上，对于大动物转基因研究具有重要意义。

3. 胚胎干细胞介导法

胚胎干细胞（embryonic stem cell，ES）是从胚泡中取出内细胞团在体外培养建立的，在培养时保持了它的正常核型。胚胎干细胞注入寄主胚泡后，参与胚胎形成，进入嵌合体动物的生殖系统。用 DNA 转染法或反转录病毒介导法可将外源基因导入胚胎干细胞，选出带有目的基因的细胞克隆，导入受体胚胎，用核移植技术将受体胚胎移植到母体子宫（图 7-9）。

4. 染色体片段显微注入法

染色体介导法是指从人或动物染色体上割取特定的染色体片段（M 期）或将染色体分离出来之后，以其为媒介将外源基因注入动物早期胚胎中，以获得外源 DNA 的动物，严格地讲称为转染色体动物。通常人们采用离心分离法或流式细胞仪（flow cytometry）

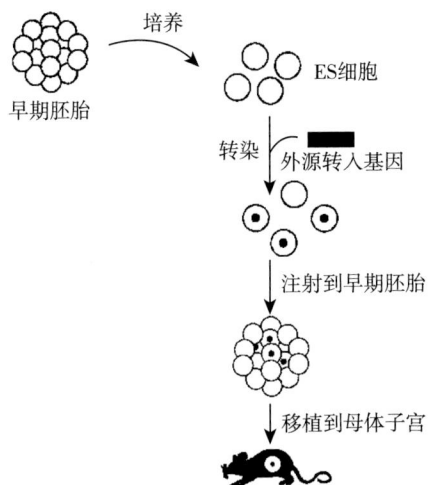

图 7-9　胚胎干细胞介导的转基因动物生产

分离法分离染色体。

　　尽管目前该技术应用困难较大，且成功率很低（0%～0.002%），但它具有不需经基因重组就可转移超大型外源 DNA（大于 1 000kb）的独特优点，适用于多基因转移。鉴于本法导入的遗传信息片段长，能生产出具备某些特殊疾病的实验动物模型。

四、转基因动物检测的方法

　　目前，人们利用转基因技术生产了多种转基因牛，生产出的转基因牛必须进行检测，才能确定是否为转基因牛。以转基因牛检测为例，经转基因步骤获得的犊牛出生后采样提取 DNA；将制备好的 DNA 样品点到尼龙膜或硝酸纤维素膜上，再用所注射的基因作成探针进行斑点杂交，检测出有阳性带的被认为带有外源基因的犊牛。也可以采集血样或外源基因表达的器官组织用以制备 RNA，用外源基因作为探针与制备的 RNA 进行 Northern 分子杂交，检查外源基因是否转录成 mRNA。接着对带外源基因的犊牛进行放射免疫测定，以检测由外源基因合成的蛋白质。还可用原位杂交法测出外源基因在染色体上的整合部位，或者将带外源基因的牛进行繁殖，检查基因是否进入生殖系统，以及在后代中的传递情况。

五、黄牛转入基因的选择

　　目前在黄牛转入基因的选择上主要考虑能提高牛的生长速度、生产性能、产品品质、抗性及开拓新的经济用途等几个方面，主要包括五大类：

　　（1）选择与机体代谢调节有关的蛋白基因，提高牛的生长速度　这类基因参与机体组织生长发育的调节，如生长激素基因等，给黄牛导入外源生长激素基因，可提高生长速度、饲料转化率或胴体品质。如 1987 年美国康奈尔大学用导入外源生长激素基因的方法培育瘦肉型猪，取得成功，这种猪的生长速率比普通猪快 15%～18%。

（2）选择经济性状的主效基因，提高牛的生产性能　如肉牛的双肌基因等，这些基因与黄牛的生产力密切相关。

（3）选择改变牛产品组成的基因，进行品质育种　通过导入外源基因可从遗传上改变牛产品（肉、奶、皮）的组成成分，如能将人的乳白蛋白基因、乳酪蛋白基因导入奶牛中可生产新型的乳制品。

（4）选择抗性基因，进行抗病育种　包括抗逆、抗病等基因，如将干扰素基因的结构基因和肝脏中特异性表达的基因启动因子相连接并导入黄牛中，有可能培育出干扰素产生能力强（即对病毒性感染的抗性强）且可遗传的转基因奶牛和肉牛。

（5）选择治疗人类疾病所需的蛋白质基因，以拓宽牛的经济用途　如利用奶牛的乳腺作为生物发酵器，生产人组织型纤溶酶原激活剂（tPA），以拓宽动物的经济用途。

六、转基因动物的研究现状与应用前景

利用转基因技术，近年来先后成功地培育出鼠、猪、羊、牛、鸡、兔、鱼等多种转基因动物。由于家畜许多性状如生长发育、生产性能等都受激素调节，因此，很多转基因是能提高相关激素水平的基因。1982 年美国的 Palmiter 和 Brinster 把大鼠的生长激素基因（rGH）与小鼠的金属硫蛋白基因的启动子（MT）拼接在一起，并将这种融合基因导入小鼠受精卵雄原核内。第一次试验得到了 21 只小鼠，其中 7 只带有外源基因，而 6 只体内生长激素高出正常水平 800 倍，因而生长非常快，74 日龄个体比正常小鼠约大一倍，即巨鼠，大约 12 周龄时趋于稳定。转基因小鼠还能把大鼠生长激素基因通过配子传递给后代。

Hammer 等（1985）把小鼠金属硫蛋白基因启动子（MT）和人生长激素基因（hGH）拼接，并直接注射到兔、绵羊和猪的受精卵原核，大约注射了 5 000 个卵，500 个成为胎儿或新生儿。其中一部分在血清中检测出人的生长激素，说明 $MT-hGH$ 基因在兔和猪中得到表达。转基因兔可将基因传给后代，说明外源基因已整合到染色体上。因转基因兔所得到的数目太少，无法估计新基因的作用；转基因猪血清中人生长激素水平增高，比猪的内源生长激素高 100 倍，但没有使生长速度加快或使个体增大。美国伊利诺伊大学研究出一种带牛生长激素的转基因猪，这种猪生长快，体型大，饲料利用率高，可给养猪业带来丰厚的经济效益。

在奶牛和奶羊上，目前转基因的主要途径是改变乳的成分、提高产乳量和生长速度。例如，牛奶中奶酪的产量与牛奶中 K 酪蛋白的含量直接相关。转入一个超量表达的 K 酪蛋白基因能够增加酪蛋白的产量。通过胚胎基因转移技术导入原有基因的额外拷贝、采用某些奶蛋白高水平表达基因的调节序列以及转移另一物种的奶蛋白基因或修饰基因，可以改变原有奶蛋白的成分和性质，如把人奶蛋白产物引入家畜奶中，以这种家畜的奶替代人

奶，或增加牛奶中某些蛋白质的浓度，改变牛奶加工处理的性能等，目前分离出改变奶成分的有关基因，可见通过胚胎基因转移改变奶成分的前景是广阔的。

由于人类医学的需要，转入人类蛋白基因，生产药用蛋白是转基因动物研究的一个重要方面。目前人的血红蛋白基因转入猪已获得成功，所得到的转基因猪在血液中表达了人的血红蛋白。经检测发现，它与天然的人血红蛋白的性质完全相同。由此可见，在不远的将来，人们就可以用转基因动物生产血红蛋白来辅助输血。白蛋白是从人的血液中提取的，价格昂贵，现在已经成功地培育了含人体清蛋白基因的山羊。

还有一种转基因山羊，在乳中可产生具有抗癌作用的复合单克隆抗体，利用这种转基因山羊可极大地降低生产这种复杂分子的成本。

艾滋病和肝炎的流行使一些原来从人血中制备的药物蛋白增加了感染的危险性，于是人们设想，采用胚胎基因转移技术，由家畜奶中生产药物蛋白。采用这种方法，虽然创建转基因动物品系的代价昂贵，但增殖与应用却是廉价的，而且从动物奶中生产的药物蛋白不含上述感染物质。

由于β-乳球蛋白在反刍动物奶中浓度最高，而且仅在乳腺中表达，于是 Clark 等（1989）把含有启动子的β-乳球蛋白基因与含有终止子的人血凝因子Ⅸ的基因拼接，将这种融合基因注射到绵羊受精卵原核内，由此产生的雌性转基因绵羊奶中检测出有活性的人凝血因子Ⅸ，含量为 25 μg/mL。另外，把与人凝血因子基因序列有相似结构的 α_1-抗胰蛋白酶（或称 α_1-蛋白抑制因子）基因导入绵羊，也得到表达，奶中 α_1-抗胰蛋白酶的浓度为 2～20 μg/mL，虽然这些基因的表达水平很低，但充分说明，乳腺能生产药物蛋白，如要提高表达水平则还需进一步研究。

从以上的研究进展可见，转基因动物育种技术的进步，不仅可以提高畜牧业的生产效率，还可以拓展家畜新的用途，为畜牧业持续、高效的发展提供技术支撑。

如今，人类在转基因动物方面所取得的成果还仅仅处于起步阶段。随着生命科学各个领域的不断发展，新的突破会不断产生，一些在实验室中获得的结果可以不断地运用到生产实践中。人们可以通过转基因改变奶牛乳的成分，改变肉牛的肉质，提高肉牛的生长速度，提高饲料利用率，通过传染病机理的研究，开展抗病育种研究。类似的设想还有很多，相信在未来，人们可以创造出更多有良好经济效益的奶牛和肉牛新品种。

第五节　中国黄牛的基因组编辑育种

一、基因组编辑育种的概念

基因组编辑（genome editing），又称基因编辑（gene editing）或基因组工程（genome engineering），是指在基因组尺度对生物体进行精确设计与高效改造，是在活细胞生物的基因组中产生位点特异性插入、缺失或替换的技术。基因组编辑依赖于可编程核酸酶切割 DNA 以及细胞 DNA 修复过程诱导所需的突变。根据 DNA 修复途径的不同，突变可以是随机的，也可以是序列特异性的。

基因组编辑的应用：①可用于功能基因组学，以阐明基因功能，并识别单基因性状背后的因果变异。②可将有用的遗传变异精确地引入结构化的家畜育种计划中。这种变异可能包括修复遗传缺陷，使不需要的基因失活，以及在没有连锁阻力的情况下，在品种之间移动有用的等位基因和单倍型。③可用于加速遗传进展，使商业育种动物的生殖细胞谱系能够被具有优势的细胞遗传系替换。④在未来，编辑还可以为进化的方法提供有用的补充，以通过体外生成配子来减少其生成间隔。

二、基因组编辑育种的步骤

基因组编辑技术主要利用序列特异性 DNA 结合结构域和非特异性 DNA 修饰结构域组合而成的序列特异性核酸酶（sequence - specific nucleases，SSNs）切割 DNA 靶位点，产生 DNA 双链断裂（DNA double - strand breaks，DSBs），诱导 DNA 损伤修复，实现对基因组的碱基突变、缺失和基因插入替换等定向改造。序列特异性核酸酶包括锌指核酸酶（zinc finger nuclease，ZFN）、转录激活因子样效应核酸酶（transcription activator - like effector nucleases，TALEN）系统和成簇规律间隔短回文重复序列（clustered regularly interspaced short palindromic repeats，CRISPR）系统。目前以 CRISPR/Cas9 系统为主。

（一）基因组编辑的类型与原理

1. ZFNs 技术

ZFNs 是第一种由人工改造应用的核酸内切酶，ZFN 单体由位于 C 末端的非特异性切割结构域 *Fok* Ⅰ 和位于 N 端的特异性识别 DNA 的锌指蛋白结构（zinc finger protein，ZFP）组成，其中，锌指蛋白可以识别特异的 DNA 序列，而 *Fok* Ⅰ 则有切割功能域的功能。一个锌指结构一般包括 30 个氨基酸，形成 2 个反向的 β 折叠片。结合锌离子的保守氨基酸为 2 个半胱氨酸残基和 2 个组氨酸残基。1 个锌指结构域可识别 9～12 bp 的碱基，将多个（通常为 3～6 个）锌指结构组合在一起就可以形成 1 个大的 DNA 识别区域。将人工构建的锌指结构与改造后的 *Fok* Ⅰ 限制性内切酶融合，就构成了可以对特定目标序列进行切割的人工核酸酶 ZFNs。只有 2 个 *Fok* Ⅰ 切割域的二聚化才能切割双链 DNA，因此，需要在基因组靶标位点左右两边各设计 1 个 ZFN，2 个 ZFN 结合到特定靶点，当识别位点间距为 6～8 bp 时，*Fok* Ⅰ 域便发生二聚化产生内切酶活性，对目标 DNA 双链进行切割，从而使双链 DNA 断裂，以此来实现基因组编辑。

2. TALEN 技术

TALEN 是由类转录激活因子效应物（transcription activator - like effector，TALE）的 DNA 结合结构域与非特异性核酸内切酶 *Fok* Ⅰ 的切割结构域融合而成。TALEN 来源于植物病原黄单胞菌（*Xanthomonas*）。TALEN 识别区域是由 34 个氨基酸组成，其中 32

个氨基酸都是保守的，只有第 12 和 13 位的氨基酸变化较大，这 2 个氨基酸被称为双氨基酸残基（repeat varible di‐residues，RVDs），RVD 包括 NI、NG、NN、HD，RVD 与碱基的对应关系为：NI 识别 A，NG 识别 T，NN 识别 G，HD 识别 C。每个 TALE 单体只靶向 1 个核苷酸，在构建 TALEN 人工酶时需要针对每一个靶位点的上下游各设计 1 个，当 Fok Ⅰ形成二聚体活性结构时就可以对靶位点进行剪切，实现基因组编辑。

3. CRISPR/Cas9 技术

CRISPR/Cas 系统存在于细菌和古细菌基因组中，由一系列高度保守的重复序列与间隔序列相间排列组成，在 CRISPR 序列附近存在高度保守的 CRISPR 相关基因（CRISPR‐associated gene，Cas gene），这些基因编码的蛋白具有核酸酶功能，可以对 DNA 序列进行特异性切割。根据 Cas 基因核心元件序列的不同，CRISPR/Cas 免疫系统被分为Ⅰ型、Ⅱ型和Ⅲ型 3 种类型，Ⅰ型和Ⅲ型 CRISPR/Cas 免疫系统需要多个 Cas 蛋白形成的复合体切割 DNA 双链，而Ⅱ型系统只需要 1 个 Cas9 蛋白。CRISPR 介导的免疫需要 2 个 RNA，分别是反式激活 RNA（trans‐activating crRNA，tracrRNA）和 CRISPR 基因座转录出来的 pre‐crRNA。当 tracrRNA 与 pre‐crRNA 互补配对后，激活 RNAaseⅢ并对 pre‐crRNA进行剪切，使之成为成熟的 crRNA。成熟的 crRNA 与 tracrRNA 形成向导 RNA（single guide RNA，sgRNA）的嵌合 RNA 分子，sgRNA 引导 Cas9 蛋白在双链 DNA 的靶位点上，并在原间隔毗邻序列（proto‐spacer adjacent motif，PAM）的上游 3～8bp 位置对结合的序列进行切割。

（二）基因编辑的步骤

（1）确定目的基因的靶点，并用相应的酶进行切割。

（2）对于 ZFN 和 TALEN，需在基因靶点的上游和下游分别设计 ZFNs 和 TALEN 与 Fok Ⅰ进行融合转染至目标基因所在的细胞内识别靶点并进行切割；对于 CRISPR/Cas9 系统，根据目标基因的靶点合成 sgRNA，将 sgRNA 与带有 Cas9 的载体结合，直接转染到目的基因所在的细胞中即可进行切割。

（3）在双链断裂处选择是否添加外源基因，若要靶点处基因失活则不添加，若要在靶点导入新的基因则需添加外源基因。

（4）得到的编辑过的细胞即可进行后续培养。

三、中国黄牛基因组编辑育种的实施

传统的家畜育种方法受到物种种源的限制，且需要耗费大量的人力、物力和财力。由于不同种间的杂交很困难，育种成果很难取得突破性进展。现代动物分子育种中，分子标记技术能够定位与经济性状相关的分子标记，锁定基因与性状之间的对应关系，从而快捷可靠地对动物后代进行筛选。但是利用分子标记技术辅助筛选，改良的程度依然受限于品种自身已有的基因，而利用基因工程技术进行品种改良，可以突破种源的限制及种间杂交的瓶颈，创造新性状或新品种。其中基因组编辑是一种能够实现靶向生物基因组修饰的新技术，可提高转基因效率，实现畜禽基因淘汰，固定目标整合（魏景亮等，2014）。

（一）ZFN 技术

1. ZFN 技术流程

在 3 种人工核酸内切酶中，ZFN 是最早被开发并投入使用的，人们也很早了解到生物体内存在多种锌指蛋白（zinc finger protein，ZFP）。ZFN 结构上包括锌指蛋白（zinc finger protein，ZFP）结构域和 *Fok* Ⅰ 切割结构域两部分（刘小凤等，2020）。锌指（zinc finger，ZF）是构成锌指蛋白的最基本单元，广泛存在于各种蛋白质中，能够介导蛋白质与其他分子之间的相互作用，且每个锌指能够特异识别 DNA 双链上的连续 3 个核苷酸，因此，由 3～6 个锌指串联形成的锌指蛋白结构域能够特异结合并识别 DNA 序列。锌指识别特异性能力的强弱与串联的锌指长短呈正相关（刘岩等，2009）。

ZFN 介导的基因打靶主要包括如下步骤（宋芸等，2013）：

（1）确定 ZFN 靶位点的 DNA 序列，前提是该位点应位于所研究的目标基因内。

（2）设计和选择可识别靶位点的锌指蛋白（ZFPs）。

（3）利用已选择和设计的锌指蛋白组装 ZFNs。

（4）单独将 ZFNs 转入正常细胞诱导目标基因发生 DSB，则可激活非同源末端接合（NHEJ）修复机制，并产生变异群体。其中会有部分个体由于发生移码突变而使目标基因的功能缺失，这种现象通常是由基因敲除造成的。如果将 ZFNs 与目标基因同源的供体 DNA 一同转入正常细胞，则可以激活同源重组（HR）修复机制，后代会发生定向的目标基因突变，这一过程是由基因敲除或基因替换来完成的。当然同理也可以转入正常目标基因与 ZFNs 使变异的目标基因得以恢复。

（5）检测与研究供体 DNA 模板在特异位点所引起的基因变异与基因修复情况。

（6）通过 Southern 杂交来检测供体 DNA 序列并没有整合到细胞基因组的其他位点。

2. ZFN 在黄牛上的应用

为了增加中国黄牛的肌肉质量，Luo 等（2014）率先利用基因组编辑技术 ZFN 作为传统杂交育种的替代方案，有效地破坏了牛肌肉生长抑制素（MSTN）基因，该基因先前被确定为负责牛双肌肉的基因。通过 ZFN 技术对中国冀南牛细胞的 MSTN 基因进行敲除，获得了双肌臀表型明显的 MSTN 双等位基因敲除冀南牛，其中 MSTN 双等位基因突变包括一个等位基因中的 6bp 缺失和另一个等位基因中的 117bp 缺失和 9bp 插入，导致至少 4 个不同的 mRNA 剪接变体。之后研究人员对敲除了 *MSTN* 基因双等位基因的牛胎儿体细胞进行核移植操作，最终获得了 3 头健康存活的 *MSTN* 基因双等位基因敲除冀南牛公牛，这些基因敲除公牛 1 个月内就表现出"双肌"表型，这也是国际上首次在牛中产生 MSTN 突变，并获得了敲除 *MSTN* 基因的大家畜（Luo 等，2014；汤波等，2018）。

（二）CRISPR/Cas 技术

1. CRISPR/Cas 技术流程

CRISPR 和 CRISPR 相关（Cas）蛋白是一种可遗传的、适应性强的原核生物（细菌和古细菌）的免疫系统，可为它们提供先前病毒感染的记忆力和防御再次感染的能力。CRISPR/Cas 系统有Ⅰ型、Ⅱ型、Ⅲ型、Ⅳ型和Ⅴ型，在功能上又分为Ⅰ类和Ⅱ类。Ⅰ类系统是有着多重亚基靶标特异性 CRISPR RNA 的效应子复合物，包括Ⅰ、Ⅲ、Ⅳ型；Ⅱ类系统的效应子复合物都是 Cas9，包括Ⅱ和Ⅴ型。Ⅱ类（CRISPR/Cas9）系统是 CRISPR/Cas 系统中最简单，也是现在研究最为深入、应用最为广泛的系统。通过开发Ⅱ类 CRISPR/Cas9 核酸酶系统实现了基因组编辑的常规实践。CRISPR/Cas 能够准确地识别并降解外源核酸，根据这一特点，科学家将其改造为第三代人工核酸内切酶技术。

CRISPR/Cas 技术的一般流程：

（1）根据研究的基因设计 sgRNA（chopchop 或 crispr. mit），并根据研究现有的载体选择合适的 Cas9 种类。

（2）合成 sgRNA 后连入 sgRNA 表达载体，一般备选 2~3 个，以便测试效率。

（3）根据位点相关信息，在 sgRNA 切口处选择长度 40 bp 左右（方便引物合成）的同源重组臂序列，需要左右两侧都有。

（4）根据实验室现有的一些细胞载体，找到有新霉素（neo）和嘌呤霉素（puro）标签的载体，找出序列，设计引物扩增出这两种抗生素标签片段。

（5）公司合成带有同源重组臂的抗生素扩增片段，以步骤 4 的片段为模板，扩增出带有同源重组臂的标签片段。

（6）共转染 Cas9 质粒、sgRNA 质粒和两个标签片段，48h 后药筛，第一轮药筛用 neo，筛选 5d 后加入 puro 进行双抗筛选，筛选出同时拥有 neo 和 puro 抗性的基因敲除细胞。

（7）对获得的细胞进行单克隆鉴定，选出要研究的基因位点发生双等位基因编辑的细胞株。

2. CRISPR/Cas 的应用

CRISPR/Cas9 系统自发现以来，在短短数年内就被用于各种生物的转基因试验，并取得了可喜的研究进展。在动物上最早的研究是美国 MIT 学者 Cong 研究组在 Science 发表的一篇文章，该研究利用 CRISPR/Cas9 对人类 293T 细胞的 *EMX1*、*PVALB* 基因以及小鼠 Nero2A 细胞的 *Th* 基因实现了定点突变，其中 Cas9 也可以转化为切口酶，以促进同源定向修复，同时具有最小的诱变活性。最后，可以将多个指导序列编码到单个 CRISPR 阵列中，从而能够同时编辑哺乳动物基因组中的多个位点（Le Cong 等，2013）。作为大型动物，牛的基因组编辑难度大、试验经费较高，因此相对于其他动物，牛基因组编辑技术的发展一直处于较为滞后的阶段，CRISPR/Cas 系统的广泛应用可以为牛的基因组编辑提供一种新的研究途径。李光鹏等（2020）利用 CRISPR/Cas9 基因编辑技术，以

影响肌肉发育的 *myostatin* 基因为靶标，选择不同位点进行定点敲除，经体细胞克隆技术培育基因编辑牛。该研究共构建了 4 个编辑载体，得到 25 株阳性细胞系；将 481 枚基因编辑克隆胚胎分别移植入 253 头受体牛，生产基因编辑牛 9 头。利用编辑牛分别与鲁西牛、蒙古牛和西门塔尔牛配种，生产了 221 头 F_1 代；观察并测量 F_1 代生长发育指标，检测血液生理生化指标，并对 F_1 代的屠宰性状做了系统分析。结果表明，*myostatin* 基因编辑牛的各项体尺指标普遍优于普通牛，后躯发育极显著提升，体型外貌呈典型肉牛特征。所选用的基因编辑位点不影响胎儿发育，出生体重正常，无明显难产现象。胴体肉产量显著提升，肉品质不受影响。本研究证实，CRISPR/Cas9 技术对 *myostatin* 基因进行编辑改造，可提升我国黄牛的肉用性能，在黄牛品种改良与新品种培育中可以发挥重要作用（李光鹏等，2020）。肌肉中 IMF 的含量是评价肉质的一个重要指标，康健（2019）利用 CRISPR/Cas9 基因编辑技术将 IMF 沉积有关的 *FABP4* 基因定点整合到鲁西牛 MSTN 的基因组，同时引入 G983A 突变，借助内源性启动子实现 *FABP4* 基因在骨骼肌肉组织中的特异性表达，提高胴体产肉量的同时增加体内 IMF 的含量。CRISPR/Cas9 系统已在牛抗病力的提高、敲除致敏原基因和育种改良等多方面研究中取得了突破性的进展，为以后的肉牛基因组编辑育种相关研究奠定了一定的理论基础。

四、基因组编辑技术的未来与发展

3 种技术各有优势及局限性，但是目前 ZFN 逐渐被 CRISPR/Cas 取代。CRISPR/Cas9 系统具有设计简单、切割效率高、成本低、多位点同时打靶等优点（Frewer 等，2013），现已被广泛应用于生命科学多个领域。

目前基因组编辑的农场动物基本只在有限的环境中产生，而我们基因组编辑技术目标是在研究项目中生产药物或改进牲畜。其中除了该技术的成熟之外，法律批准是必要的，通过法律的手段既可以促进该技术在家畜育种中的发展，也能约束使其不偏离研究者的初衷。此外，人们对动物基因组的修饰或编辑提出了相应的伦理问题，社会对基因组编辑获得的动物性产品的接受程度以及用于生产食品或药品的安全影响等也受到质疑。动物基因组编辑产品的商业化是一个较为复杂的问题，许多研究者强调并讨论了其与实验动物的研究和使用相关的知识差距和不确定性。

未来随着基因组序列信息的不断扩大和大数据分析技术的不断进步，隐藏在自然界中的越来越多的基因组编辑系统会被发现，动物的育种方式也会获得进一步发展。

第六节　中国黄牛的胚胎克隆育种

自世界首例克隆哺乳动物"多莉"羊诞生以来，动物克隆技术开始受到全世界的广泛关注。目前，应用此技术已成功克隆出牛、羊等 20 多种动物。克隆技术是一种人为干预的无性繁殖技术，大致可分为体细胞克隆和胚胎克隆。动物克隆技术不仅被人们应用于治疗性克隆和组织再生等生物医学方面的研究，还在培育转基因动物、选育优良畜禽品种和保护濒危动物等畜牧业的实际生产方面发挥重要作用。

一、胚胎克隆育种的概念

胚胎克隆即采用专门的方法和技术建立胚胎的无性繁殖系，以获得具有遗传同质性的动物。胚胎克隆技术从广义来讲，可分为胚胎分割技术和胚胎细胞核移植技术（embryo cell nuclear transfer，ECNT），狭义上指胚胎细胞核移植技术。而胚胎克隆育种就是利用现有的畜禽资源，通过胚胎克隆技术改进家畜的遗传性状，生产出符合市场需求的畜禽的育种方式。

二、胚胎克隆育种的方法及步骤

（一）胚胎分割

胚胎分割是借助实体显微镜和显微操作仪将早期胚胎均等分割成两份或多份，再通过胚胎移植给受体母畜，从而获得性别和遗传上完全相同的同卵双胎或多胎的生物学技术。在牛育种上应用该技术可以快速增加囊胚的数量，进一步开发良种母牛的繁殖能力，充分利用优秀种牛的胚胎资源，迅速获得大量具有生长速度快、产奶量高、适应性强、体格大等优秀牛的后代个体，缩短育种周期。

胚胎分割的方法有毛细管吹吸法、显微手术法、徒手分割法。毛细管吹吸法具体指在盛有操作液的培养皿中，左手用固定吸管吸住二细胞期到八细胞期的卵裂球，右手用分割针进行分割，毛细管吹吸出单个卵裂球，注入预先准备好的空透明带中；显微手术法则是固定好细胞后直接将桑葚胚或者囊胚对称分割；徒手分割法需要先在培养皿底部轻轻划痕，然后将胚胎推入划痕处，通过增大摩擦力来固定住胚胎后垂直切割胚胎。前两种方法是在显微操作仪下进行，而徒手分割法需要借助实体显微镜。对囊胚阶段的胚胎进行分割时，要注意将内细胞团均等分割，以免影响分割后胚胎的恢复和发育。

（二）胚胎细胞核移植技术

与胚胎分割技术不同，细胞核移植技术可以产生无限个遗传背景相同的动物个体。因为早期胚胎细胞或卵裂球与受精卵一样具有发育全能性，因此胚胎细胞核移植中通常以这两种细胞为供体细胞。获得早期胚胎细胞或者卵裂球后首先需要在体外将其分离成一个个单细胞，同时将采集到的受体动物的卵子在体外培育成熟，去掉受体细胞自身的遗传物质（细胞核）；然后将胚胎细胞的细胞核或卵裂球细胞核移植到去核的卵子中，通过融合、激活和体外培养等方法获得克隆胚胎，经体外培养后移植给同期发情的母性受体动物，经历胚胎完整发育，最终生产出克隆动物。

利用胚胎细胞作为供体的细胞核移植技术所获得的后代个体基因型与供体细胞的基因

型是相同的，这一特征正好满足转基因技术的需求。利用转基因技术将人们期望的目标基因导入供体细胞核中，然后结合胚胎细胞克隆技术，将重新构建的细胞核移植到去核的受体细胞中，可以达到改善生物原有的性状或赋予其优良性状的目的。进一步繁育后可以获得更多的具有优良品质、满足人民生活需求的畜禽产品。

三、胚胎克隆育种的实施

（一）胚胎分割的应用

世界上最早的胚胎分割试验是 Spemann 进行的蝾螈细胞试验。牛的胚胎分割试验最早是在 1984 年获得完全成功，Williams 等（1984）用显微手术刀分割牛的桑葚胚和囊胚后移植给 13 头受体母牛，每头受体牛移植 2 枚胚胎，其中受孕牛为 9 头，最终有 6 头产下双胎小牛。

20 世纪 80 年代末期，胚胎分割技术在我国牛育种领域的相关研究与应用才逐渐开始。20 世纪 90 年代前后我国奶牛、肉牛的胚胎分割相继取得成功。谭丽玲等（1992）在不同地区的 6 个奶牛场进行奶牛胚胎分割，分割了 277 枚胚胎，移植半胚 522 枚，移植受体牛 288 头，最终 125 头受体牛妊娠，半胚妊娠率 29.7%，双胎率 33.3%；陶涛等在室温条件下，借助普通立体显微镜对胚胎进行手工切割，切割后直接移植裸露状态的胚胎，共分割了 71 枚胚胎，得到可用半胚 137 枚，移植到 67 头受体牛中，20 头牛妊娠，2 头受体牛产下同卵双生牛犊。同时，我国科研人员在牛新鲜胚胎和冷冻胚胎上的胚胎分割都取得了显著成绩。桑润滋等（1992）收集到 7～8 日龄的新鲜牛胚胎 66 枚，分割成 132 枚半胚，移植到 66 头受体牛中，37 头牛妊娠；1989 年郭志勤等对奶牛冻胚进行分割移植后成功获得同卵双犊（张继慈，1990）；裴燕等（2011）以弗莱维赫肉牛和日本和牛为供体，本地黄牛作受体，移植 234 枚胚胎，发现新鲜双半胚移植的妊娠率达到 65.45%，与新鲜全胚移植比较，冷冻双半胚的受体牛妊娠率为 20%，低于冷冻全胚。以上研究大都是得到二分胚后进行移植，对胚胎一分为四的相关研究发现，四分胚移植后的成活率、妊娠率、双胎率都远低于二分胚。

胚胎分割技术在试验研究和畜禽的保种育种中有重要的实际应用价值，但也存在胚胎质量较差、犊牛体重偏低、毛色和斑纹差异等问题，需要进一步研究并完善胚胎分割技术。

（二）胚胎细胞核移植的应用

1952 年 Briggs 等在两栖类动物——美洲豹蛙中首次取得胚胎细胞核移植的成功。1987 年，Prather 等将牛的胚胎细胞核移植到去核的受精卵中，成功获得了世界上首例胚胎克隆牛。随后研究人员又尝试对胚胎中的一些其他类型细胞进行核移植试验。First 等（1994）将牛的内细胞团细胞核移植到去核卵母细胞中，经胚胎移植后有 13 头牛发生妊娠，最终有 4 头牛犊出生；Stice 等（1996）将牛的类胚胎干细胞进行核移植，得到重组胚胎并移入受体母牛子宫后，胚胎可以发育到 45d。还有研究人员尝试将早期胎儿成纤维细胞的细胞核转移至去核的卵母细胞中，获得 10 枚克隆胚胎，移植到 10 头受体母牛，有 9 头母牛成功产下牛犊。研究发现胚胎干细胞核移植制备的 ECNT 胚胎，从囊胚到足月的发育速度比体细胞胚胎高出 10～20 倍，且克隆胚胎的数量和质量都得到了提高，胚胎细胞相较于体细胞更适合作核移植的供体细胞。西北农林科技大学的张涌院士在 1991 年率先攻克胚胎克隆技术，成功获得了世界第一例胚胎克隆山羊；1995 年又繁育出 45 只胚胎克隆山羊，形成世界上最大的胚胎克隆羊群。胚胎核移植技术在牛育种上的应用经历了一段长时间的研究，1996 年我国第一头胚胎核移植的牛成功诞生，但目前牛的胚胎核移植仍然存在克隆胚胎囊胚发育率低、妊娠率低、牛犊成活率低等诸多问题，需要在实践中进一步优化和解决。

第七节　中国黄牛的体细胞克隆育种

一、体细胞克隆育种的概念

1938 年"克隆之父"Hans Spemann 首次提出了核移植技术的概念，认为可以对胚胎或体细胞的核基因组进行再加工，使其保持具有发育成完整动物个体的可能性。目前体细胞核移植是获得体细胞克隆动物最常用的方法。利用体细胞核移植技术从遗传上逐代改良动物群体的重要经济性状，进而获得优良动物品种和个体，从而提高畜牧生产的经济效益的育种方式称为体细胞克隆育种。

二、体细胞克隆育种的方法及步骤

体细胞核移植技术（somatic cell nuclear transfer，SCNT）是指利用显微操作技术将体细胞的细胞核取出移入去核的卵母细胞中，构建成重组胚胎，体内或者体外培养至合适的时期后进行胚胎移植，最终形成与细胞核供体遗传特征相同的后代。体细胞核移植技术与胚胎细胞核移植技术的步骤大体相似（图 7 - 10），但体细胞的分化程度更高、变异程度更大，进行核移植后产生的后代会与母本的差异较大。总的来说，SCNT 技术的应用范围十分广泛，但克隆效率依然很低，目前许多研究者正通过选择不同的供受体细胞类型、研究供受体细胞间的相互作用、改进核移植的操作技术等来提高克隆动物的成功率。

（一）核受体细胞的选择与细胞核移除

1. 核受体细胞周期的选择

受体细胞的选择是直接影响重组胚胎发育的重要因素。早期人们尝试使用去核受精卵进行核移植，发现已激活的受精卵重编程能力差，不适合作为受体细胞。于是研究者开始尝试使用不同类型的受体细胞进行试验，经过一段时间的研究后，有研究人员提出 SCNT

中的核重编程是由染色体过早缩合（premature chromosome condensation，PCC）推动的。也有人认为供体细胞核发生核膜分解（nuclear envelope breakdown，NEBD）和 PCC 有助于释放与染色质结合的体细胞因子，使供体细胞的染色质更容易结合参与重编程和 DNA 合成的卵母细胞中的相关因子。此外，还发现细胞核的重塑和重编程可以通过高水平的成熟促进因子（maturation - promoting factor，MPF）和高活性的丝裂原活化蛋白激酶（mitogen - activated protein kinase，MAPK）得到加速。而 M II 期的卵母细胞周期长，MPF 有较强活性，MPF 活性升高能促进供体细胞发生 NEBD 和 PCC，参与重编程和 DNA 合成的卵母细胞相关因子更容易与供体细胞的染色质结合，有利于 SCNT 中供体细胞的重编程，因此 M II 期的卵母细胞作受体细胞非常合适。然而未激活和激活的 M II 期卵母细胞有很大的差别，研究证明激活后的卵母细胞中 MPF 浓度降低，无法支持重组胚胎的发育。因此，目前相关的研究和生产中主要采用未激活的 M II 期卵母细胞作为核受体细胞。

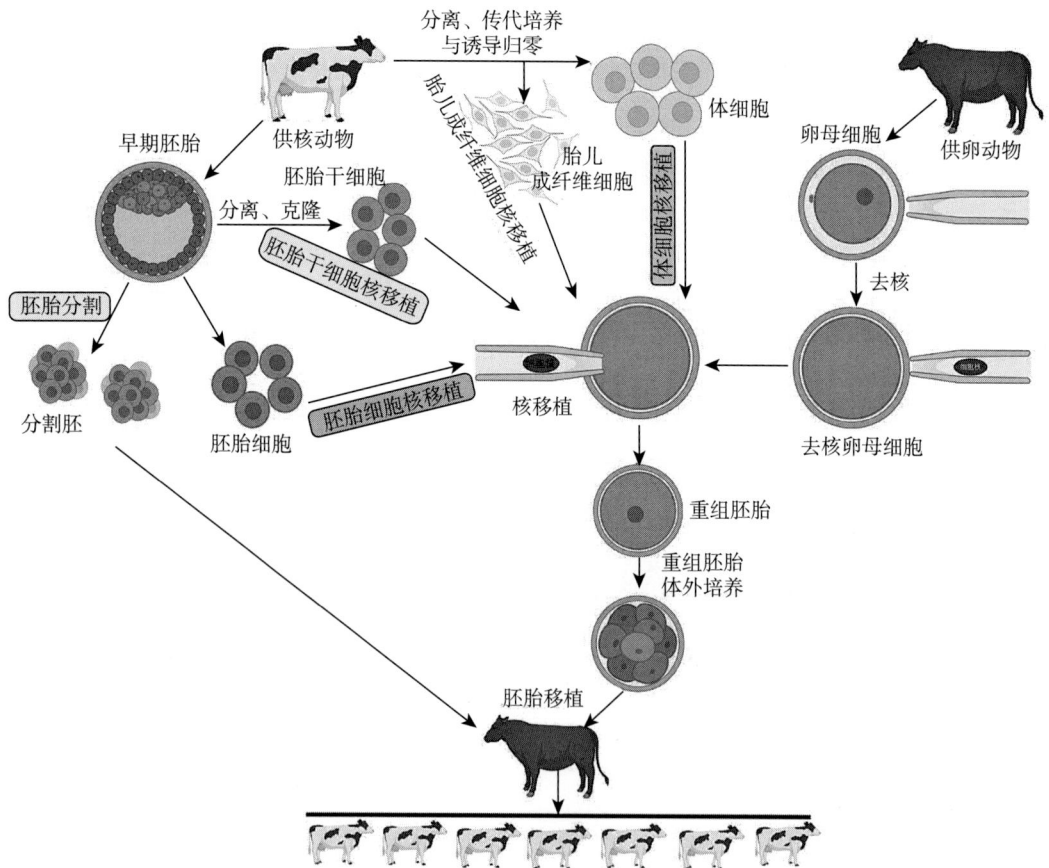

图 7 - 10　胚胎细胞核移植技术与体细胞核移植的主要流程

2. 核受体细胞的去核

受体细胞的去核是核移植至关重要的一步。要去除掉卵母细胞减数分裂形成的纺锤体复合物，但使用常规光学显微镜观察不到纺锤体复合物在 MⅡ 期卵母细胞中的位置。最初，去核是用荧光染料 Hoechst33342 处理卵母细胞后，将细胞暴露于紫外光线（UV）下实现去核的（即荧光染料法）。然而，卵母细胞暴露在紫外光线下是有害的，会进一步损害 SCNT 胚胎的发育。于是进行了早期改进，改为以偏振光双折射形式的非侵入性纺锤体成像系统去核，提高了囊胚形成率。后来在霍夫曼调节造影对比显微镜下，卵母细胞的减数分裂纺锤体复合物能以半透明的形式看见，这既避免了紫外线造成的损害，同时也减少了成本。目前主要有以下几种常用的去核方法：

（1）盲吸去核法　以第一极体（first polar body，PB1）为参考，用去核针除去 PB1 及其附近 20％ 左右的胞质来去除细胞核。该方法虽然操作简单但由于物种间的差异或卵龄状况的不同，PB1 与细胞核的相对位置可能会发生改变，因此，该方法去核存在不彻底的情况，进而影响下游的克隆效率。

（2）切割去核法　在体视显微镜下就可完成，沿极体与卵母细胞相交处切割，将无极体附着的半卵作为核移植受体细胞。此方法需要卵母细胞与第一极体黏着在一起，并且要用植物凝集素（phytohemagglutinin，PHA）和链霉蛋白酶预处理卵母细胞以去除透明带。优点是去核率高达 90％。

（3）高速离心去核法　因为卵母细胞的细胞核、细胞质与极体的质量不同，不同转速可使细胞核与极体一同离心排出，因此可以将卵母细胞用含有细胞松弛素 B 的培养液培养后，进行梯度离心，取约 1/3 作为核受体胞质。该方法可以一次性处理大量核受体，但目前尚未通过该方法得到克隆后代，该方法的可行性有待进一步验证。

（4）化学诱导去核　是指将 MⅡ 期卵母细胞激活后，再用脱羧秋水仙碱处理细胞，使卵母细胞核染色质进入第二极体（second polar body，PB2）以去除细胞核。该方法对操作技能的要求较低，避免了人为操作过程中不稳定性，提高了试验的重复性，是目前一种较为有效的去核方法。

（5）挤压法　是指在卵母细胞发育的过程中，当多数的卵母细胞准备排出第一极体时，破坏透明带并挤压，使极体与尚未分离的核一同排出受体细胞的方法。

（二）核供体细胞的选择与细胞核获取

1. 核供体细胞周期的选择

目前研究证实，多种类型的细胞可作为获取细胞核的供体细胞，大致可分为胚胎干细胞、胚胎细胞和体细胞 3 种类型。由于供体细胞核和细胞质受体之间的细胞周期不同步，会导致 DNA 的不规则复制，因此在 SCNT 中，常选择 G0/G1 期细胞作为供体细胞，以防止供体细胞的 DNA 损伤和意外 DNA 复制。胚胎干细胞作为供体细胞的方法与体细胞类似，也需要进行细胞周期的调控，但目前胚胎干细胞还很难同步到 G0/G1 期，M 期胚胎干细胞的形状易于区分，因此多采用 M 期的胚胎干细胞为细胞核的供体细胞。

2. 供体细胞的细胞核获取

胰蛋白酶处理使细胞培养皿中分离出单个完整的供体细胞，再采用血清饥饿法、低温处理法或秋水仙碱处理法等使供体细胞滞留在增殖周期的某一阶段来获得核供体细胞。此外，还可以选择刚排出的卵母细胞周围的卵丘细胞作为核供体细胞，这些细胞 80% 处于 G0 期，不需要进一步体外培养来获得细胞周期同步性，是非常合适的核供体细胞。迄今为止已经有多种细胞被尝试用于生产克隆动物。比较卵丘细胞、乳腺上皮细胞和皮肤成纤维细胞作为供体生产克隆牛的效率，发现卵丘细胞作为供体细胞的克隆效率最高，发育异常的数量最少，可见卵丘细胞 DNA 的重编程效率更高。克隆动物的生产效率除了受到供体细胞类型和分化程度的影响以外，还受到诸多其他因素的影响，如动物的年龄、细胞培养的传代次数、供体细胞大小、供体细胞表观遗传状态等。

（三）核卵重组与重组胚胎的激活

1. 核卵重组

去核卵母细胞与细胞核的重组对后续重组胚胎的发育具有重要意义，关系着子代的出生率与成活率。核卵重组可以通过细胞融合或者细胞注入两种方法进行。

（1）细胞融合法　早期研究者用灭活的仙台病毒或者聚乙烯乙二醇（PEG）来诱导融合。发现该方法处理的核卵融合效率低，不适合推广。后来 Willadsen（1979）尝试利用直流脉冲刺激进行电融合，将供体细胞核融合到受体细胞的透明带与卵细胞质膜之间，构成重组胚胎。该方法虽然效率更高，但存在过早地触发细胞质活化和排出第二极体的问题。

（2）细胞注入法　一部分研究人员提出了细胞质注射克隆技术，将额外的细胞质与供体细胞一起注射到去核卵母细胞中。但这样供体细胞的细胞器和细胞骨架元件也会融入卵母细胞，于是又对该方法进行了优化，先用细玻璃针把供体细胞的细胞膜弄破，直接将供体核注入受体细胞内，再将受体核吸出，这一操作有效避免了供体细胞的细胞质组分对核染色质重塑和重编程的不利影响。

2. 重组胚胎的激活

核卵重组后需要选择合适的时机对重组胚胎进一步激活，未激活的卵母细胞中 MPF 的含量较多会导致胚胎发育停滞。在受精过程中，Ca^{2+} 有周期性的波动变化，而当 Ca^{2+} 浓度升高时 MPF 的浓度会随之降低。根据 Ca^{2+} 对 MPF 的影响人们发现了激活重组胚胎的方法，并将激活方法分为物理激活与化学激活两种。

物理激活包括机械刺激、温度刺激、电刺激等。很多胚胎经机械刺激可以得到激活但是难以发育至囊胚。温度激活是利用温度的变化刺激胚胎使其激活，但囊胚发育率也不高。电激活是利用直流高压电脉冲使细胞膜外融合液中的 Ca^{2+} 内流，造成胞内 Ca^{2+} 浓度瞬间升高，该方法虽无法准确模拟 Ca^{2+} 有周期性的波动变化，但可以激活大部分的卵母细胞。

化学激活主要是应用乙醇、Ca^{2+} 载体和离子霉素等化学试剂对胚胎进行处理，这些试剂都是通过引发 Ca^{2+} 波动而达到激活卵母细胞的目的。由于某些时候使用单一的激活方法不易完全激活卵母细胞和胚胎发育，因此研究者多采用多种方法联合来激活卵母细胞。三磷酸肌醇（IP3）是另一种引发 Ca^{2+} 波动的物质，与受精过程更相似，但 IP3 只能激活卵母细胞，对原核期胚胎无作用，因此需要与其他物质一同进行以提高激活效率。此外，将电脉冲与化学试剂相结合进行激活，其激活率与囊胚率相对于单一方法激活也都有明显提高。

（四）重组胚胎的培养与移植

将重组胚胎激活后需要进一步的体外培养才能移植到代孕动物体内。克隆胚胎进行体外培养可以提高克隆效率，降低胚胎死亡率。虽然目前技术无法完全模拟胚胎在体内的发育环境，但是合适的体外培养环境也可以提高胚胎稳定性。因此，在选择培养基时可以在基础培养液中添加胎牛血清、非必需氨基酸、维生素等营养成分，也可以添加部分饲养细胞进行共培养，以促进胚胎更好发育。

经体外培养后的重组胚胎应尽早进行胚胎移植。研究发现，兔的重组胚胎培养 24h 后移植的受胎率最佳；而牛、羊等家畜体外培养的时间则需要更长一些。目前可以通过非手术或者手术的方式进行胚胎移植。非手术法是在代孕体做好同期发情后，利用移植设备将重组胚胎移植到特定部位；一般牛、羊等家畜会将囊胚期胚胎移植到子宫角处。手术法则需要进行侧腹部移植手术，通过子宫角穿刺移植胚胎，怀孕率可达 70％。

三、体细胞克隆育种的实施

利用体细胞核移植技术进行的牛育种目前主要采用传统克隆（traditional cloning，TC）和手工克隆（handmade cloning，HMC）两种方式。

通过传统克隆技术将绵羊乳腺上皮细胞进行核移植克隆获得了"多莉"羊（Wilmut 等，1997），"多莉"是使用成年体细胞的细胞核作为供体成功诞生的第一只哺乳动物。Cibelli 等（1998）首先报道了通过 SCNT 技术成功获得活犊牛，不久便出现了商业性的家畜动物克隆。在获得克隆绵羊之后，全世界的科学家通过 SCNT 克隆技术陆陆续续获得了 20 多种哺乳动物的克隆动物，其中，2001 年我国的第一头胎儿皮肤上皮体细胞克隆牛"康康"诞生，2003 年"康康"自体繁殖后代"壮壮"也健康诞生，但遗憾的是康康的胚胎是从国外引进的。2002 年陈大元等用成年牛耳成纤维细胞成功获得本土克隆牛"委委"，并随后实现了我国成年体细胞克隆牛成活群体零的突破，有 12 头受体牛共产下 14 头克隆牛犊；2003 年成活的克隆牛配种受孕，在新疆和北京又成功克隆出成活牛犊，证明了克隆牛技术的重复性很好，且证明了我国在克隆牛技术上已经相当成熟并可以应用于生产实践。

随着 SCNT 技术的发展（图 7 - 11），科学家 Vajta 在 2001 年首次提出了 HMC，并在 2004 年利用该方法成功获得第一只手工克隆牛。HMC 是传统克隆的替代法，在该方法中卵母细胞体外成熟后消化去除透明带，在体视显微镜下，手持特制刀片沿与极体垂直的方向将无透明带卵母细胞进行二分切，产生含有第一极体的核质细胞和半卵母细胞质，并通过染色选择细胞质，然后移植形成重组胚。此外，该技术是两个细胞质与供体细胞融合，供体细胞核夹在两个这样的半卵母细胞之间进行融合产生克隆胚胎。这抵消了去核过程中细胞质的损失，对胚胎发育有积极的影响。无透明带的重组胚胎需要在特殊的条件下进行培养至囊胚期再转移到受体。

与 SCNT 相比，HMC 无需使用显微操作仪，操作人员需要更少的专业知识和时间，克隆成本大大降低，生产效率高，在妊娠率和产活率方面提高的同时还不影响胚胎质量。HMC 起初是专门为牛的核移植开发的，但随着这项技术的发展，越来越多的物种尝试利用该技术进行克隆。Lagutina 等在 2005 年用该方法成功产下一只健康马驹；同年世界首例成活的体细胞克隆水牛在广西大学良种牛南方繁殖中心降生；2005 年 Rilbas 等经去透明带核移植获得了一只克隆小鼠。2006 年至今各种地方品种的猪、绵羊等通过手工克隆获得动物个体，同时研究者还通过添加一些小分子化学物质、组蛋白抑制剂等来改善手工克隆胚胎的重编程效率。SCNT 在畜牧生产实践的应用为家畜的品种改良及优良品种的扩繁提供技术支撑和保证。

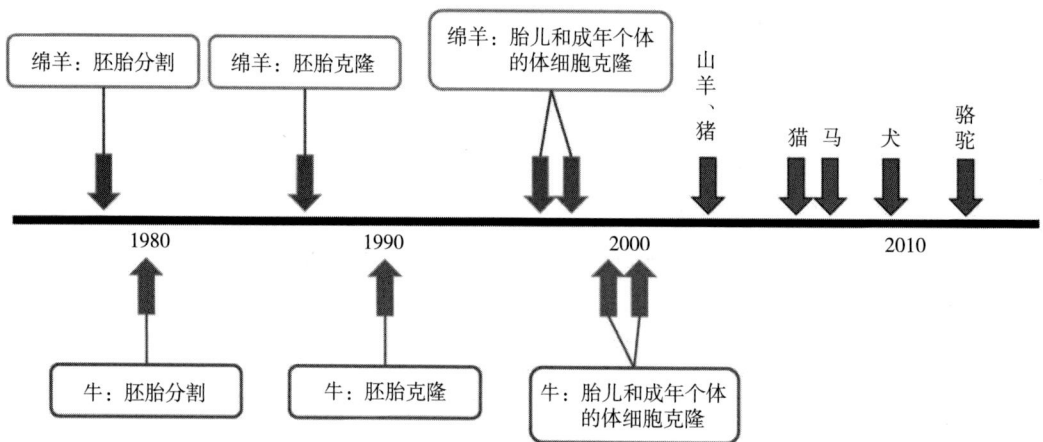

图 7-11　家畜 SCNT 发展过程中的关键时间点（引自 Keefer，2015）

四、牛体细胞克隆育种的作用与问题

（一）牛体细胞克隆育种的作用

牛是世代间隔长、单胎、繁殖率低的大型家畜物种，这些特性使其遗传改良和育种进程较缓慢。传统的育种方式是利用杂交育种技术将不同品种的理想性状组合成新的动物类型，并逐步扩繁、选育最后形成品种。但传统的杂交选育不仅耗时长、成本高、工作量大，而且基因突变导致优良性状消失的概率大；而将胚胎克隆技术和体细胞克隆技术应用在牛的繁育及育种过程中，可以大大缩短育种周期，快速有效地挖掘优秀种公牛和优良母牛的生产性能和繁殖潜能，充分利用优秀种牛的胚胎资源，获得大量符合人们生产、生活需求的优秀后代。此外，克隆技术还可以应用于保护濒危动物、培育转基因动物等。

(二) 牛体细胞克隆育种存在的问题

尽管克隆技术具有巨大的潜力，但其实际应用仍受到限制，其中最大的限制就是生产克隆动物的效率极低。例如，大多数物种重组胚胎仅有 10％～25％ 可以发育到囊胚期进行移植。小鼠 SCNT 胚胎大约有一半在移植前表现出发育停滞，仅有 1％～2％ 的胚胎转移到代孕体内可以发育到足月。目前除牛具有 5％～20％ 的克隆效率以外，大多数物种的生殖克隆效率仅为 1％～5％。此外，也存在胎儿发生流产或者出生后无法存活的现象。克隆效率低的主要原因是克隆胚胎或克隆动物在生长发育过程中基因表达发生异常，而这种基因的表达异常，目前主要认为是由供体细胞核的不完全重编程导致。

因此，目前该领域的研究重点仍然是解决克隆过程中的供体核的表观遗传重编程异常问题。相信不久的将来，表观遗传学技术、基因敲除技术、高通量测序技术等新型技术可以充分、准确地解析供体核在受体细胞种重编程的详细机制，与克隆技术相结合，进一步提高畜禽的克隆效率。

第八节　黄牛育种的趋势及展望

虽然各种生物技术还存在一些亟待解决的问题，与实用阶段还有一段距离，但随着研究的不断深入，现代生物技术将会不断完善和成熟，新的技术还会不断产生和发展，因此，以现代生物技术为核心的分子育种技术将成为黄牛育种技术发展的总趋势。这些现代生物育种技术的应用可提高选种的准确性，加快育种的速度，进一步提高经济性状的生产性能。可以预见，细胞与分子育种技术研究的不断发展势必会使我国肉牛、奶牛育种研究出现一个崭新的局面。细胞和分子育种的开展，现代生物技术与传统育种技术、自动化分析技术的结合，DNA 试剂盒的应用，能够使原来育成一个品种所需的 8～10 代缩短到 2～3 代甚至更短。由于转基因技术能够使动物种间的基因进行交流，生物界将会更加丰富多彩。

▌本章小结

中国具有丰富的牛遗传资源，为肉牛和奶牛育种提供了丰富的原始育种素材。然而，要获得优秀的肉牛和奶牛品种，必须进行持续有效的育种工作。本章以提升我国肉牛和奶牛种业为核心，较系统地介绍了牛常规育种的原理和方法，以及各种细胞和分子生物技术育种的概念、方法步骤和实施过程等。

牛的常规育种包括本品种选育、品系育种和杂交育种。本品种选育是指在牛的品种内按照育种目标，通过选种、选配和培育，不断提高牛群的整齐度、牛群质量及其生产性能的方法。品系育种是指在建立品系的基础上开展的品系繁育，是有计划、有目的地保持和发展品系的优良品质，能有效加快种群的遗传进展，加速现有品种的遗传改良，促进新品种的育成。品系培育的方法有系祖建系法、近交建系法和群体继代选育法等。杂交育种是通过品种间或种间杂交来培育新品种的方法。在黄牛的杂交育种中，多采用级进杂交、引入杂交、育成杂交和种间杂交。育成杂交又包括两品种的简单育成杂交和多品种的复杂育成杂交等方式。杂交育种的后期关键是横交固定，采样多元测交选择纯合的公牛是加快品种形成的重要方法之一。

细胞和分子生物技术育种包括分子标记辅助选择育种、全基因组选择育种、转基因育种、基因组编辑育种、胚胎克隆育种、体细胞克隆育种等。本章介绍了各自不同育种方法的概念、选种的步骤、实施和应用，叙述了不同育种方法的优点、存在的问题和发展前景。

总之，以现代生物技术为核心的分子细胞育种技术将成为黄牛育种技术发展的总趋势。随着细胞与分子育种技术研究的深入开展，技术上尚存的问题将会不断解决，应用这些现代生物技术育种，可提高选种的准确性，加快育种的速度，进一步提高经济性状的生产性能，使我国肉牛、奶牛育种出现一个崭新的局面。

▌参考文献

安丽娜，王树人，2005. 组蛋白乙酰化/去乙酰化与染色质结构及基因转录调控的关系 [J]. 国外医学：遗传学分册，28（3）：133-137.

敖政，刘德武，蔡更元，等，2016. 克隆哺乳动物的胎盘发育缺陷 [J]. 遗传，38（5）：9.

常洪，苏汉义，耿社民，1988. 家畜孟德尔性状不同固定方法育种进度的研究 [J]. 畜牧兽医学报（3）：145-154.

陈宏，2000. 现代生物技术与动物育种 [J]. 黄牛杂志（4）：1-5.

陈宏，2023. 动物遗传繁育原理与方法 [M]. 北京：科学出版社.

陈宏，2024. 中国黄牛遗传学 [M]. 北京：科学出版社.

陈宏，张春雷，2008. 中国肉牛分子育种研究进展 [J]. 中国牛业科学（4）：1-7.

程全成，樊婧，刘怀存，等，2022. 利用 CRISPR/Cas9 系统构建水通道蛋白 9 基因敲除小鼠 [J]. 解剖学报，53（1）：126-131.

董晓，冯书堂，郑行，2000. 胚胎干细胞研究进展 [J]. 国外畜牧科技，27（4）：24-26.

杜立新，1995. 分子遗传标记及其在动物育种中的应用（上）[J]. 黄牛杂志（2）：31-33.

杜立新，1995. 分子遗传标记及其在动物育种中的应用（下）[J]. 黄牛杂志（3）：50-52.

黄淑帧，曾溢滔，2000. 转人血清白蛋白基因试管牛的研究 [J]. 遗传学报，27（7）：573-579.

冀一伦，2001. 实用养牛科学 [M]. 北京：中国农业出版社.

康健，2019. 定点整合 FABP4 基因和 MSTN 基因点突变转基因小鼠及肉牛的研制 [D]. 杨凌：西北农林科技大学.

李东，左其生，张亚妮，等，2015. 基因组编辑技术的研究进展 [J]. 畜牧与兽医，47（7）：124-129.

李光鹏，白春玲，魏著英，等，2020. 黄牛 Myostatin 基因编辑研究 [J]. 内蒙古大学学报（自然科学版），51（1）：12-32.

刘小凤，刘蔚，聂宇，等，2020. ZFN、TALEN 和 CRISPR/Cas9 在小鼠 Rosa26 基因定点整合外源基因

的效率比较 [J]. 中山大学学报（自然科学版），59（2）：137-144.

刘岩，童佳，张然，等，2009. 转基因动物育种研究的现状与趋势 [J]. 中国医药生物技术，4（5）：329-334.

吕玲燕，吴永绍，陈宝剑，等，2016. 猪手工克隆重构胚胎发育效果影响的最佳 VPA 浓度初探 [J]. 基因组学与应用生物学，35（9）：6.

马芳，刘旭林，2012. 世界首例转基因手工克隆绵羊成功诞生 [J]. 北京农业：中旬刊（5）：53.

裴燕，冯春涛，周艳华，等，2011. 胚胎分割技术在肉牛繁育中的研究与应用 [J]. 中国畜牧兽医，38（11）：147-150.

桑润滋，韩建永，常万存，等，2002. 兔胚胎细胞核移植重组胚的发育力 [J]. 中国兽医学报（2）：194-197.

桑润滋，靳胜新，陈兆源，等，1992. 奶牛胚胎分割移植试验研究 [J]. 国外畜牧学（草食家畜）（S1）：47-51.

宋芸，乔永刚，李贵全，2013. 锌指核酸酶技术在植物基因工程中的应用 [J]. 中国生物工程杂志，33（1）：109-113.

孙东晓，2008. 我国奶牛分子育种研究现状及展望 [J]. 中国畜禽种业（5）：16-17.

孙俊铭，崔奎青，李志鹏，等，2018. SAHA 处理对猪手工克隆胚胎体外发育潜能的影响 [J]. 黑龙江畜牧兽医（5）：7.

孙少华，桑润滋，贾青，等，1999. 肉牛杂交组合效应的个体动物模型估计 [J]. 河北农业大学学报（3）：68-71.

谭景和，周琪，刘瑞祥，等，1993. 绵羊胚胎细胞核移植的研究 [J]. 东北农学院学报（1）：23-32.

谭丽玲，李乐义，廖和模，等，1992. 奶牛四分胚分割研究 [J]. 畜牧兽医学报（4）：289-294.

汤波，孙照霖，戴蕴平，2018. 牛的基因编辑技术研究进展 [J]. 生物技术通报，34（5）：41-47.

王曦，许尚忠，周忠孝，2002. 标记辅助选择及其研究进展 [J]. 四川畜牧兽医（S1）：57-59.

魏景亮，吴添文，阮进学，等，2014. 基因组编辑技术改良家畜的研究进展 [J]. 中国农业科技导报，16（1）：32-38.

吴光明，廖和模，李雪峰，等，1996. 牛胚胎体外生产技术的简化研究 [J]. 畜牧兽医学报（1）：6.

肖安，张博，2015. 人工核酸内切酶介导的新一代基因组编辑技术进展 [J]. 生物工程学报，31（6）：917-928.

薛洁，刘文浩，吕湾，等，2018. 奶牛胚胎移植技术研究进展 [J]. 中国奶牛（9）：22-27.

杨旭琼，吴珍芳，李紫聪，2019. 哺乳动物体细胞核移植表观遗传重编程研究进展 [J]. 遗传，41（12）：1099-1109.

袁仁善，周智广，1997. 阳离子脂质体与基因转移 [J]. 生理科学进展，28（2）：163-165.

张德福，刘东，王英，等，2004. 猪胚胎细胞核移植重组胚发育能力的研究 [J]. 上海农业学报，20（1）：3.

张继慈，1990. 我国绵羊胚胎工程的新突破——四分胚移植成功 [J]. 中国畜牧杂志，4：1.

张猛，2011. 西门塔尔牛部分经济性状全基因组选择的初步研究 [D]. 北京：中国农业科学院.

张荣华，王曦，李武峰，2017. 哺乳动物克隆技术研究进展 [J]. 山西农业科学，45（9）：1577-1582.

赵东东，宗媛，尹蕾，等，2021. 基因组编辑技术及未来发展 [J]. 生命科学，33（12）：1462-1468.

朱志伟，吴新民，金水仙，等，2009. 兔胚胎干细胞核移植克隆技术 [J]. 浙江农业学报，21（4）：330-331.

邹菊红，邹剑伟，申玉建，等，2021. 基因编辑技术在家畜育种中的研究进展 [J]. 中国畜牧杂志，57

（11）：45 – 50.

邹贤刚，徐少甫，1995. 山羊（Capra hircus）胚胎细胞经继代细胞核移植后其发育能力的研究 [J]. 科学通报，40（3）：264 – 267.

Adenot P G，Mercier Y，Renard J P，et al，1997. Differential H4 acetylation of paternal and maternal chromatin precedes DNA replication and differential transcriptional activity in pronuclei of 1 – cell mouse embryos [J]. Development，124（22）：4615 – 4625.

Amano T，Tani T，Kato Y，et al，2001. Mouse cloned from embryonic stem（ES）cells synchronized in metaphase with nocodazole [J]. Journal of Experimental Zoology，289（2）：139 – 145.

Anthony G F P，Wakayama T，Kishikawa H，et al，1999. Mammalian transgenesis by intracytoplasmic sperm injection [J]. Science，284（5417）：1180 – 1183.

Anthony W，Homan E，Ballou J C，et al，1998. T ransgenic cattle produced by reverse – transcribed gene transfer in oocyte [J]. Proc Natl Acad Sci USA，95：14028 – 14033.

Ao Z，Liu D，Zhao C，et al，2017. Birth weight，umbilical and placental traits in relation to neonatal loss in cloned pigs [J]. Placenta，57：94 – 101.

Ao Z，Zhao C，Gan Y，et al，2019. Comparison of birth weight and umbilical and placental characteristics of cloned and artificial insemination – derived piglets [J]. Frontiers of Agricultural Science and Engineering，6（1）：54 – 60.

Baguisi A，Behboodi E，Melican D T，et al，1999. Production of goat by somatic cell nuclear transfer [J]. Nature Biotechnology，17（5）：456 – 461.

Beyhan Z，Iager A E，Cibelli J B，2007. Interspecies nuclear transfer：implications for embryonic stem cell biology [J]. Cell Stem Cell，1（5）：502 – 512.

Blelloch R，Wang Z，Meissner A，et al，2006. Reprogramming efficiency following somatic cell nuclear transfer is influenced by the differentiation and methylation state of the donor nucleus [J]. Stem cells，24（9）：2007 – 2013.

Brackett B G，Baranska W，Sawicki W，et al，1971. Uptake of heterologous genome by mammalian spermatozoa and its transfer to ova through fertilization [J]. Proceedings of the National Academy of Sciences，68（2）：353 – 357.

Brackett G，Baraunska W，1997. Uptake of heterologous genome by mammalian spermatozoa and its transfer to ova through fertilization [J]. Proc Natl Acad Sci，2：253 – 257.

Braude P，Bolton V，Moore S，1988. Human gene expression first occurs between the four – and eight – cell stages of preimplantation development [J]. Nature，332（6163）：459 – 461.

Briggs R，King T J，1952. Transplantation of living nuclei from blastula cells into enucleated frogs' eggs [J]. Proc Natl Acad Sci，USA，38（5）：455 – 463.

Bui H T，Kwon D N，Kang M H，et al，2012. Epigenetic reprogramming in somatic cells induced by extract from germinal vesicle stage pig oocytes [J]. Development，139（23）：4330 – 4340.

Campbell K H，Mcwhir J，Ritchie W A，et al，1996. Sheep cloned by nuclear transfer from a cultured cell line [J]. Nature，380（6569）：64 – 66.

Choi I，Campbell K H S，2010. Treatment of ovine oocytes with caffeine increases the accessibility of DNase I to the donor chromatin and reduces apoptosis in somatic cell nuclear transfer embryos [J].

Reproduction，Fertility and Development，22（6）：1000 – 1014.

Chung Y G，Eum J H，Lee J E，et al，2014. Human somatic cell nuclear transfer using adult cells ［J］. Cell stem cell，14（6）：777 – 780.

Chung Y G，Matoba S，Liu Y，et al，2015. Histone demethylase expression enhances human somatic cell nuclear transfer efficiency and promotes derivation of pluripotent stem cells ［J］. Cell stem cell，17（6）：758 – 766.

Cibelli J B，Stice S L，Golueke P J，et al，1998. Cloned transgenic calves produced from nonquiescent fetal fibroblasts ［J］. Science，280（5367）：1256 – 1258.

Clark A J，Bessos H，Bishop J O，et al，1989. Expression of human anti – hemophilic factor IX in the milk of transgenic sheep ［J］. Bio/technology，7（5）：487 – 492.

DeRoos A P W，Hayes B J，Goddard M E，2009. Reliability of genomic predictions across multiple populations ［J］. Genetics，183（4）：1545 – 1553.

Ding X，Wang Y，Zhang D，et al，2008. Increased pre – implantation development of cloned bovine embryos treated with 5 – aza – $2'$ – deoxycytidine and trichostatin A ［J］. Theriogenology，70（4）：622 – 630.

Enright B，Kubota C，Yang X，et al，2003. Epigenetic characteristics and development of embryos cloned from donor cells treated by trichostatin A or 5 – aza – $2'$ – deoxycytidine ［J］. Biology of Reproduction，69（3）：896 – 901.

Enright B，Sung L Y，Chang C C，et al，2005. Methylation and acetylation characteristics of cloned bovine embryos from donor cells treated with 5 – aza – $2'$ – deoxycytidine ［J］. Biology of Reproduction，72（4）：944 – 948.

First N，Sims M，1994. Production of calves by transfer of nuclei from cultured inner cell mass cells ［J］. Proceedings of the National Academy of Sciences，91（13）：6143 – 6147.

Forsberg E J，Strelchenko N S，Augenstein M L，et al，2002. Production of cloned cattle from in vitro systems ［J］. Biology of reproduction，67（1）：327 – 333.

Frewer L J，Kleter G A，Brennan M，et al，2013. Genetically modified animals from life – science，socio – economic and ethical perspectives：examining issues in an EU policy context ［J］. New Biotechnology，30（5）：447 – 460.

Fulka J，ad Moor R M，1993. Noninvasive chemical enucleation of mouse oocytes ［J］. Molecular reproduction and development，34（4）：427 – 430.

Gao R，Wang C，Gao Y，et al，2018. Inhibition of aberrant DNA re – methylation improves post – implantation development of somatic cell nuclear transfer embryos ［J］. Cell stem cell，23（3）：426 – 435. e5.

Garrick D J，Taylor J F，Fernando R L，2009. Deregressing estimated breeding values and weighting information for genomic regression analyses ［J］. Genetics Selection Evolution，41：1 – 8.

George A，Sharma R，Singh K P，et al，2011. Production of cloned and transgenic embryos using buffalo (Bubalus bubalis) embryonic stem cell – like cells isolated from in vitro fertilized and clonedblastocysts ［J］. Cellular Reprogramming (Formerly "Cloning and Stem Cells")，13（3）：263 – 272.

Gordon J W，Scangos G A，Plotkin D J，et al，1980. Genetic transformation of mouse embryos by micro- injection of purified DNA ［J］. Proc Natl Acad Sci USA，77（12）：7380 – 7384.

Gouveia C，Huyser C，Egli D，et al，2020. Lessons learned from somatic cell nuclear transfer ［J］. International Journal of Molecular Sciences, 21 (7): 2314.

Grodzicker T, Williams J, Sharp P, et al, 1974. Physical mapping of temperature – sensitive mutations of adeno viruses [J]. Cold Spring Harbor Symp Quant Biol, 39: 439 – 446.

Gurdon J B, 1962. The developmental capacity of nuclei taken from intestinal epithelium cells of feeding tadpoles [J]. J Embryol Exp Morphol, 10: 622 – 640.

Habier D, Fernando R L, Dekkers J C M, 2007. The impact of genetic relationship information on genome – assisted breeding values [J]. Genetics, 177 (4): 2389 – 2397.

Hammer R E, Pursel V G, Rexroad Jr C E, et al, 1985. Production of transgenic rabbits, sheep and pigs by microinjection [J]. Nature, 315 (6021): 680 – 683.

Hammer R E, Pursel V G, Rexroad Jr C E, et al, 1986. Genetic engineering of mammalian embryos [J]. Journal of Animal Science, 63 (1): 269 – 278.

Haskell R E, Bowen R A, 2010. Efficient production of transgenic cattle by retroviral infection of early embryos [J]. Mol Reprod Dev, 40: 386 – 390.

Inoue A, Zhang Y, 2011. Replication – dependent loss of 5 – hydroxymethylcytosine in mouse preimplantation embryos [J]. Science, 334 (6053): 194 – 194.

Inoue K, Ogonuki N, Kamimura S, et al, 2020. Loss of H3K27me3 imprinting in the Sfmbt2 miRNA cluster causes enlargement of cloned mouse placentas [J]. Nature communications, 11 (1): 1 – 12.

Inoue K, Ogonuki N, Mochida K, et al, 2003. Effects of donor cell type and genotype on the efficiency of mouse somatic cell cloning [J]. Biology of reproduction, 69 (4): 1394 – 1400.

Inoue K, Ogonuki N, Yamamoto Y, et al, 2004. Tissue – specific distribution of donor mitochondrial DNA in cloned mice produced by somatic cell nuclear transfer [J]. Genesis, 39 (2): 79 – 83.

Jiao D, Cheng W, Zhang X, et al, 2021. Improving porcine SCNT efficiency by selecting donor cells size [J]. Cell Cycle, 20 (21): 2264 – 2277.

Kasinathan P, Knott J G, Wang Z, et al, 2001. Production of calves from G1 fibroblasts [J]. Nature biotechnology, 19 (12): 1176 – 1178.

Kato Y, Tani T, Tsunoda Y, 2000. Cloning of calves from various somatic cell types of male and female adult, newborn and fetal cows [J]. Journal of reproduction and fertility, 120 (2): 231 – 237.

Keefer C L, 2015. Artificial cloning of domestic animals. [J] Proc Natl Acad Sci USA, 112 (29): 8874 – 8878.

Kishigami S, Mizutani E, Ohta H, et al, 2006. Significant improvement of mouse cloning technique by treatment with trichostatin A after somatic nuclear transfer [J]. Biochemical and biophysical research communications, 340 (1): 183 – 189.

Krishnakumar R, Blelloch R H, 2013. Epigenetics of cellular reprogramming [J]. Current opinion in genetics & development, 23 (5): 548 – 555.

Lagutina l, Lazzari G, Duchi R, et al, 2005. Somatic cell nuclear transfer in horse. effect of oocyte morphology, embryo reconstruction of method and donor cell tvpelyl. Reproduction (4): 559 – 567.

Lander E S, 1996. The new genomics: global views of biology [J]. Science, 274 (5287): 536 – 539.

Lavitrano M, Camaioni A, Fazio V M, et al, 1989. Sperm cells as vectors for introducing foreign DNA into eggs: genetic transformation of mice [J]. Cell, 57 (5): 717 – 723.

Le Cong，Ran F A，Cox D，et al，2013. Multiplex Genome Engineering Using CRISPR/Cas Systems ［J］. Science，339（6121）：819-823.

Lin J，Shi L，Zhang M，et al，2011. Defects in trophoblast cell lineage account for the impaired in vivo development of cloned embryos generated by somatic nuclear transfer ［J］. Cell Stem Cell，8（4）：371-375.

Liu L，Oldenbourg R，Trimarchi J R，et al，2000. A reliable，noninvasive technique for spindle imaging and enucleation of mammalian oocytes ［J］. Nature biotechnology，18（2）：223-225.

Liu W，Liu X，Wang C，et al，2016. Identification of key factors conquering developmental arrest of somatic cell cloned embryos by combining embryo biopsy and single-cell sequencing ［J］. Cell discovery，2（1）：1-15.

Liu X，Wang Y，Gao Y，et al，2018. H3K9demethylase KDM4E is an epigenetic regulator for bovine embryonic development and a defective factor for nuclear reprogramming ［J］. Development，145（4）：dev 158261.

Liu Z，Cai Y，Wang Y，et al，2018. Cloning of macaque monkeys by somatic cell nuclear transfer ［J］. Cell，172（4）：881-887. e7.

Loi P，Iuso D，Czernik M，et al，2016. A new，dynamic era for somatic cell nuclear transfer? ［J］. Trends in biotechnology，34（10）：791-797.

Long C R，Westhusin M E，Golding M C，2014. Reshaping the transcriptional frontier：epigenetics and somatic cell nuclear transfer ［J］. Molecular reproduction and development，81（2）：183-193.

Luan Tu，Woolliams John A，Lien Sigbjørn，et al，2009. The accuracy of Genomic Selection in Norwegian red cattle assessed by cross-validation ［J］. Genetics，183（3）：1119-1126.

Luo J，Song Z，Yu S，et al，2014. Efficient generation of myostatin（MSTN）biallelic mutations in cattle using zinc finger nucleases ［J］. PloS one，9（4）：e95225.

Matoba S，Liu Y，Lu F，et al，2014. Embryonic development following somatic cell nuclear transfer impeded by persisting histone methylation ［J］. Cell，159（4）：884-895.

Matoba S，Wang H，Jiang L，et al，2018. Loss of H3K27me3 imprinting in somatic cell nuclear transfer embryos disrupts post-implantation development ［J］. Cell stem cell，23（3）：343-354. e5.

Matoba S，Zhang Y，2018. Somatic cell nuclear transfer reprogramming：mechanisms and applications ［J］. Cell stem cell，23（4）：471-485.

Meuwissen T H E，Hayes B J，Goddard M E，2001. Prediction of total genetic value using genome-wide dense marker maps ［J］. Genetics，157（4）：1819-1829.

Meuwissen Theo，Goddard Mike，2004. Mapping multiple QTL using linkage disequilibrium and linkage analysis information and multitrait data ［J］. Genetics Selection Evolution，36（3）：261-279.

Nakamura Y，Leppert M，O'Connell P，et al，1987. Variable number of tandem repeat（VNTR）markers for human gene map** ［J］. Science，235（4796）：1616-1622.

Nurse P，1990. Universal control mechanism regulating onset of M-phase ［J］. Nature，344（6266）：503-508.

Ogura A，Inoue K，Ogonuki N，et al，2000. Production of male cloned mice from fresh，cultured，and cryopreserved immature Sertoli cells ［J］. Biology of reproduction，62（6）：1579-1584.

Ogura A，Inoue K，Wakayama T，2013. Recent advancements in cloning by somatic cell nuclear transfer

[J]. Philosophical Transactions of the Royal Society B: Biological Sciences, 368 (1609): 20110329.

Ozil J, Heyman Y, Renard J, 1982. Production of monozygotic twins by micromanipulation and cervical transfer in the cow [J]. The Veterinary Record, 110 (6): 126-127.

Palmiter R D, Brinster R L, Hammer R E, et al, 1982. Dramatic growth of mice that develop from eggs microinjected with metallothionein-growth hormone fusion genes [J]. Nature, 300 (5893): 611-615.

Palmiter R D, Norstedt G, Gelinas R E, et al, 1983. Metallothionein-human GH fusion genes stimulate growth of mice [J]. Science, 222 (4625): 809-814.

Prather R S, Barnes F L, Sims M M, et al, 1987. Nuclear transplantation in the bovine embryo: assessment of donor nuclei and recipient oocyt [J]. Biology of Reproduction, 37 (4): 859-866.

Prather R S, Ross J W, Isom S C, et al, 2009. Transcriptional, post-transcriptional and epigenetic control of porcine oocyte maturation and embryogenesis [J]. Society of Reproduction and Fertility supplement, 66: 165.

Rilbas R, Oback B, Ritchie w, et al, 2005. Development of a zonafree method of nuclear transfer in the mousel [J]. Cloning Stem Cells (7): 126-138.

Rodriguez-Osorio N, Urrego R, Cibelli J, et al, 2012. Reprogramming mammalian somatic cells [J]. Theriogenology, 78 (9): 1869-1886.

Roh S, Shim H, Hwang W S, et al, 2000. In vitro development of green fluorescent protein (GFP) transgenic bovine embryos after nuclear transfer using different cell cycles and passages of fetal fibroblasts [J]. Reproduction, Fertility and Development, 12 (2): 1-6.

Rolf M, Taylor J, Schnabel R, et al, 2010. Impact of reduced marker set estimation of genomic relationship matrices on genomic selection for feed efficiency in Angus cattle [J]. BMC Genetics, 11 (24): 1-10.

Salter D W, 1987. T ransgenic chickens: insertion of retroviral genes into the chicken germ line [J]. Virology, 157: 236-240.

Samiec M, Skrzyszowska M, 2021. Extranuclear Inheritance of Mitochondrial Genome and Epigenetic Reprogrammability of Chromosomal Telomeres in Somatic Cell Cloning of Mammals [J]. Int J Mol Sci, 22 (6).

Santos F, Zakhartchenko V, Stojkovic M, et al, 2003. Epigenetic marking correlates with developmental potential in cloned bovine preimplantation embryos [J]. Current Biology, 13 (13): 1116-1121.

Sayaka W, Satoshi K, Van Thuan N, et al, 2008. Effect of volume of oocyte cytoplasm on embryo development after parthenogenetic activation, intracytoplasmic sperm injection, or somatic cell nuclear transfer [J]. Zygote, 16 (3): 211-222.

Schnieke A E, 1997. Human factor IX transgenic sheep produced by transfer of nuclei from transfected fetal fibroblasts [J]. Science, 28: 2130-2133.

Schultz R M, 2002. The molecular foundations of the maternal to zygotic transition in the preimplantation embryo [J]. Human reproduction update, 8 (4): 323-331.

Sims M, First N, 1994. Production of calves by transfer of nuclei from cultured inner cell mass cells [J]. Proceedings of the National Academy of Sciences, 91 (13): 6143-6147.

Spemann H, Mangold H, 2001. Induction of Embryonic Primordia by Implantation of Organizers From a Different Species [J]. The International Journal of Developmental Biology, 45 (1): 13-38.

Steinborn R，Schinogl P，Zakhartchenko V，et al，2000. Mitochondrial DNA heteroplasmy in cloned cattle produced by fetal and adult cell cloning [J]．Nature genetics，25（3）：255－257.

Stice S L，Strelchenko N S，Keefer C L，et al，1996. Pluripotent bovine embryonic cell lines direct embryonic development following nuclear transfer [J]．Biology of reproduction，54（1）：100－110.

Tachibana M，Amato P，Sparman M，et al，2013. Human embryonic stem cells derived by somatic cell nuclear transfer [J]．Cell，153（6）：1228－1238.

Tachibana M，Sparman M，Sritanaudomchai H，et al，2009. Mitochondrial gene replacement in primate offspring and embryonic stem cells [J]．Nature，461（7262）：367－372.

Tani T，Kato Y J C R，2017. Mitogen－activated protein kinase activity is not essential for the first step of nuclear reprogramming in bovine somatic cell nuclear transfer [J]．Cellular Reprogramming（Formerly "Cloning and Stem Cells"），19（2）：95－106.

Tani T，Kato Y，Tsunoda Y J B O R，2001. Direct exposure of chromosomes to nonactivated ovum cytoplasm is effective for bovine somatic cell nucleus reprogramming [J]．Biology of reproduction，64（1）：324－330.

Tian X C，Kubota C，Enright B，et al，2003. Cloning animals by somatic cell nuclear transfer－biological factors [J]．Reproductive Biology and Endocrinology，1（1）：1－7.

Vajta G，Bartels P，Joubert J，et al，2004. Production of a healthy calf by somatic cell nuclear transfer without micromanipulators and carbon dioxide incubators using the Handmade Cloning（HMC）and the Submarine Incubation System（SIS）[J]．Theriogenology，62（8）：1465－1472.

Vajta G，Lewis I M，Hyttel P，et al，2001. Somatic cell cloning without micromanipulators [J]．Cloning，3（2）：89－95.

Van Thuan N，Bui H T，Kim J H，et al，2009. The histone deacetylase inhibitor scriptaid enhances nascent mRNA production and rescues full－term development in cloned inbred mice [J]．Reproduction，138（2）：309.

Vanraden P M，Tassell C P V，Wiggans G R，et al，2009. Invited Review：Reliability of genomic predictions for North American Holstein bulls [J]．Journal of Dairy Science，92（1）．

Villumsen T M，Janss L，Lund M S，2009. The importance of haplotype length and heritability using genomic selection in dairy cattle [J]．Journal of animal breeding and genetics ＝ Zeitschrift fur Tierzuchtung und Zuchtungsbiologie，126（1）：3－13.

Vos P，Hogers R，Bleeker M，et al，1995. AFLP：a new technique for DNA fingerprinting [J]．Nucleic acids research，23（21）：4407－4414.

Wakayama T，Perry A C，Zuccotti M，et al，1998. Full－term development of mice from enucleated oocytes injected with cumulus cell nuclei [J]．Nature，394（6691）：369－374.

Wakayama T，Rodriguez I，Perry A C，et al，1999. Mice cloned from embryonic stem cells [J]．Proceedings of the National Academy of Sciences，96（26）：14984－14989.

Wakayama T，Tabar V，Rodriguez I，et al，2001. Differentiation of embryonic stem cell lines generated from adult somatic cells by nuclear transfer [J]．Science，292（5517）：740－743.

Wang F，Kou Z，Zhang Y，et al，2007. Dynamic reprogramming of histone acetylation and methylation in the first cell cycle of cloned mouse embryos [J]．Biology of reproduction，77（6）：1007－1016.

Whitworth K M, Prather R S, 2010. Somatic cell nuclear transfer efficiency: how can it be improved through nuclear remodeling and reprogramming? [J]. Molecular reproduction and development, 77 (12): 1001-1015.

Willadsen S M, 1986. Nuclear transplantation in sheep embryos [J]. Nature, 320 (6057): 63-65.

Willadsen S M, 1979. A method for culture of micromanipulated sheep embryos and its use to produce monozygotic twins [J]. Nature, 277 (5694): 298-300.

Williams J G, Kubelik A R, Livak K J, et al, 1990. DNA polymorphisms amplified by arbitrary primers are useful as genetic markers [J]. Nucleic acids research, 18 (22): 6531-6535.

Williams T, Elsden R, Seidel Jr G, 1984. Pregnancy rates with bisected bovine embryos [J]. Theriogenology, 22 (5): 521-531.

Wilmut I, Schnieke A E, Mcwhir J, et al, 1997. Viable offspring derived from fetal and adult mammalian cells [J]. Nature, 385 (6619): 810-813.

Yamada M, Johannesson B, Sagi I, et al, 2014. Human oocytes reprogram adult somatic nuclei of a type 1diabetic to diploid pluripotent stem cells [J]. Nature, 510 (7506): 533-536.

Yang L, Song L, Liu X, et al, 2018. KDM 6A and KDM 6B play contrasting roles in nuclear transfer embryos revealed by MERVL reporter system [J]. EMBO reports, 19 (12): e46240.

Zhang L, Lu X, Lu J, et al, 2012. Thymine DNA glycosylase specifically recognizes 5 - carboxylcytosine - modified DNA [J]. Nature chemical biology, 8 (4): 328-330.

Zhang P, Liu P, Dou H, et al, 2013. Handmade cloned transgenic sheep rich in omega - 3 fatty acids [J]. PloS one, 8 (2): e55941.

Zhang X, Gao S, Liu X, 2021. Advance in the role of epigenetic reprogramming in somatic cell nuclear transfer - mediated embryonic development [J]. Stem Cells International, DOI: 10.1155/2021/6681337.

Zhao J, Hao Y, Ross J W, et al, 2010. Histone deacetylase inhibitors improve in vitro and in vivo developmental competence of somatic cell nuclear transfer porcine embryos [J]. Cellular Reprogramming (Formerly "Cloning and Stem Cells"), 12 (1): 75-83.

Zhou C, Zhang J, Zhang M, et al, 2020. Transcriptional memory inherited from donor cells is a developmental defect of bovine cloned embryos [J]. The FASEB Journal, 34 (1): 1637-1651.

Zuckerkandl E, Pauling L, 1965. Molecules as documents of evolutionary history [J]. Journal of theoretical biology, 8 (2): 357-366.

（陈宏　黄永震　蓝贤勇　任刚　党瑞华）

第八章
中国黄牛遗传资源的开发与利用

第一节　中国地方黄牛遗传资源的开发

一、利用现有杂交群体培育新品种

（一）大量改良牛群体的形成背景

肉牛新品种培育是黄牛育种工作的一项重要内容，不仅有利于促进肉牛业的发展，而且有效地满足人类对牛肉产品的需求。因而，培育肉牛新品种工作的意义是深远的，作用亦是巨大的。由于中国黄牛从20世纪70—80年代就开始引入国外多个著名的肉牛品种进行大量的杂交改良，一方面，形成了大量的杂交改良牛群体，取得了很好的改良效果，提高了生产效率；另一方面，对原有的地方品种造成很大的冲击，纯种数量急剧下降。黄牛品种的形成与其本身生存和生活的自然条件密切相关。因此，如果杂交群体能够适应目前国家经济发展和人民生活的需要，就可以在现有杂交群体的基础上，通过选择选配、横交固定，培育肉牛新品种。

（二）改良牛群体培育新品种的步骤

利用改良牛群体进行新品种培育的具体做法包括以下步骤：

（1）成立新品种育种联合组织，有领导、专家、企业共同参与，制定育种目标、育种方案、选育方向和具体措施等。

（2）对现有群体进行良种登记和性能测定。根据育种目标，确定良种登记和性能测定的项目。

（3）在测定的基础上组成核心育种群，可繁母牛规模在500～2 000头或以上。

（4）大胆选择和利用具有理想型的杂种公牛，公牛保持8个家系以上，所选择的公牛必须是特级公牛，并符合理想型的品种特征。

（5）依据育种目标，开始进行横交固定。

（6）对横交固定后代，按照理想型进行严格选育，尤其是对公牛的选育，淘汰不理想的公牛和母牛个体。此期间也可采用标记辅助选种和全基因组选种，重点是对种公牛的选育。

（7）选用的理想型公母牛再进行选配，以此方法连续进行4～5代，就可形成遗传性稳定、性状优良、生产性能高的新品种群体。

我国的夏南牛、延黄牛的成功育成，就是在现有杂交群体基础上培育的肉牛新品种。

二、对现有纯种黄牛品种的种质创新

对现有纯种黄牛品种一方面要加强保种（见第六章），另一方面要开展提纯复壮，加强品种登记、性能测定、种用价值评价。在此基础上开展肉用性能的本品种选育（见第七章第一节），不断提高生产性能和经济效益，使原有品种的优秀特性得到进一步的提升，以满足人们生活的需要和国家战略需求。

（一）开展选择育种的种质创新

开展选择育种是根据黄牛品种内存在的变异和遗传两种特性，通过选择和繁育引导变异方向，进而进行新品种的培育工作。这种作用很早已被人类发现，而且通过它培养了许多优良的家畜品种，如秦川牛等。但是古代的选择育种工作大多是经验性的，主要用观察选种的方法，选留具有优良性状的家畜作种繁殖，繁殖后又选种，一代一代进行，这样有时效果好，有时效果差，需要很长时间才能育成品种。随着科技的发展，选择育种工作除靠经验外，融入了遗传学、形态学、生理学、进化论等方面的技术，使育种效果大大提高，尤其是遗传学的问世和发展，为选择育种建立了系统的理论基础，从而有力推进了选择育种的速度。由于选择育种是经过选择和培育才成功的，故又叫系统选种。

1. 畜群的选择

进行选择育种的畜群应有相当大的规模和广泛的变异。如果群体规模小则变异也少，很难实行选择育种。如果群体规模很大，群体整齐，但变异很小，这样的群体也不宜进行选择育种，一般应以原种中优秀个体来组群，基础群中应包括育种目标所有的各种有利性状。

2. 及时发现和利用有利的变异

在选择育种过程中一旦发现新的有利变异，就要及时扩大繁殖，使其有利变异得以保存。

3. 要为所选性状创造适当的培育条件

因为培育条件是正确选择的前提，只有培育条件与选择目标相一致时，选择才能显示出效率，否则，就很难达到育种目标。

4. 采用合理的方法

施行选择育种应采用选择、培育、繁殖、推广等一套综合方法，也就是说，对选择的有益变异应加强培育，扩大数量，提高品质，因为选而不育，成不了品种；育而不繁，品种数量要求难以达到；繁而不推，其品种的进一步提高就要受到限制。故此选择育种应使用合理的方法。

（二）开展杂交育种的种质创新

杂交育种是运用杂交方法从两个或两个以上品种创造新的变异类型，并且通过育种手段将它们固定下来的一种新品种培育方法。其理论依据是：由于不同品种具有各自的遗传基础，通过杂交能将各自亲本的优良基因集中在一起，同时由于基因的互作可能产生超越亲本品种性状的优良个体，而且通过选种、选配和培育等育种方法可能使有益基因得到相对的纯合，从而使它们具有相当稳定的遗传能力。

1. 依据杂交育种的方法可分为简单杂交育种和复杂杂交育种

（1）简单杂交育种　通过两个品种的杂交以培育新品种的方法称为简单杂交育种。它使用的品种少，杂交的遗传基础相对比较简单，获得理想型和稳定其遗传性比较容易，因而培育的速度较快，所用时间较短，成本也低。但对于所用杂交品种和个体要求严格选择，不仅要求具有育种的全部内容，而且还应要求优点多、缺点少，两个品种优缺点可以互补，同时配合方式和培育条件也要有助于育种目标。这样就可能很快，而且较好的培育出优良的新品种，这是杂交育种中常用的一种类型。

（2）复杂杂交育种　通过三个以上品种的杂交以培育新品种的方法，称为复杂杂交育种。如果根据育种目标要求，选择两个品种仍然满足不了要求时，可以多用一个到两个甚至更多品种，以丰富杂交后代的遗传基础，但一般不宜过多，因为用的品种较多，后代的遗传基础较复杂，杂种后代变异的范围较大，需要培育的时间相对增长。在运用品种较多时，应根据每个品种的性状特点，很好地确定父本和母本，严格选择优良个体，认真推出先用哪两个品种，最后用哪一个或几个，因为后用的品种对新品种的影响和作用相对较大，这是杂交育种常用的另一种类型。

2. 依据培育工作的基础可分为在杂交改良基础上的杂交育种和有计划地从头开始杂交育种

（1）在杂交改良基础上的杂交育种　大量的杂交改良工作为培育新品种创造了必要的基础，如果某地区杂交改良工作做得很好，产生的杂种数量多，质量又高，并且有大量杂种已经符合或基本符合新品种的要求，这就可以不必从头开始杂交，也可以节省人力、物力和财力。如果某地杂交工作开展时间较短，或合乎理想型要求的个体还很少，甚至根本没有，那么也可以在调查和整理杂交群的基础上拟定继续杂交，到有相当数量的理想型个体再进行自群繁育，培育新品种。

（2）有计划地从头开始杂交育种　在进行杂交育种时，要根据国民经济发展需要，对当地的自然条件和基础牛群特点进行细致的分析研究，然后以育种科学理论为指导制定出目的明确、根据可靠、方法可行、措施有力和比较周密的育种计划，在执行计划中选择品种和个体要严，杂种的培育工作要做好，务必使理想型更早出现，且质量高。有计划地从头开始杂交育种可使工作少走弯路，加速进展，缩短育种时间，并且育出质量高的新品种。

3. 杂交育种的要领

（1）杂交用品种的选择　杂交的目的是创造新的类型，而新类型的性状则取决于所用的品种。因此，必须慎重选择最合乎需要的品种和个体。如果杂交品种有利于创造所需要的类型，培育的进度就快，质量就高；反之就慢就低。被选的两个品种或几个品种必须具有较强且稳定的遗传特性，必须具有新类型所需的全部性状。在选择杂交用品种时，应对一些品种进行认真的分析，最好查阅一些有关它们杂交效果和生长性能的资料等，并且进行对比，然后做出选择，选择的品种宜精不宜多，每选用一个品种都要有明确的目的。

（2）严格选择杂交用的个体 在任何品种内，个体之间不可能没有变异，杂交一定要选择最好的个体，尤其是选择具有各种突出性状的、对创造新类型所需要的个体。因而对个体性状的选择应严格突出重点，必须注意选择公畜要有一定的数量，标准更加严格。

（3）杂交要适当 有了适宜的品种和优良个体，并不一定能很快地创造出理想型。至少还应该做好三件事：父母本品种的确定、本地品种的血统占有率、做好人工授精工作。

（4）对杂种要进行认真的培育 杂交后代遗传基础虽然发生了改变，但新性状的发育不可能不受生活环境条件的影响，尤其是饲养管理条件。因此，必须为杂种后代创造适宜的饲养管理条件，使其能发育成比较接近拟创造的理想型个体。

（5）典型个体的选择 杂种后代的品质可能高低不一，性状可能参差不齐，应对它们进行个体分析，选出典型。典型的个体也不是完全相同的，可能还有各自的某种突出的优良性状，这个优良个体在新品种培育工作中往往带动理想型的固定和提高，又可用来建立品系。因此，要善于发现和利用典型个体。

（6）理想型的固定 较快地获得理想型并迅速固定遗传性状，在杂交育种工作中具有重要的意义。为了固定理想型的遗传特性和性状，首先要停止杂交，进行自群繁育，其次是认真做好选配工作，选择具有共同优良性状的个体进行同质选配，逐步紧缩后代的遗传基础，加快固定进程。

（7）近交的作用 为了加强优良个体的遗传作用，可以挑选生命力强的优秀理想型个体进行近交固定其优良性状，但要慎重使用，除培育近交系外，近交一般不宜过高。

（8）选种 所选留的核心群个体质量要高，不符合理想型要求的个体均应淘汰，这是加快新品种培育的速度和质量的一个重要环节。

（9）建立品系 当选择出某些既具有典型性又有某种突出优点的理想型个体时，应及时建立品系，这不仅对定型有促进作用，而且为以后的品系间杂交和健全品种结构奠定了基础。

（10）积极繁殖理想型个体 每一个品种不仅有质量要求，而且必须有一定的数量，因此对于理想型的个体，应积极扩繁，扩大数量，这对提高其品质也有重要作用。

（11）及时的研究和改进工作 培育新品种是科学技术性很强的工作，且其方法和步骤不是死板固定的，在整个培育过程中及时研究分析出现的问题，才能不断改进提高新品种的培育水平，加快育种进展。

三、利用现代生物技术种质创新

（一）现代生物技术的产生与发展

"生物技术"这一名词诞生于 1917 年，是由匈牙利的一位工程师 Karl Ereky 提出的。当时他提出这一名词的含义是指用甜菜作饲料大规模的养猪，即用生物将原料变为产品。但就生物技术的开展可追溯到人类开始从事农业活动。人们有意识地利用酵母，进行大规模的发酵生产是在 19 世纪。进入 20 世纪以后，由于微生物的发现和微生物学的产生、经典遗传学的建立以及化学理论和技术的出现，生物技术才被纳入科学的轨道。

1953 年，Watson 和 Crick 发现了 DNA 的双螺旋结构，从而奠定了现代分子生物学的基础；1973 年 Boyer 和 Cohen 建立了 DNA 重组技术以及随后几年对这一技术的完善和成熟，使传统生物技术飞跃发展为现代生物技术。鉴于生物技术的迅速发展，1982 年国际合作和发展组织对生物技术这一名词的含义进行了重新定义，即生物技术是应用自然科学及工程学的原理，依靠微生物、动物、植物作反应器将物料进行加工以提高产品来为社会服务的技术。

20 世纪 80 年代以来，现代生物技术领域的研究和开发非常活跃，发展十分迅速，无论在基础研究还是在应用开发方面，都取得显著的成就。现代生物技术已是一门分支众多、涉及多学科的综合性技术，现代生物技术成果越来越广泛地应用于农业、医药业、工业、环保等领域。因此，世界各国政府都对生物技术非常重视，并投入巨额资金。据统计，美国 1993 年投资 40 亿美元；日本将现代生物技术作为"决策工业"被列为国家优先发展的工业，到 1997 年投入经费已达 5 000 多亿日元；加拿大政府出资 1 亿美元建立了生物技术公司。由于生物技术的产业化和商品化，1994 年仅美国生物工程产品年销售额超过 40 亿美元。

一般认为家畜的育种工作 18 世纪就已开始了，在长期的畜牧生产中人们已注意到品种的重要性。现代研究结果认为，品种对畜牧生产的贡献所占的比重为 45%，饲料与营养占 35%，环境与保健占 25%。由此可见，优良品种在畜牧生产中是非常重要的。品种改良的基础包括：①遗传理论，②育种技术，③种质资源。育种技术随着遗传理论的发展而发展。遗传学从群体遗传学、数量遗传学发展到现在的分子数量遗传学，育种技术也经历表型选种、表型值选种、基因型值或育种值选种、标记辅助选择发展到目前的全基因组选种的分子育种、转基因育种、基因编辑育种、胚胎育种、体细胞克隆育种等。

1900 年以前，畜禽的改良主要是表型选择，即"见好就留"。在孟德尔经典遗传学建立和发展以后，尤其是群体遗传学、数量遗传学的发展和微机的普及和应用以来，动物主要经济性状的育种从表型值选择进入育种值选择。各种分子生物技术的应用使动物育种从群体水平进入分子水平，它可对肉、蛋、奶等主要经济性状进行基因定位，通过参考群动物用链锁或候选基因法测定数量性状座位（QTL）的主效基因。1986 年，英国动物育种学家罗伯逊预测说，"人类应用遗传工程改变动物基因型已经为期不远了"，经十多年的发展已被证实。DNA 重组技术、转基因技术、动物克隆技术改变了常规基因导入的杂交方法，可按人们的要求只转入所需的目的基因，使快速育种成为现实。因此，生物技术的每一步发展，都伴随着新的育种技术的革命。

（二）利用现代生物技术种质创新

动物育种中的现代生物技术包括转基因技术、胚胎工程技术、动物克隆技术、基因组编辑技术、胚胎克隆和体细胞克隆技术及受 DNA 重组技术影响的各种分子生物技术、如分子标记辅助选种、全基因组选种等。按照常规育种方法要改变家畜的遗传特性，如增重速度、瘦肉率、饲料利用率、产奶量等，人们往往需要进行多代杂交、选优交配，最后培育出高产、优质、人们期望的品种。目前大多数生产上所用的家畜都是用这种交配与选择相结合的传统育种方法选育出来的。然而，这种方法的不足之出：一是所需时间长，二是一旦品种育成，再想引入新的遗传性状困难较大。因为带有新性状的品种可能同时也携带有害基因。杂交后有可能会降低原有性状。因此，又需重新进行多代杂交和严格选择。多年来，杂交选择一直是改良家畜遗传性状的主要途径。随着现代生物技术的发展，传统杂交选择法的缺陷日益明显，而现代分子育种技术却显示出越来越强大的生命力，逐渐成为动物育种的趋势和主流。通过各种现代生物技术的综合运用，结合常规育种方法，可以大大加快育种进展。例如，利用 DNA 导入细胞、胚胎工程等技术，科学家们可以把单个有功能的基因或基因簇插入高等生物的基因组中，并使其表达，再通过有关分子生物技术、DNA 试剂盒诊断和检测，加以选择，大大加快了动物育种进程。由于分子生物技术在第七章已经介绍，此处不再阐述。

第二节　中国黄牛遗传资源的杂交利用

我国黄牛普遍个体比较小、生长慢、产肉量低、养殖效益比较低，但抗逆性强、耐粗饲、肉质好。因此，对于非保种区的大量的黄牛遗传资源可以选择合适的肉牛品种进行杂交，进行商品生产，一方面提高生长速度，增大体型，另一方面保持优良的肉质，提高经济效益。

一、杂交的概念与作用

在遗传学中，一般把两个基因型不同的纯合子间的交配称为杂交。在育种学上，一般把不同种群（种、品种、品系）的公母畜的交配称为杂交，杂交是种群选配的方法之一。

杂交的遗传效应与近交的遗传效应相反，它使群体杂合频率增加，非加性基因效应增大，从而提高了群体平均值。杂交也可以使群体性状表现趋于一致，个体间性状表现均匀整齐，在生产性能和生长发育方面的差异缩小，因而使动物产品的规格更加一致，以利于工厂化和商品化生产。黄牛杂交的作用主要表现在以下三个方面：

（一）产生杂种优势

杂交所生后代，往往在生活力、适应性、抗逆性及生产性能等方面都比纯种繁育的后代有所提高，即产生"杂种优势"。在以商品生产为目的，特别是以肉类生产为目的的肉牛产业中，杂种优势的利用是一个不可缺少的重要环节。牛的杂种优势主要体现在能增大体型结构、提高生长速度、提高出肉率、增加经济效益等方面。

1. **增大体型结构**　通过杂交改良，杂交牛的体型一般比本地黄牛增大 30％左右，体躯增长，胸部宽深，后躯较丰满，尻部宽平。后躯尖斜的缺点基本能得到改进。

2. 提高生长速度　杂交改良后，杂种后代作为肉用牛饲养，生长速度明显提高，解决了本地黄牛生长速度慢的问题。

3. 提高出肉率　经过育肥的杂交牛，屠宰率一般能达到55%，甚至接近60%，可见杂交能够显著提高出肉率。

4. 增加经济效益　杂交能够明显提高个体单产，缩短饲养周期，降低生产成本，提高经济效益。杂种牛继承了引进品种生长速度快、产肉率高的优点，因此杂种牛出栏上市早，同等饲养条件下其出栏时间更短，可获得较大经济效益。

此外，杂交牛还保持了本地品种耐粗饲的特点，同等饲养条件下，饲料转化率与本地品种相比有很大提高，饲养周期缩短，饲养成本降低。

综上所述，黄牛的杂种优势通过遗传改良显著提高了肉牛的生产性能和经济价值，促进了肉牛养殖业的发展。

（二）进行杂交育种

杂交能使基因和性状实现重新组合，杂种具有较多的新变异，利用选种可使杂种后代具有较大的适应范围。杂交后代综合了双亲的性状，使原来不在一个群体的基因集中到一个群体中来，原来分别在不同种群个体身上表现的性状集中到同一种群个体上来。详见第七章第一节。

（三）杂交的改良作用

杂交还具有改良作用，能迅速提高低产品种的生产性能，改变个体缺点或改变种群的生产方向。例如，用乳牛品种与役用牛杂交可以生产乳用或乳役兼用牛。

二、经济性杂交的类型

按照不同的分类方法，杂交的种类很多，通常依种群亲缘关系和杂交目的不同进行分类。按照杂交双方种群关系的远近，杂交可分为系间杂交、品种间杂交、属或种间杂交（远缘杂交）等。不同品系间的交配称为系间杂交，不同种或属间的交配称为远缘杂交。目前在我国的杂交利用和杂交育种中，采用较多的是品种间杂交。按照杂交目的的不同，杂交可分为育种性杂交和经济性杂交两类，育种性杂交包括级进杂交、导入杂交和育成杂交等（见第七章第一节）。经济性杂交也叫生产性杂交，是采用不同品种间的公母牛交配以获得具有高度经济利用价值的杂种后代，增加商品牛数量和降低生产成本，满足市场需要。经济性杂交可以是生产性能较低的母牛与优良品种公牛交配，也可以是两个生产性能都较高的公母牛之间的交配。无论哪一种情况，其目的都是利用杂种优势，提高后代的经济价值。经济性杂交在商品肉牛生产中被广泛采用。国内外肉牛杂交研究表明，品种间杂交组合所产生的杂种后代，其产肉性能一般比纯种牛提高15%～20%。经济性杂交包括简单杂交、三元杂交、轮回杂交、双杂交、回交、顶交、底交等多种杂交方式，在此主要介绍一下经济性杂交的类型。

（一）简单杂交

简单杂交就是选用能够产生最大特殊配合力的两个品种或品系直接进行品种间或品系间的二元杂交，所产生的杂种一代，无论公母，全部作为商品生产的群体加以利用（图8-1）。此杂交的最大特点是仅仅利用 F_1 本身的杂种优势，而没有父本和母本的杂种优势，故称为简单杂交，这种形式的经济杂交特点是简单易行，并有良好的实际效果，可在杂交生产利用的起步阶段广泛使用；但需要对亲本群进行更新补充。父本种群采取购买公牛的方式，母本种群通过购买公牛与杂交用的母畜群进行几个产次的纯繁来更新。

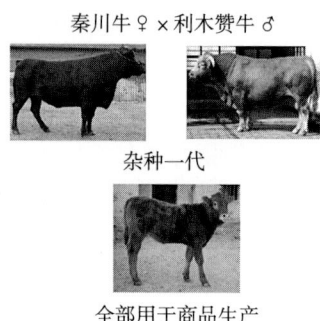

秦川牛♀×利木赞牛♂

杂种一代

全部用于商品生产

图8-1 简单杂交示意图

对于特定地区在开展二元杂交时，应以当地最多的品种、品系作为母本，然后经过杂交试验引进能产生最大特殊配合力的品种、品系作为父本即可。

（二）三元杂交

先用两个品种杂交，产生在繁殖性能方面具有显著杂种优势的母牛，再用第三个品种作父本与之杂交，杂交后代不论公母全部用于商品，以生产经济用途的牛群。

这种三元杂交方式的总杂种优势要超过简单杂交，三元杂交的主要特点是：

（1）利用了二元杂种母牛在繁殖性能方面的杂种优势。

（2）集合了三个品种的差异和三个品种的互补效应，因而在单个数量性状上的杂种优势可能更大，其杂交效果比二元杂交好。

（3）三元杂交需要保持三个纯种品种，并要有杂种一代母牛群，组织工作比二元杂交更为复杂。

有条件的地区可以开展三元杂交。我国陕西杨凌秦宝公司就是利用三元杂交的秦宝牛生产高档牛肉（图8-2）。先利用秦川牛母牛与安格斯公牛杂交，其杂种提高了生长速度，杂种再与和牛杂交，其三元杂种的肉质得以提高。

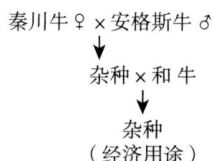

秦川牛♀×安格斯牛♂
↓
杂种×和牛
↓
杂种
（经济用途）

图8-2 三元杂交示意图

（三）轮回杂交

轮回杂交是在经济杂交的基础上进一步发展起来的经济性杂交。这种方式选用两个或两个以上品种的公牛，先用其中一个品种的公牛与本地母牛杂交，其杂种后代的母牛再与另一品种的公牛交配，以后继续交替使用与杂种母牛无亲缘关系的两个品种的公牛交配（图8-3）。各世代的杂种母牛除选留部分优秀者用于繁殖外，其余母牛和全部公牛均供经济利用。

轮回杂交的优点：①一方面利用了各世代的优良杂种母牛，并能在一定程度上保持和延续杂种优势。据研究，两个或三个品种轮回杂交，可分别使犊牛活重增加15％和19％。②除第一次杂交外，母牛始终都是杂种，有利于发挥繁殖性能的杂种优势。③轮回杂交比一般的经济性杂交更经济，因为这种杂交方式只在开始时繁殖一个纯种母牛群，以后只需要每代引入少量纯种公牛，

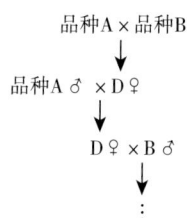

图 8-3　两品种轮回杂交示意图

或利用配种站的种公牛，不需要本场维持几个纯繁群，只饲养杂种母牛群即可，在组织工作上方便得多。④在轮回过程中，也有可能得到结合几个不同品种优良性状的理想型杂种，从而为育成新品种奠定基础。⑤轮回杂交与一般经济性杂交的区别在于各轮回品种在每个世代中都保持一定的遗传比例。由于每代交配双方都有相当大的差异，因此始终能产生一定的杂种优势。⑥只要杂交用的纯种较纯，种群选择合适，这种方式产生的杂种优势不一定比其他方式差。

但这种方式存在的缺点：①代代要变换公牛，即使发现杂交效果好的公牛也不能继续使用。②配合力测定较难。

1. 终端公牛杂交体系

终端公牛杂交体系就是用 B 品种公牛与 A 品种母牛配种，将杂种一代母牛（BA）再用第三品种 C 公牛配种，所生杂种二代，不论公母牛全部育肥出售，不再进一步杂交。这实际上是一种三元杂交，这种停止在最终用 C 品种公牛的杂交，称为终端公牛杂交体系。此种杂交方法可使各品种的优点互补而获得较高的生产性能。其特点是终端群不留种，其繁殖母牛靠前两群供给成年母牛，基础母牛群能专向母性方向选种；可与两品种交叉杂交配套，缩短世代间隔，有利于加速改良进度；能得到最大的犊牛优势和67％的母牛优势。

2. 轮回终端公牛杂交体系

轮回终端公牛杂交体系是轮回杂交和终端公牛杂交体系的结合，即在两个或三个品种轮回杂交的后代母牛中保留45％继续轮回杂交，作为更新母牛群之需；另5％的母牛用生长快、肉质好的品种公牛（终端公牛）配种，后代用于育肥，以期达到减少饲料消耗、生产更多牛肉的效果。采用两品种轮回的终端公牛杂交体系，犊牛平均体重可增加21％，三品种轮回的终端公牛杂交体系可提高24％。

另外，国外肉牛育种呈现出品种选育与杂交体系越来越紧密结合的趋势。为改善牛肉产品，使其具有一致的品质，将父系和母系都考虑在牛遗传改良计划中。为使更多的肉牛生产者参与肉牛育种并尽可能节约时间，有人提出在肉牛育种中建立三系的设想：一系生产在生长、瘦肉产量、肉质方面理想的种牛；二系培育繁殖性能好、能降低肉牛生产成本的种牛；三系培育适合犊牛生产者的、能在犊牛断奶时出售全部犊牛的种牛。

（四）双杂交

用四个品种先分别两两杂交，然后再在两种杂种间进行杂交，产生四元经济用杂种

（图8-4）。其优点是杂种公牛和母牛的优势都可以得到有效的利用；遗传基础更为广泛，可有更多的显性优良基因互补和更多的互作类型，可以利用杂种公母牛的优势，从而产生较大的杂种优势。

这种杂交方式最初用于生产杂交玉米，目前在畜牧业中主要用于鸡和猪。这种杂交模式需要四个纯繁品种和两个单杂交杂种群体，在组织工作上比较复杂。

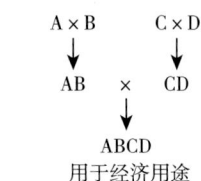

$$A \times B \qquad C \times D$$
$$\downarrow \qquad\qquad \downarrow$$
$$AB \quad\times\quad CD$$
$$\downarrow$$
$$ABCD$$
用于经济用途

图8-4 双杂交示意图

（五）回交

回交是指两个种群杂交，所生杂种母牛再与两个亲本种群之一的杂交，所生杂种后代不论公母一律用作商品群（图8-5）。这种杂交方式的特点是可以利用二元杂种母牛在繁殖性能方面的杂种优势，但是二元杂种的显性效应有一半在回交后因一半基因座的纯合而丧失。

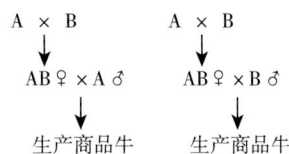

$$A \times B \qquad\qquad A \times B$$
$$\downarrow \qquad\qquad\qquad \downarrow$$
$$AB♀ \times A♂ \qquad AB♀ \times B♂$$
$$\downarrow \qquad\qquad\qquad \downarrow$$
生产商品牛 生产商品牛

图8-5 回交示意图

（六）顶交

近交系公牛与没有亲缘关系的非近交系母牛杂交（图8-6），以结合近交系公牛在主要性能方面的有利显性基因和非近交系母牛在繁殖力等方面的优势，创造比较全面的杂种优势。这种杂交方式的特点是用非近交系作为母本，容易因种群内的纯合程度较差而使后代发生分化，从而难以得到规格一致的产品。

近交系公牛 × 非近交系母牛
$$\downarrow$$
杂种
用于经济用途

图8-6 顶交示意图

顶交方式的优点是收效快、投资少、后代多、成本低。在生产实践中提倡顶交，而不用底交。

（七）底交

利用非近交系公牛与近交系母牛的杂交（图8-7），产生的杂交后代全部用于商品用途。这种杂交方式在鸽子配对交配中经常用到，其特点与顶交杂交方式基本类似，但形式刚好相反。

非近交系公牛 × 近交系母牛
$$\downarrow$$
杂种
用于经济用途

图8-7 底交示意图

三、配合力的测定

（一）配合力的概念

种群通过杂交能够获得的杂种优势的程度和杂交效果叫配合力。配合力的测定是选择最佳杂交组合的必要方法。为了确定种群间杂交效果或所能获得的杂种优势的程度，通过杂交试验进行配合力测定，选择理想的杂交组合。配合力有一般配合力和特殊配合力之分。

1. 一般配合力

一般配合力反映的是一个种群与其他各种群杂交所能获得的平均效果。其遗传基础是基因的加性效应，因为显性效应和上位效应在各杂交组合中有正有负，在平均值中已相互抵消。如果一个品种与其他各品种杂交经常能够得到较好的效果，如秦川牛与许多肉牛品种的杂交效果都很好，说明其一般配合力好。

2. 特殊配合力

特殊配合力反映了两个特定种群之间杂交所能获得的超过一般配合力的杂种优势。其实质是两个种群正交和反交的平均显性效应和上位效应。

实际上，一般配合力所反映的是杂交亲本群体平均育种值的高低，所以一般配合力主要依靠纯种繁育来提高。遗传力高的性状，一般配合力的提高比较容易；反之，则不易提高一般配合力。特殊配合力所反映的是杂种群体平均基因型值与亲本平均育种值之差，其提高主要依靠杂交组合的选择。遗传力高的性状，各组合的特殊配合力不会有多大的差异，而遗传力低的性状则相反。

(二) 配合力测定

一般通过设立全部亲本的纯繁组作为对照，并设置一两个重复，在相同或相似的饲养管理条件下实施杂交试验，进行配合力测定。主要是测定以杂种优势率表示的特殊配合力。

例如，某种动物亲本纯繁群和杂种二代的平均日增重效果如表 8-1 所示。

表 8-1 纯繁群和杂种二代的平均日增重的杂交试验结果

组别	平均日增重（g）
A×A	180.56
B×B	258.85
C×C	225.10
C×AB	278.41

在三品种杂种中，亲本 C 占 1/2 血统，亲本 A、B 各占 1/4 血统。计算杂种优势率：

$$\bar{P} = \frac{1}{4}(180.56 + 258.85) + \frac{1}{2} \times 225.10 = 222.40(\text{g})$$

$$H(\%) = \frac{278.41 - 222.40}{222.40} \times 100\% = 25.18\%$$

四、杂交优势的利用

不同种群（品种、品系或其他种用类群）所产生的杂种后代在生活力、耐受力、抗病力以及繁殖力等方面的表现优于亲本纯繁个体的现象就是杂种优势。就性状而言，是指杂种某一性状的表型值超过双亲该性状平均表型值。如某引进优良牛品种的平均日增重为1 200g，本地牛群体平均日增重600g，两者杂交产生的杂种群体平均日增重1 100g，其杂种优势率：

$$H(\%) = \frac{F_1 - \overline{P}}{\overline{P}} \times 100\% = \frac{1\,100 - 900}{900} \times 100\% = 22.22\%$$

这就表现了平均日增重性状的杂种优势。由于优良显性基因的互补和群体中杂合子频率的增加，从而产生了杂种优势，抑制或削弱另外不良基因的作用，提高了整个群体的显性效应和上位效应。对于动物，整个机体表现为生活力、耐受力、抗病力和繁殖力提高，饲料利用能力增强，生长速率加快。对于数量性状，表现为群体平均表型值提高。对于质量性状，表现为畸形、缺损、致死或半致死现象减少。杂交不一定都产生杂种优势，就像近交未必都会产生近交衰退一样。杂种是否表现杂种优势、在哪方面表现优势、有多大优势，主要取决于杂交用的亲本群体的质量以及杂交组合是否恰当，如果亲本群体缺少优良基因，或亲本群体在主要经济性状上基因频率差异不大，或在主要性状上两亲本群体所具有的非加性效应很小，或发挥杂种优势的饲养管理条件不具备，等等，都不能表现出理想的杂种优势。

杂交有时也会出现不良的效应。由于某些基因间存在负的显性效应，杂交时的基因重组使得这些非等位基因间增加了互作的机会；或者某些等位基因间存在负的显性效应，因而杂合子的基因型值低于两纯合子的平均基因型值，杂种的群体均值反而低于双亲均值，出现杂种劣势现象。但总体看来，杂种优势总是多于劣势。另外，所谓优势是相对的，随着育种目标的变化，判断优劣的标准也随之变化。

（一）杂种优势学说

基因的非加性效应包括显性效应和上位效应，是造成杂种优势的原因。也就是说，杂种优势的产生主要有显性学说、超显性学说、非等位基因间互作的上位学说和遗传平衡学说等。

1. 显性学说

显性学说的主要论点：①显性基因多为有利基因，有害、致病以及致死基因大多是隐性基因。②显性基因对隐性基因有抑制和掩盖作用，从而使隐性基因的不利作用难以表现。③显性基因在杂种群中产生累加效应。如果两个种群各有一部分显性基因而非全部，并且有所不同，则其杂种后代可出现显性基因的累加效应。④非等位基因间的互作会使一个性状受到抑制或者增强，这种促进作用可因杂交而表现出杂种优势。

2. 超显性学说

超显性学说认为杂种优势是等位基因间相互作用的结果。由于具有不同作用的一对等位基因在生理上相互刺激，使杂合子比任何一种纯合子在生活力和适应性上都更优越。据此，设一对等位基因 A、a，则有 Aa＞AA 和 Aa＞aa。Hull 将这一现象称为"超显性"

现象。East 后来进一步认为每一基因座位上有一系列的等位基因，而每一等位基因又具有独特的作用，因此杂合子比纯合子具有更强的生活力。此后，人们还认为基因在杂合状态时可提供更多的发育途径和更多的生理生化特性，因此杂合子在发育上即使不比纯合子更好，也会更稳定一些。

3. 上位学说

由非等位基因之间相互作用产生的效应，称为上位效应或互作效应。也就是说，上位学说认为杂种优势是两个或两个以上非等位基因间相互作用的结果。例如，AA 的效应是30cm，BB 的效应也是 30cm，而 AABB 的总效应则不是 60cm，而可能是 70cm，这多产生的 10cm 效应就是由这两对基因间相互作用所引起的，这叫上位效应。

4. 遗传平衡学说

显性学说和超显性学说在对杂种优势的成因解释上都不是完美和全面的。因为杂种优势往往是显性和超显性共同作用的结果。有时一种效应可能起主要作用，有时则可能是另一种效应起主要作用。也可能在控制一个性状的许多对基因中，有的是不完全显性，有的是完全显性，有的是超显性；有的基因间有上位效应，有的基因间没有上位效应。杜尔宾（1961）认为，杂种优势不能用任何一种遗传原因解释，也不能用一种遗传因子相互影响的形式加以说明。因为这种现象是各种遗传过程相互作用的总效应，因此根据遗传因子相互影响的任何一种方式而提出的假说均不能作为杂种优势的一般理论。尽管其中一些假说，特别是上述两种假说都与一定的试验事实相符，但这些假说都只是杂种优势理论的一部分。近些年来，许多研究和进展都对这一观点给予了更多的支持和佐证。例如，人们在蛋白质、氨基酸序列、DNA 等各种不同的水平上均发现存在有大量多态现象。这种多态现象是维持杂种优势的一个重要因素，它可以增强群体的适应能力，保持群体的生活力旺盛，故可认为是对超显性学说的支持。但随着分子遗传学研究的深入，人们对基因的认识已有很大改变，发现基因间的作用相当复杂，难以明确区分显性、超显性、上位等各种效应。

（二）杂种优势的度量

一般用杂种后代的群体平均值与亲本纯繁时群体均值相比较，来估计或度量杂交效果。

假设群体 A、B 之间杂交，A 为父本、B 为母本，产生杂种 AB，则对任一数量性状而言，杂种优势即为 AB 杂种群体均值超过 A、B 两个亲本群体均值平均的部分，即：

$$H = \bar{y}_{AB} - \frac{1}{2}(\bar{y}_A + \bar{y}_B)$$

其中，H 表示杂种优势，$\bar{y}_{AB}$ 是 AB 的群体均值，$\bar{y}_A$ 为 A 群体的均值，$\bar{y}_B$ 为 B 群体的均值。这一部分也可同两个亲本群体均值的平均相比，我们称之为杂种优势率，具体如下：

$$H(\%) = \frac{H}{\frac{1}{2}(\bar{y}_A + \bar{y}_B)} \times 100\% = \frac{2H}{\bar{y}_A + \bar{y}_B} \times 100\%$$

这是杂种优势和杂种优势率的常用度量方法。但对实际杂交而言，母体效应、性连锁以及父母本群体因选择强度不同导致基因频率差异等，使得同样两个种群间的正交与反交所得到的杂种平均生产性能可能不同。所谓正交和反交，如对 A 为父本、B 为母本的杂交称为正交，则对 B 为父本、A 为母本的杂交称为反交。据上可知，杂种优势和杂种优势率度量了杂种优于亲本群体平均的程度。杂种优势和杂种优势率越高，杂种就越优于亲本。但需要注意的是，杂种的绝对表现既取决于杂种优势，又取决于杂交亲本的纯繁成绩。

（三）提高杂种优势的措施

第一，杂交亲本的选择与提纯是杂种优势利用最基本的环节。亲本群体越纯，杂交双方基因频率之差越大，杂种的基因组合产生的非加性效应越大，杂种优势越明显。因此，亲本的纯度和质量直接影响杂交的效果。

第二，选择最佳杂交组合是杂种优势利用的关键环节。通过配合力测定，选出品种或品系间的最佳杂交组合，确定本地区杂种优势利用的主要配套品种或品系。

第三，建立专门化品系或杂交繁育体系。

（四）杂种优势现象在生产上的意义

杂种优势现象在畜牧业中引起了人们的很大注意。我国劳动人民早在 2 000 多年前就利用驴和马杂交产生骡。这种种间杂交出的骡具有比驴、马都更优的耐力和役用性能，因而即使它有不能繁殖的严重缺点，人们还是非常喜欢饲养。在 1 400 多年前，贾思勰著的《齐民要术》一书中，已经对这一项重大的群众经验做出了正确的文字总结。种内的品种间杂交在我国也开展得很早，在汉唐时期就从西域引进良马，与本地母马杂交产生优美健壮的杂种马，并总结出"既杂胡种，马乃益壮"的宝贵经验。

近代育种学在杂种优势利用方面更有巨大的发展。1909 年沙尔（G. H. Shull）首先建议在生产上利用玉米自交系杂交。1914 年他又提出"杂种优势"（heterosis）这一术语。以后又经过许多人的努力，玉米杂种优势利用无论在理论上或生产上都取得了完整的、系统的成就。在玉米杂交系的启示下，近半个世纪来，在畜牧业，特别是在肉牛等肉用畜牧业中，利用杂种优势开展了普遍而深入的研究。最近 20 年进展非常显著，一些畜牧业先进的国家中，百分之八九十的商品猪肉产自杂种猪，肉用仔鸡几乎全是杂种，肉牛、肉羊、蛋鸡等也都广泛利用杂种优势，其他畜产部门也在探索杂种优势的途径。杂种优势利用已成为现代工厂化养殖业的一个不可短缺的环节，在方法上也日趋精确与高效，已由一般的种间或品种间杂交，发展成系间杂交的现代化体系。

五、杂交亲本的选择

杂交亲本应按照父本和母本分别选择，两者的选择标准不同，要求也不同。

（一）母本的选择

（1）在本地区数量多、适应性强的品种或品系作为母本。因为母本需要的数量大，种畜来源问题很重要；适应性强的容易在本地区基层推广。

（2）应选择繁殖力高、母性好、泌乳能力强的品种或品系作母本。这关系着杂种后代在胚胎期的成活和发育，因而影响杂种优势的表现，同时与杂种生产成本的降低也有直接关系。

（3）在不影响杂种生长速度的前提下，母本的体格不一定要求太大，体格太大浪费饲料。目前有些国家选用小型鸡作为杂交母本。我国也已重视仙居鸡的选育，这种鸡体型小、产蛋多，是一个理想的杂交母本。

（二）父本的选择

（1）应选择生长速度快、饲料利用率高、胴体品质好的品种或品系作为父本。具有这些特性的一般都是经过高度培育的品种，如夏洛来牛、利木赞牛、安格斯牛等，或者精心选育的专门化品系。这些性状的遗传力较高，种公畜的这些优良特性容易遗传给杂种后代。

（2）应选择与杂种所要求的类型相同的品种作父本。如要求肉用牛时，应选择肉用型品种作父本；要求生产高档牛肉，则应选择日本和牛作父本。有时也可选择与母本相反的类型以生产中间型的杂种牛。

（3）适应性和种畜来源问题可放在次要地位考虑，因为父本饲养数量较少，适当的特殊照顾所需费用不大。因而一般多用外来品种作为杂交父本。

六、杂交效果的预测

（一）影响杂交效果的因素

1. 种群间的遗传差异
种群间的遗传差异越大，杂种优势也就可能越大。

2. 性状的遗传力
遗传力低的性状，受非加性基因效应（包括显性效应和上位效应）影响的程度就越大；随着杂交带来的杂合子比例的增加，杂种优势也就越明显。

遗传力高的性状，主要受基因的加性效应影响，因此即使杂交使得杂合子比例增高，也不会带来很大的杂种优势。

3. 种群的整齐度
反映种群成员的纯合性，进而在一定程度上反映不同群体间的遗传差异性。整齐度高的种群，杂交效果也一般较好。

4. 母体效应
杂种后代除受遗传的影响外，还受到环境的影响。就环境的影响而言，一大部分来自母体在产前产后对后代提供的生活条件，即母体效应。母体效应在不同的种群中也是不同的，因而最终的经济效益也不同。

5. 父母组合杂种优势

父本与母本有时对利润的贡献不相等，因此父母杂交组合的利润不等于父母本的平均数。因此，父母本的杂交组合选种很重要。

（二）杂种生产性能预测

1. 利用分子、生化或者数量性状的遗传距离预测

遗传距离法估计群体间的差异程度，以此来估计杂种优势的可能趋势。一般两个品种间的遗传距离越大，杂种生产性能表现得优势越显著。

2. 利用配合力等参数预测

一般配合力、特殊配合力参数高的品种间的杂交，其杂种的生产性能就会高，反之就较低。因此在确定杂交组合时，可以根据配合力，特别是特殊配合力确定其杂交品种，以保证杂种具有较高的生产性能。

（三）提高杂种优势利用效果的途径

1. 认真做好组织工作

目前有许多地方在黄牛杂交改良上，存在多个著名的肉牛品种，使用哪一个品种交配随意性很大，缺少统一的计划，可能会导致杂交优势的丧失。因此，畜牧相关部门应根据当地牛群的情况，认真做好组织工作，制定统一计划，积极推广、建立健全繁育体系。

2. 大力开展系间杂交

在有条件的地方，可以开展品系选育，加快遗传进展，开展品系杂交，提供生产性能。

3. 合理利用好现有杂种

我国许多地区已进行多年的黄牛改良，有些地方几乎找不到纯种，但存在大量的杂种母牛，由于各地黄牛改良使用的优秀公牛品种不同，其存在的杂种群体遗传基础也不相同。因此更应在遗传分析的基础上，确定进一步杂交使用的优秀品种，使其一直保持有利的杂种优势。

七、运用杂交应注意的问题

根据我国多年来黄牛改良的实际情况及存在问题，为使杂交达到预期目的，生产实践中运用杂交方法应注意如下问题。

（1）为小型母牛选择配种的种公牛时，种公牛体重不宜太大，防止发生难产。一般要求两品种成年牛的平均体重差异是种公牛不超过母牛体重的30%～40%。大型品种公牛与中小型品种母牛杂交时，不选初配者，而选经产母牛，以防止发生难产。

（2）防止改良品种公牛中同一头牛的冷冻精液在一个地区使用过久（3～4年以上），防止近交带来不良后果。

（3）在利用杂种优势的同时，要保护好本地的品种。在地方良种黄牛保种区内，严禁引入外来品种牛进行杂交。

（4）杂交要与合理的选配制度相结合，一定要选择配合力好的公母牛进行交配。

（5）对杂种牛的优劣评价要有科学态度，特别应注意营养水平对杂种小牛的影响。良种牛需要较高的日粮营养水平以及科学的饲养管理方法，才能取得良好的改良效果。

（6）对于总存栏数很少的本地黄牛品种，若引入外血或与外来品种牛杂交，应慎重从事，最多不要用超过成年母牛总数1‰～3‰的牛杂交，而且要严格管理。

（7）对改良起步较早的省份，应有计划地开展二元、三元、四元轮回杂交，生产高质量的商品肉牛。对一些级进杂交牛群，应适时横交固定，尽快培育出适合当地自然、经济条件的肉牛新品种（品系）。

第三节　提高黄牛养殖经济效益的措施

相比其他国家的肉牛，我国地方黄牛的品种资源丰富，更具有得天独厚的经济价值，比如鲁西牛牛肉风味一绝（董运起等，2020）、秦川牛体格庞大肌肉充足（伏棋画，2023）、草原红牛肉品质高（王天禹，2023），构成了富有天南海北地方特色的农产品画卷。值得注意的是，黄牛在我国的许多地区不仅是农业生产的一部分，也是当地文化和历史的重要组成部分。保护黄牛遗传资源也是对传统文化和生物文化遗产的尊重与保存。当前国内部分品种黄牛的生产性能低下，同时一些地区的养殖技术和管理方式较为落后，科学的种质资源管理和杂交改良措施匮乏直接增加了黄牛的养殖成本，严重影响整个行业的经济效益（王文震，2024）。为了提高中国黄牛种质资源的利用效率和行业经济效益，需要从以下各方面进行改进和优化。

一、遗传资源的评估与利用

黄牛作为中国最为重要的畜禽资源之一，五千年历史中的每一步都有黄牛脚印，其遗传多样性更是数千年华夏大地气候变迁选择和中国人聪明才智驯化的结果，黄牛的遗传资源中蕴含着对我国庞大面积中丰富的生态环境相匹配的适应性基因（陈宁博等，2020）。黄牛遗传的多样复杂为未来品种改良、疾病抵抗能力提升以及应对气候变化挑战奠定了基础。

谈到遗传资源就离不开对品种遗传情况的评估，识别出的优良性状可以作为遗传改良的起点，通过有目标的选育，培育出生长快、抗病力强、肉质好等综合性能更优的新品种，提升中国黄牛的产品质量和经济效益。需收集目标群体的历史记录、地理分布、生态习性、生产性能等基础信息，构建详细的数据档案。记录既可以通过直接观察和测量牛只的各种性状，如体形大小、生长速度、产肉量、产乳量、繁殖性能、抗逆性（如抗病、耐寒、耐热）等（刘爽等，2023），初步筛选出表现优异的个体或品系；也可以利用分子生物学技术，如微卫星标记（SSR）（夏小婷，2018）、单核苷酸多态性（SNP）（黄永震，2010）分析等，对黄牛群体进行遗传多样性分析和亲缘关系鉴定。结合表型数据、遗传标记信息及性能测试结果，对个体和群体进行统计学分析，识别出具有高遗传价值和优良性状的黄牛，并基于分析结果，制定选育策略，进行有目的的遗传改良，保留和扩大优秀基因资源。

根据市场需求和养殖条件合理利用遗传资源，是一种高效提升黄牛养殖效益的策略。首先应该考虑当地的自然资源、气候条件、饲料资源、劳动力成本等因素，选择或培育适合当地环境的品种或杂交组合。例如，在饲料资源丰富的地区，可选食量大、生长速度快的品种（张林达等，2022）；而在干旱或寒冷地区，则需考虑耐粗饲、受温度影响小的品种（李雪峰，2023）。然后通过科学的杂交育种，可以结合不同品种的优点，比如利用本地品种的适应性和外来品种的高产、优质特性，创造出既适应当地环境又具有较高经济价值的新品种或杂交后代。例如，云岭牛是利用引进的婆罗门牛和莫累灰牛与云南本地母牛杂交产生的品种，以此可提高当地肉牛的生长速度和产肉性能（高月娥等，2017）。

二、遗传资源的快繁技术与创新

利用遗传评估和现代繁殖技术如人工授精和胚胎移植来提高繁殖率和遗传品质，是现代畜牧业提高效率和产能的重要手段。

人工授精技术使得优秀种公牛的精液可以跨越地域限制，广泛应用于不同地区的母牛，大大扩展了优秀遗传资源的应用范围，促进了优良基因的快速传播和扩散。通过精确控制配种，人工授精可以促进不同遗传背景的种畜间杂交，增加后代的遗传多样性，为种质创新提供了更多的遗传材料和可能性。与分子生物学技术结合，人工授精技术能更精准地实施基因组选择，即根据遗传标记信息选择携带特定有利基因的精液进行授精，精准提升后代品质。

胚胎移植是从一头优秀的母牛身上回收多个胚胎，这些胚胎可以移植到其他受体母牛体内，使优秀母牛的繁殖潜力得到极大发挥，而不受其自身妊娠和哺乳周期的限制。胚胎移植可以在较短时间内快速增加具有优良遗传特性的后代数量，与自然繁殖相比，胚胎移植可以更精确地控制配种时间和条件，提高受孕率和妊娠成功率，尤其是在那些自然繁殖效率低下的情况下更为明显，这对于快速建立或扩大优良种群、保存濒危品种具有重要意义。与其他育种技术相比，胚胎移植选择性地移植特定性别胚胎（如在畜牧业中偏好雄性或雌性后代），可以人为调控种群性别比例，优化种群结构，满足特定市场需求或繁殖计划（魏成斌等，2009）。

三、遗传资源的适应性培养

针对特定环境条件培育适应性强的品种是黄牛遗传改良的一个重要方向，旨在通过遗传学和现代生物技术手段，创造出更能抵御极端气候和环境压力的现代品种。首先，可以通过全基因组关联研究（GWAS）、转录组学和代谢组学等高通量技术，识别与耐热、耐寒、耐旱等性状相关的基因或基因变异。然后，通过基因编辑、分子标记辅助选择（MAS）等方法，将这些有利基因导入目标品种中（李柏森，2020）。当前研究利用传统育种技术，将不同来源的遗传资源通过杂交和多代回交，结合分子标记监控，逐步积累并固定有利基因，最终获得综合多种适应性状的新品种。或者根据不同地区具体的气候和环境特点，选择或培育最适合当地条件的品种，成功实现因地制宜。

利用遗传资源培育抗病性强的黄牛品种也是黄牛遗传改良的一个重要方向。一方面，抗病性强的黄牛品种能够有效抵抗常见疾病，降低治疗药物和兽医服务的成本；另一方面，培育抗病品种可以有效保护和利用本地黄牛遗传资源，防止优良遗传特性的流失，维持生物多样性，并为未来可能面临的疾病挑战提供遗传解决思路（黄金田，2023）。长期来看，培育抗病性强的黄牛品种能够提升整个产业链的效率和利润，带动农村经济发展，增加整个行业的经济效益。

四、遗传资源的国内外市场效益

中国黄牛遗传资源的丰富多样性为针对市场需求的品种改良提供了宝贵的基因库，借助遗传评估和分子育种技术，可以筛选出具有高产奶量、高肉质、耐粗饲、抗逆性强等符合市场弹性曲线的基因，培育出适应经济发展需求的新品种，从而提高中国黄牛生产性能和全球的市场竞争力。具有特色的黄牛品种，如被列入国家畜禽遗传资源名录的江城黄牛，不仅在国内市场有稳定的消费群体，也能吸引国际买家的兴趣，其高品质的黄牛肉及奶制品出口到海外市场，增加外汇收入，拓展国际市场空间（念萌，2023）。

许多地区依托本地黄牛遗传资源，发展特色畜牧业，如打造地理标志产品，通过品牌化经营提升产品附加值。同时黄牛在中国传统文化中占有重要地位，一些地区通过挖掘黄牛文化，结合地方节庆、民俗活动，打造特色文化品牌，进一步提升产品文化内涵和市场吸引力。开发具有地方特色的黄牛肉品牌，并以乡村旅游、农家乐等形式，促进农业与工业融合发展，改善农村条件，进一步提高行业经济效益。例如，江西省赣州市龙南县九连山黄牛石云雾农家乐、广西玉林市兴业县山心镇龙兴村的黄牛里旅游度假山庄，均是依托于丰富的自然资源和农业生态、提供餐饮住宿等服务的度假区。

▌本章小结

本章围绕中国黄牛遗传资源的开发与利用，比较详细地分析了中国地方黄牛目前种群现状，在此基础上提出了利用现有杂交群体培育新品种、对现有纯种黄牛群体进行选育以及利用现代生物技术对黄牛遗传资源进行种质创新的理论、技术和方法。同时，阐述了中国黄牛遗传资源的高效杂交利用的理论和技术，包括杂交的作用、经济性杂交的类型、配合力的测定、杂交优势的利用、杂交亲本的选择、杂交效果的预测、杂交中应注意的问题等。此外，还阐述了在中国黄牛遗传资源的开发与利用中如何提高黄牛养殖经济效益的措施，包括遗传资源的评估与利用、遗传资源的快繁技术与创新、遗传资源的适应性培养和遗传资源的国内外市场效益。综上，本章为中国黄牛遗传资源的有效开发与高效利用，促进中国牛业的健康、绿色、可持续发展奠定了重要的理论基础。

参考文献

陈宏，2006. 解决我国肉牛产业种源问题的基本思路［J］. 中国畜禽种业（10）：10.

陈宏，2020. 基因工程［M］. 北京：中国农业出版社.

陈宏，2022. 细胞遗传学［M］. 北京：科学出版社.

陈宏，2023. 动物遗传繁育原理与方法［M］. 北京：科学出版社.

陈宏，2023. 中国黄牛遗传学［M］. 北京：科学出版社.

陈宏，孙维斌，2004. 肉牛分子育种研究进展. Animal Biotechnology Bulletin，9（2）：261-266.

陈宏，张英汉，2002. 秦川牛肉用选育及其技术策略［J］. 黄牛杂志，28（2）：1-4.

陈早，2022. 肉牛品种改良和人工授精技术的思考［J］. 中国动物保健，24（12）：85-86.

董运起，张在华，任孝斌，等，2020. 鲁西黄牛肉牛育种创新及产业化技术推广情况分析［J］. 山东畜牧兽医，41（2）：33-35，38.

伏棋画，2023. 蛋白质ADP核糖基化对秦川牛肉嫩度的影响［D］. 银川：宁夏大学.

高月娥，王馨，刘彦培，等，2017. 云岭牛、婆罗门牛、中甸牦牛肉的矿物质含量及其营养价值评价［J］. 中国牛业科学，43（6）：12-16.

黄金田，2023. 犊牛牛呼吸道合胞体病的病理学研究及病毒全基因的遗传进化分析［D］. 呼和浩特：内蒙古农业大学.

黄永震，2010. 黄牛NPM1、SREBP1c基因的克隆、SNPs检测及其与生长性状的关系［D］. 杨凌：西北农林科技大学.

李柏森，2020. 安格斯牛与抗旱王牛及其杂交后代间耐热性能和白细胞转录组差异分析［D］. 重庆：西南大学.

李雪峰，2023. Myostatin基因编辑蒙古牛季节表型组和转录组研究［D］. 呼和浩特：内蒙古大学.

刘爽，贺丽霞，马钧，等，2023. 固原黄牛遗传背景及其体尺指数、肉用指数分析［J］. 畜牧兽医学报，54（6）：2376-2388.

念萌，2022. 云南省江城县黄牛产业发展情况［J］. 农村实用技术（9）：25-27.

王天禹，2023. 大麦日粮对中国草原红牛肉品质的影响及CPT1B基因分析［D］. 长春：吉林农业大学.

王文震，2024. 牛规模化饲养管理中存在的问题及对策［J］. 中国动物保健，26（5）：87-88.

魏成斌，施巧婷，徐照学，2009. 河南省牛胚胎移植技术研究与应用进展［J］. 河南农业科学（9）：200-202.

夏小婷，2018. 中国黄牛Y-SNPs和Y-STRs遗传多样性及父系起源研究［D］. 杨凌：西北农林科技大学.

张林达，马金萍，王霞，等，2022. 威宁黄牛饲养管理及粗饲料使用情况分析［J］. 当代畜牧（2）：24-26.

Boyer H W，Chow L T，Dugaiczyk A，1973. DNA substrate site for the EcoRII restriction endonuclease and modification methylase [J]. Nature：New biology，244（132）：40－43.

Cohen S N，Chang A C，Boyer，H W，et al，1973. Construction of biologically functional bacterial plasmids in vitro [J]. Proceedings of the National Academy of Sciences of the United States of America，70（11）：3240－3244.

Watson J D，Crick F H，1953. Molecular structure of nucleic acids：a structure for deoxyribose nucleic acid [J]. Nature，171（4356）：737－738.

（蓝贤勇 陈宏 黄永震）

第九章
中国黄牛品种简介

第一节　中国黄牛地方品种

1. 秦川牛

秦川牛（Qinchuan cattle）属大型肉役兼用型品种（图 9 - 1），中国五大黄牛品种之一。产于陕西八百里秦川的关中平原而得名。该品种全身被毛细致光泽，多为紫红色和红色，眼圈及鼻镜为肉色。角短而细致，多向外下或后方稍弯曲。体型大，各部位发育均衡，骨骼粗壮，肌肉丰满，体质强健；前躯发育良好，胸部深宽，四肢粗壮结实。成年公牛体高 138～145cm、体重 580～680kg，成年母牛体高 124～131cm、体重 380～450kg。秦川牛肉用性能良好，易于育肥，肉质细致，瘦肉率高，大理石纹明显。18 月龄育肥牛平均日增重为 550～700g，平均屠宰率达 58.3%，净肉率 50.5%（莫放，2010）。

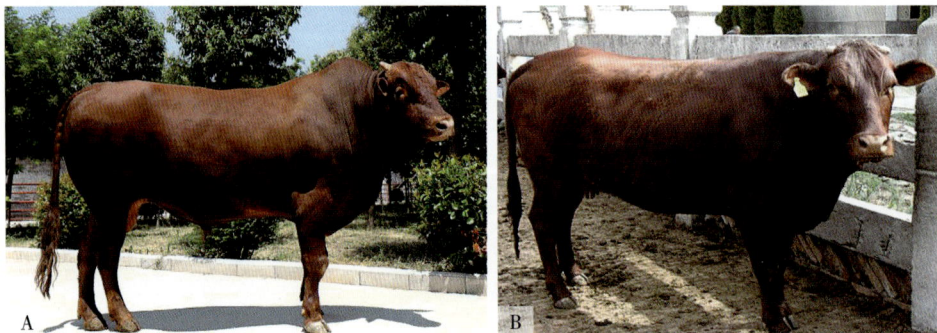

图 9 - 1　秦川牛
A. 秦川牛（♂）　B. 秦川牛（♀）

2. 南阳牛

南阳牛（Nanyang cattle）属大型肉役兼用型品种（图 9 - 2），中国五大良种黄牛之一。主产于河南省南阳市唐河、白河流域的广大平原地区。毛色分黄、红、草白三种，黄色为主。公牛角基较粗，以萝卜角和扁担角为主；母牛角较细短，多为细角、扒角、疙瘩角。该牛体躯高大，力量强大而持久，肉质细，香味浓，大理石花纹明显，皮质优良。其役用性能、肉用性能及适应性能俱佳。成年公牛体高 150cm、体重 577kg，2 岁母牛平均体高 127.5cm、体重 360～396kg。经过育肥，日增重 0.6～0.9kg，屠宰率 53％～65％，净肉率 43％～57％，眼肌面积公牛 90cm²、母牛 80cm²（张沅等，2011）。

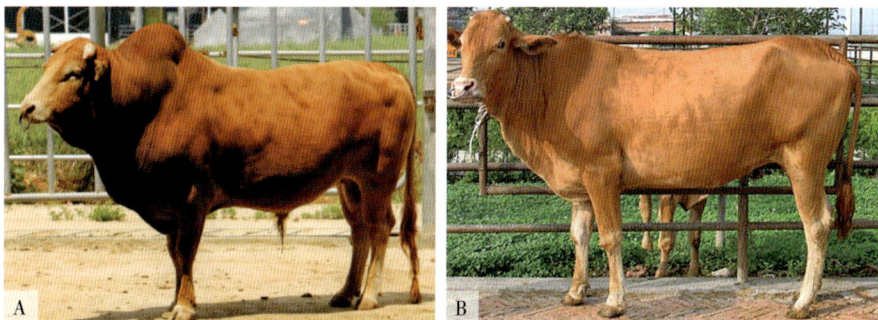

图 9 - 2　南阳牛
A. 南阳牛（♂）　B. 南阳牛（♀）

3. 鲁西牛

鲁西牛（Luxi cattle）属大型肉役兼用型品种（图 9 - 3），中国五大良种黄牛之一。主产于山东省菏泽和济宁两地。被毛淡黄或棕红色，眼圈、口轮为粉色。公牛多平角或龙门角；母牛角形多样，以龙门角较多。该牛体躯高大，身稍短，骨骼细，肌肉发达，侧面观察为长方形。公牛后躯发育较差，尻部肌肉不够丰满，体躯呈明显前高后低的前胜体型。母牛后躯发育较好，尻部稍倾斜。尾毛常扭成纺锤状，挽力大而能持久。成年公牛平均体高 147cm、体重 512.5kg，成年母牛平均体高 136.7cm、体重 470.9kg。性情温驯，肌纤维细，肉质良好，大理石状花纹明显。成年牛平均屠宰率 58.1％，净肉率 50.7％，眼肌面积 94.2cm²（刘进新，1998）。

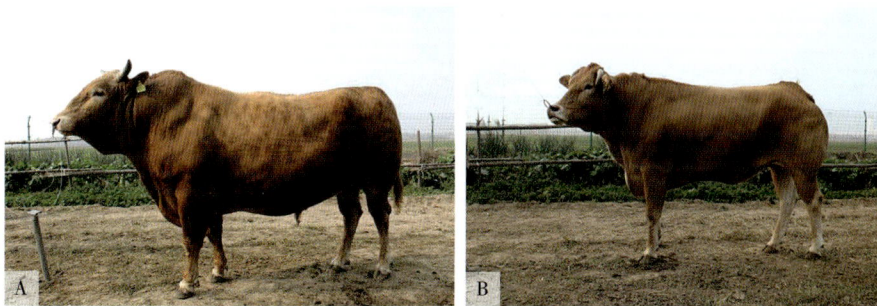

图 9 - 3　鲁西牛（高翔提供）
A. 鲁西牛（♂）　B. 鲁西牛（♀）

4. 晋南牛

晋南牛（Jinnan cattle）属大型肉役兼用型品种（图 9 - 4），中国五大良种黄牛之一。产于山西省的晋南盆地，包括运城市的万荣、河津、临猗、永济、夏县、闻喜、芮城、新绛等地。毛色以红色为多，其次是黄色，被毛富有光泽。公牛角圆形，角根粗，母牛角多扁形，向上方弯曲。颈较粗而短，垂皮比较发达，前胸宽阔，肩峰不明显，臀端较窄，蹄大而圆。成年牛前躯较后躯发达，适应性能良好，抗病力强，耐苦、耐劳、耐热、耐粗饲。成年公牛体高 138.66cm、体重 607.4kg，成年母牛体高 117.4cm、体重 339.4kg。2 岁牛平均屠宰率 55%～60%，净肉率 45%～50%，眼肌面积公牛 83cm²、母牛 68cm²（张沅等，2011）。

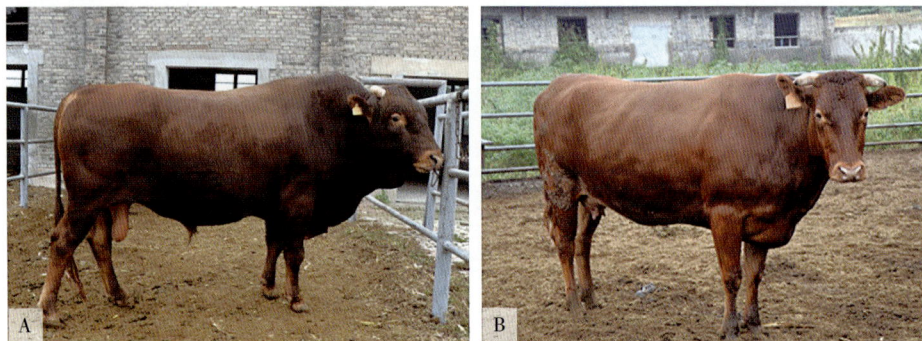

图 9-4　晋南牛
A. 晋南牛（♂）　B. 晋南牛（♀）

5. 延边牛

延边牛（Yanbian cattle）属大型肉役兼用型品种（图 9-5），中国五大良种黄牛之一。主产于吉林省延边、黑龙江省、辽宁省及沿鸭绿江一带。毛色多呈浓淡不同的黄色，鼻镜一般呈淡褐色，带有黑点。公牛角基粗大，多向后方伸展，成一字形或倒八字角，颈厚而隆起，肌肉发达。母牛角细而长，多为龙门角。延边牛耐寒，耐粗饲，抗病力强；性情温驯，持久力强。成年公牛体高 130.6cm、体重 465.5kg，成年母牛体高 121.8cm、体重 365.2kg。屠宰率 57.7%，净肉率 47.23%。泌乳期 6～7 个月，一般牛产乳量 500～700kg，乳脂率 5.8%～6.6%（张沅等，2011）。

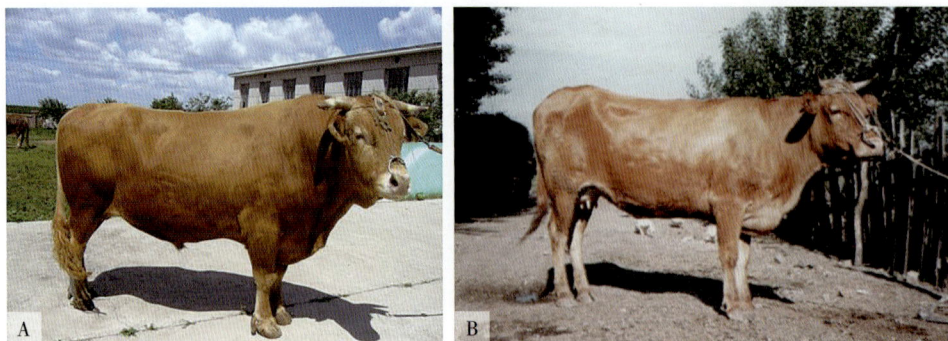

图 9-5　延边牛
A. 延边牛（♂）　B. 延边牛（♀）

6. 冀南牛

冀南牛（Jinan cattle）属中等肉役兼用型品种（图9-6）。主产于河北省南部平原的大名、魏县、临漳、成安、馆陶、临西、威县、广宗、平乡等县。毛色多呈黄褐色，少数牛只有黧色；成年公母牛均有角，稍扁，长十余厘米。冀南牛体型中等，结构紧凑匀称，骨骼坚实粗大，体躯稍长，背较平直，尻部稍倾斜，四肢粗壮。肌肉发育良好，皮肤薄而富弹性，毛短而稀疏。鼻镜、眼睑、乳房呈粉红色，蹄壳以灰褐色为主。公牛前胸发达，肩峰突起。母牛体型较清秀，后躯稍高于前躯。成年公牛体高127.7cm、体重374kg，成年母牛体高115.2cm、体重288kg。冀南牛适应性强，耐粗饲。

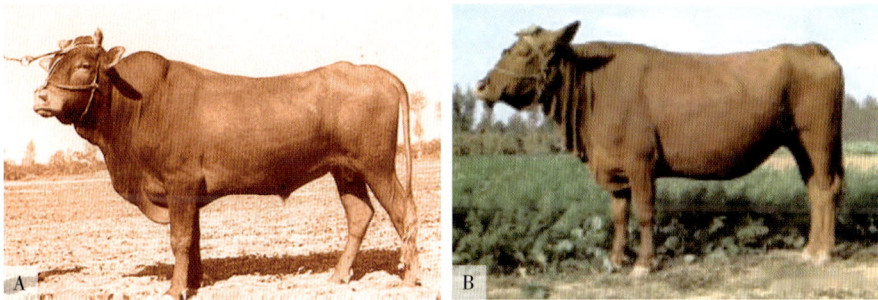

图9-6　冀南牛
A. 冀南牛（♂）　B. 冀南牛（♀）

7. 太行牛

太行牛（Taihang cattle）属肉役兼用型品种（图9-7），分布于河北省西部太行山区20余个县。被毛为深浅不一的黄色为主，其他为狸色和黑色。角一般对称，以迎风角多见，其次为扁担角，角根较粗，有少数牛为铃铃角。体型较小，体质结实，稍粗糙。公牛头部较粗重，母牛头部清秀，额部扁平，母牛腹围稍大但乳房不发达。尻部倾斜，尾长过飞节。成年公牛体高104.2cm、体重280kg，成年母牛体高103.1cm、体重200kg。成年牛经春、秋两季放牧后，屠宰率46%～50%，净肉率37%～40%。

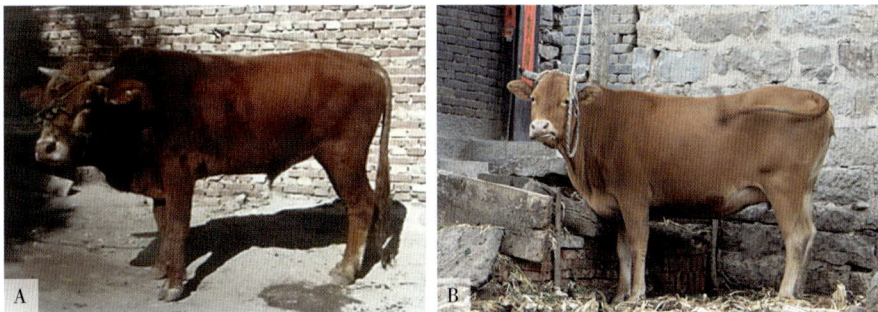

图9-7　太行牛
A. 太行牛（♂）　B. 太行牛（♀）

8. 平陆山地牛

平陆山地牛（Pinglu mountain cattle）属肉役兼用型品种（图 9 - 8），主产于山西省平陆县。毛色以黄色和红色为主。角中等长、一般向前上方弯曲，多呈龙眉形。平陆山地牛依体型外貌特征分为两类：一类是背腰较长的"爬山虎"，另一类是背腰较短的"圪垯牛"，以"爬山虎"类型为主。胸部发达，尻部宽平，臀部圆深，后躯发育良好，肌肉较充实。四肢较短，端正结实，蹄坚硬耐磨。成年公牛平均体高 116.9cm、体重 325.0kg，成年母牛平均体高 109.2cm、体重 268.0kg。育肥牛日增重 736.3g，成年牛屠宰率 53.5%，净肉率 46.9%，眼肌面积 74.7cm^2。

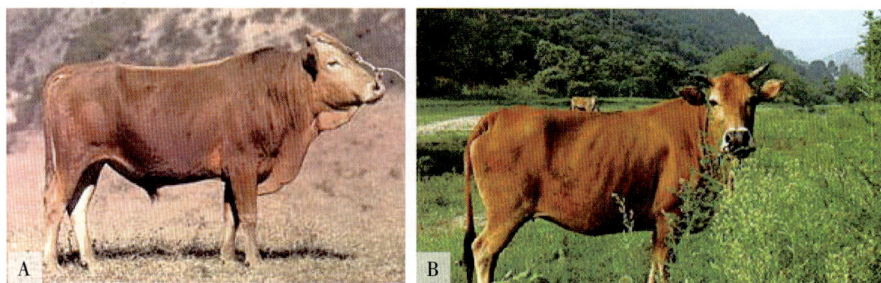

图 9 - 8 平陆山地牛
A. 平陆山地牛（♂）　B. 平陆山地牛（♀）

9. 蒙古牛

蒙古牛（Mongolian cattle）属乳肉役兼用型品种（图 9 - 9）。原产于蒙古草原地区，现分布在内蒙古和黑龙江、吉林、辽宁等周边的地区，以放牧为主。毛色多为黑色或黄（红）色。角形不一，多向内稍弯。皮肤厚而少弹性。颈短，垂皮小。鬐甲低平，胸部狭深。后躯短窄，尻部倾斜。背腰平直，四肢粗短健壮。成年公牛体高 119.9cm、体重 349.3kg，成年母牛体高 113.6cm、体重 291.1kg。乳房匀称且较发达，年平均产奶量 500～700kg，乳脂率 5.26%。产肉性能依产区牧草和季节等情况相差悬殊，中等营养水平阉牛平均宰前重 376.9kg，屠宰率 53.0%，净肉率 44.6%，眼肌面积 56.0cm^2。役用能

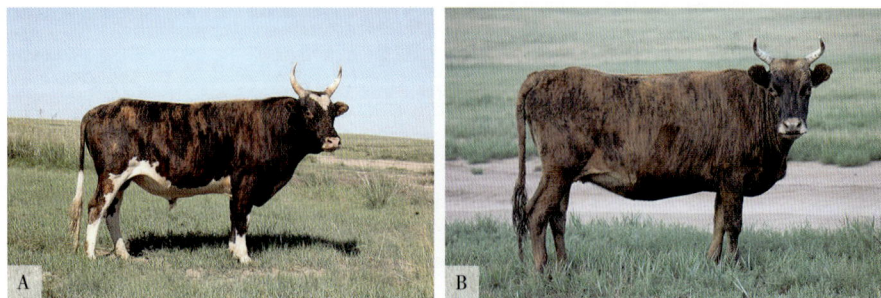

图 9 - 9 蒙古牛
A. 蒙古牛（♂）　B. 蒙古牛（♀）

力较大且持久力强，耐粗饲，耐严寒，耐热，抗病力强，适应性强。

10. 复州牛

复州牛（Fuzhou cattle）属肉役兼用型品种（图9-10）。主产于辽东半岛中部西侧的瓦房店市。被毛为黄、浅红两色，鼻镜呈肉色，角蹄呈棕色及灰白色透明。角中等长，呈圆筒型向前上方伸展。成年公牛躯干广深，背腰平直，胸部深宽，前躯发达，颈与肩峰粗壮隆起，垂皮发达、皱褶明显，脑门有卷毛分布。母牛角较细，多呈龙门角状，成年母牛乳房丰满，奶盘大。后躯欠丰满、尻部短而斜。成年公牛体高147.8cm、体重764kg，成年母牛体高128.5cm、体重415.0kg。体型大，四肢健壮，挽力较强，耐粗饲。平均屠宰率60.3%，净肉率50.2%，肉骨比5，眼肌面积98.6cm^2。

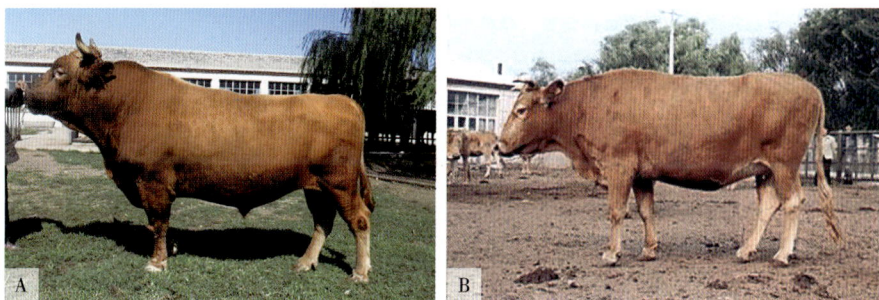

图9-10 复州牛
A. 复州牛（♂）　B. 复州牛（♀）

11. 徐州牛

徐州牛（Xuzhou cattle）属肉役兼用型品种（图9-11），主产于江苏省徐州的西北部和东部，古淮河的支流泗水、沂水、沭水的下游。被毛短密，多浅黄色，少数赤褐色和黑色。头型清秀，鼻镜灰黑色。角呈扁圆形，琥珀色，多向前环抱称龙门角，少数角向外侧平展。公牛颈粗短，母牛颈较细长，垂皮不发达，肩峰不明显，尾较长并垂至飞节。该牛役用性能良好，成年公牛平均体高127cm、体重383kg，成年母牛平均体高123cm、体重342kg。屠宰率52%，净肉率42.5%。由于该品种已引入多品种杂交，目前已经濒危，数量很少。

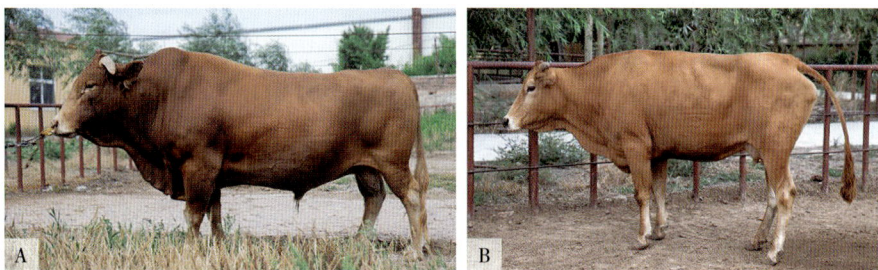

图9-11 徐州牛（房兴堂提供）
A. 徐州牛（♂）　B. 徐州牛（♀）

12. 温岭高峰牛

温岭高峰牛（Wenling humped cattle）属肉役兼用型品种（图 9-12），产于浙江省温岭县，含有瘤牛血统。毛色为黄色或棕黄色，尾帚为黑色；体格矮小，肢细而短，行动敏捷，适于山区放牧；公牛头大额宽，眼球凸露，耳向前竖立，颈粗而垂皮发达，颈部有皱褶，具有高耸的尖峰；耐粗饲；耐潮湿、炎热，抗蜱。公牛平均体高 128.2cm、体重 423.0kg，母牛平均体高 114.2cm、体重 289.5kg。阉牛最大挽力为体重的 95.3%；母牛最大挽力为体重的 75.3%。3 岁阉牛屠宰率 51.04%，净肉率 46.27%，肉骨比 5.95，眼肌面积 69.28cm²。肉质细，风味好。

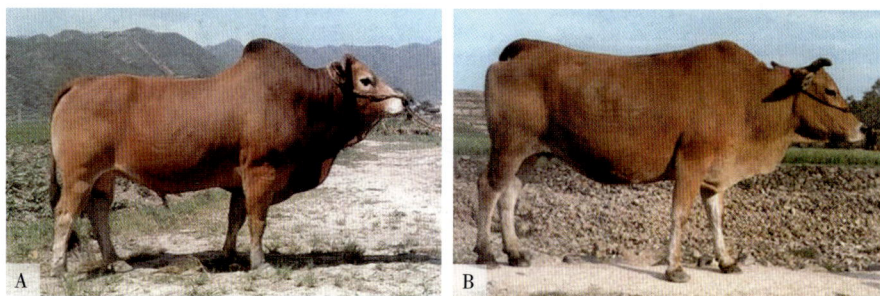

图 9-12 温岭高峰牛
A. 温岭高峰牛（♂） B. 温岭高峰牛（♀）

13. 舟山牛

舟山牛（Zhoushan cattle）属肉役兼用型品种（图 9-13），主产于浙江省舟山市定海县。全身被毛黑色，且毛短而富光泽。是我国南方体格较大、结构良好、使役年限长、役力较强的优良地方品种。舟山牛头短，额上有旋，角的基部呈方扁形且细小，尖端比基部略粗大，呈圆钝状。公牛角长，角形不一，垂皮发达，长约 30cm。背腰平直，后躯发达。公牛肩峰高耸，臀部丰满；母牛肩峰稍隆起。四肢粗长有力，后肢略高。成年公牛平均体

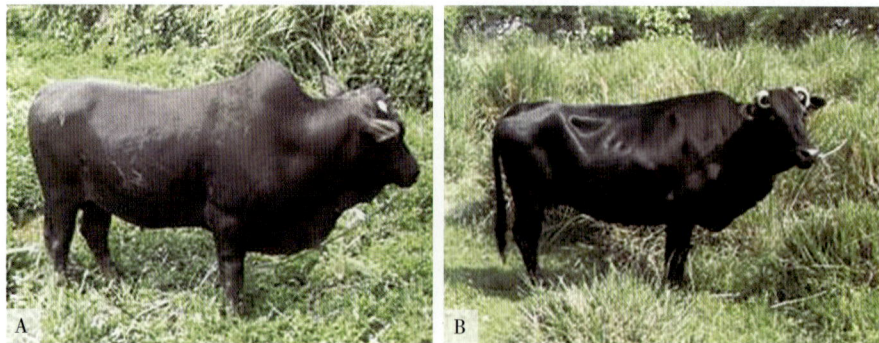

图 9-13 舟山牛
A. 舟山牛（♂） B. 舟山牛（♀）

高134.8cm、体重441.0kg，成年母牛平均体高122.4cm、体重336.4kg。近年来，由于多种原因造成该品种数量大幅度下降（张沅等，2011）。

14. 大别山牛

大别山牛（Dabieshan cattle）属肉役兼用型品种（图9-14），主产于湖北省的黄陂、大悟、英山、罗田、红安、麻城和安徽省的金寨、霍山、岳西、六安、舒城、桐城、潜山、太湖、宿松等地。被毛黄色为主，其次是褐色，少数为黑色。腹下、四肢、尾部毛色稍浅呈粉色。鼻镜肉红色，黑色或红黑相间。角形多样，肩峰明显，多为肥峰型，垂皮发达，胸宽深，前躯稍高于后躯，四肢强健，蹄质坚实，适应性强，耐粗饲，抗病力强。成年公牛平均体高117.62cm、体重332.84kg，成年母牛平均体高110.08cm、体重284.35kg。屠宰率52.9%，净肉率40.8%，胴体产肉率80.8%，肉骨比4.1，眼肌面积57.1cm^2（张沅等，2011）。

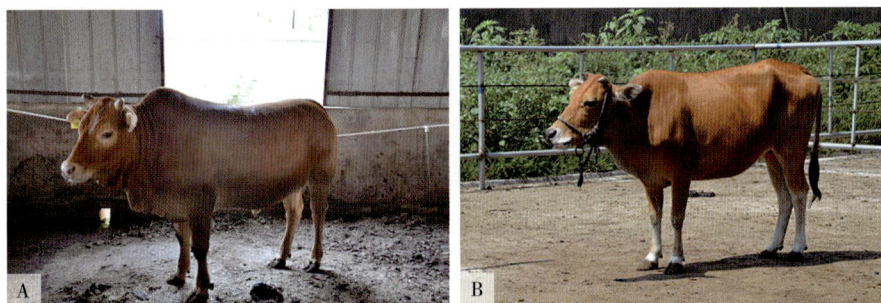

图9-14 大别山牛
A. 大别山牛（♂） B. 大别山牛（♀）

15. 皖南牛

皖南牛（Wannan cattle）属肉役兼用型品种（图9-15），主产于安徽省长江以南的黟县、歙县、绩溪、旌德，以及安徽和浙江、安徽和江西交界的山区。被毛为贴身短毛，较粗糙。毛色以褐色、灰褐、黄褐、深褐、黑色等较多，且具背线，牛蹄多黑色。体型中

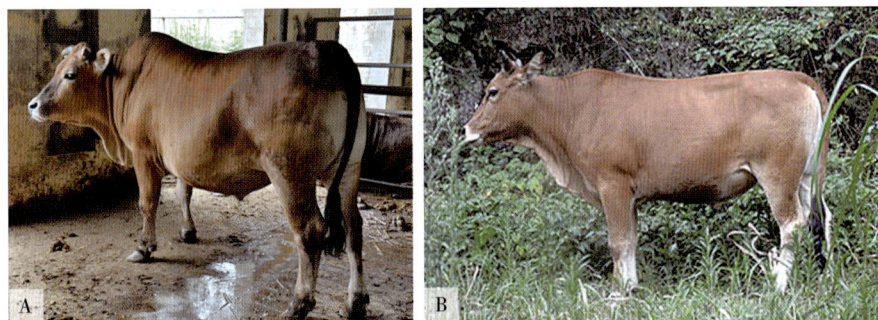

图9-15 皖南牛
A. 皖南牛（♂） B. 皖南牛（♀）

等，体质结实匀称，体躯短而高，四肢管围较细，瘤峰显现，垂皮发达，背线明显。该品种有耐粗饲、耐热、耐湿、抗病力强等特点，不仅能负担旱田耕作，并能耕作水田，行动敏捷，性情温驯，善于爬山觅食。成年公牛体高 113.6～123.4cm、体重 301～371kg，成年母牛体高 107～121.1cm、体重 234～301kg。2 岁牛屠宰率 50%～55%，净肉率 45%，肉质细嫩（张沅等，2011）。

16. 闽南牛

闽南牛（Minnan cattle）属南方小型肉役兼用型品种（图 9-16），主产于福建省龙海、漳浦、南安、晋江、平和、同安及漳州等地（徐长根，2007）。毛色以黄色和褐色居多，除黑牛全身为黑色外，一般牛腹下及四肢内侧毛色略浅。闽南牛发育匀称，体型偏小，头略长，眼微突。垂皮发达，背腰平直，四肢较纤细但关节明显结实，尻部略斜。公牛角多呈八字形，肩峰高耸；母牛角短，略向前弯曲。成年公牛平均体高 122.42cm、体重 350.55kg，成年母牛平均体高 114.05cm、体重 293.47kg。平均屠宰率 52.9%，净肉率 44.8%，眼肌面积 57cm^2（宋光明，2007）。

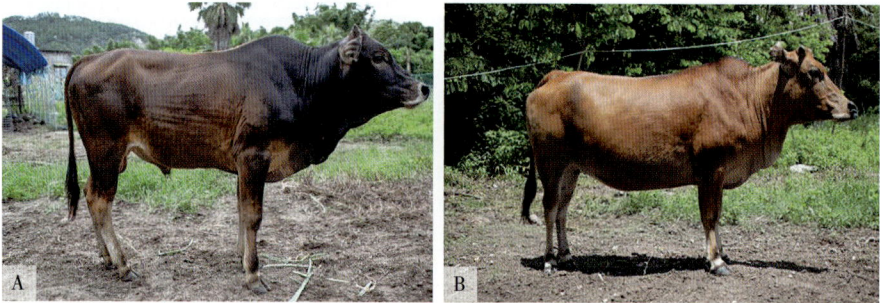

图 9-16　闽南牛（兀继尧提供）
A. 闽南牛（♂）　B. 闽南牛（♀）

17. 广丰牛

广丰牛（Guangfeng cattle）属肉役兼用型品种（图 9-17）。中心产区和原产地在江西省广丰、上饶等地。体躯发育良好，胸部发达，四肢粗壮。毛色有黄色、黑色、棕黄和棕黑色。角有富字角、鹰爪角、火叉角、扁担角 4 种。公牛头重而宽，肩峰隆起，高出鬐甲；母牛头轻而窄，乳房发育良好，成年公牛平均体高 113.2cm、体重 277.0kg，母牛平均体高 107.0cm、体重 231.0kg。产肉性能较好，平均屠宰率 46.98%，平均胴体产肉率 78.6%。母牛 1.5 岁开始发情，2 岁开始配种（肖鑫益，2008）。

18. 吉安牛

吉安牛（Ji'an cattle）属肉役兼用型品种（图 9-18），是江西省三大地方良种黄牛之一，主要分布在江西吉安等地。体躯为中等紧凑型。毛色以棕黄和棕黑色居多，也

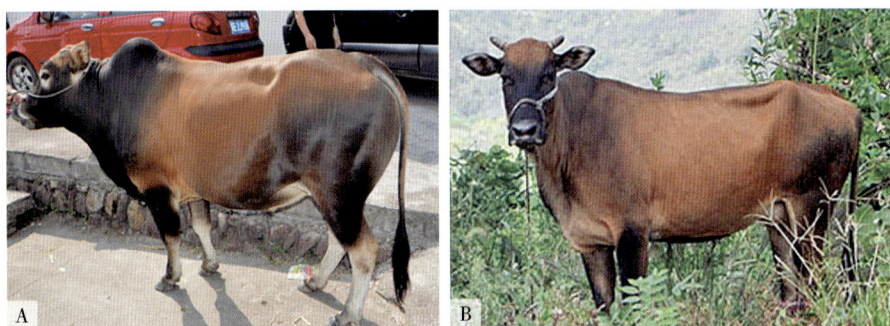

图 9-17 广丰牛
A. 广丰牛（♂） B. 广丰牛（♀）

有黄色和黑色。公牛头部粗重雄伟，肩峰前躯发达，鬐甲前部隆起，背宽平直，腹部紧凑。母牛额宽，额顶部稍突起，并有旋毛，鬐甲前稍平。具有耐高温高湿、耐力持久、易役使等优点。成年公牛平均体高 114.1cm、体重 274.1kg，成年母牛平均体高 107.1cm、体重 265.6kg。成年牛役使耕作拉力为 70kg，最大挽力达 181.76kg；育肥 60d 后，屠宰率可达 56.62%，净肉率增至 43.60%，眼肌面积最大可达 78.94cm² （桂干北等，2022）。

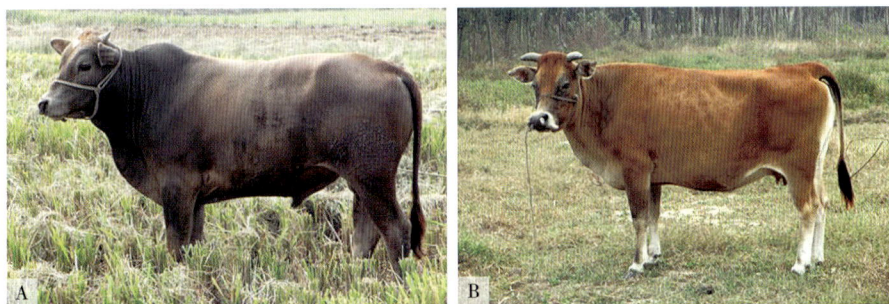

图 9-18 吉安牛
A. 吉安牛（♂） B. 吉安牛（♀）

19. 锦江牛

锦江牛（Jinjiang cattle）属肉役兼用型品种（图 9-19），主要分布于锦江流域两岸的万载、宜丰、高安、上高、新建、分宜等地。全身被毛短而密，多深黄色，也有黑色。体型中等，公牛肩峰明显，鬐甲前部隆起，背宽平直；尾长多过飞节。四肢较长，公牛颈较短，角多呈倒八字形，角粗大，蹄大而墩圆；母牛多为龙门角，角细小，少数无角。成年公牛平均体高 121.66cm、体重 312.38kg，母牛平均体高 107.37cm、体重 245.28kg。具有抗高温、耐高湿、耐力持久、便役使等优点。育肥 60d 后，屠宰率可达 52.26%，净肉率 38.27%，眼肌面积最大可达 44.72cm² （王荣民等，2014）。

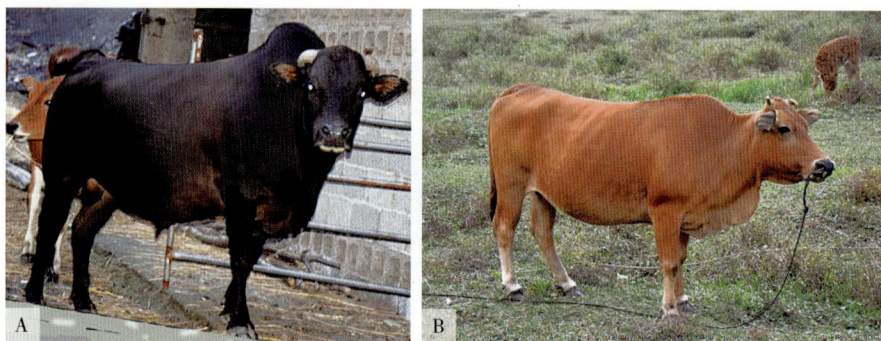

图 9-19 锦江牛
A. 锦江牛（♂）　B. 锦江牛（♀）

20. 渤海黑牛

渤海黑牛（Bohai black cattle）属肉役兼用型品种（图 9-20），主产于滨州市的无棣、沾化、阳信、滨城以及东营市利津、垦利、广饶、河口等地（尤全胜，2012）。原称"无棣黑牛"，又称"抓地虎"，属全国八大地方优良牛品种之一。渤海黑牛鼻镜、舌面、皮毛、蹄、角全黑，体质健壮、后躯发达，肉质细嫩、呈大理石状、色泽鲜艳。耐粗饲、易育肥、抗逆性强、遗传稳定。早熟、早期生长速度快（翟桂玉，2012）。公牛平均体高 133cm、体重 460kg，母牛平均体高 120cm、体重 360kg。平均屠宰率 53.13%，净肉率 44.72%，胴体产肉率 84.18%，胴体肉骨比 5.09（孙菲菲等，2012）。

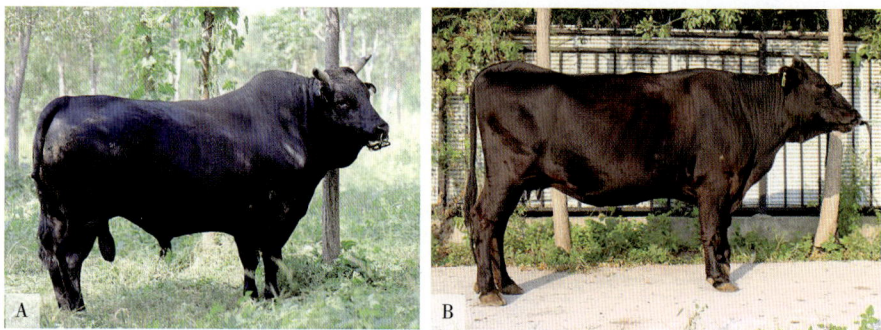

图 9-20 渤海黑牛（成海建提供）
A. 渤海黑牛（♂）　B. 渤海黑牛（♀）

21. 蒙山牛

蒙山牛（Mengshan cattle）属肉役兼用型品种（图 9-21），主产于山东省中南部的沂蒙山区。毛色多为黑、黄、栗色。角多为龙门角和扁担角等。体型较小，体质结实，结构紧凑。公牛颈粗短，肌肉丰厚，肩峰突出；母牛头清秀，额有旋毛，颈稍长；前躯发育较好，中躯背平直，肋骨开张，腹充实不下垂；后躯较丰满，尾长过飞节，尾端呈纺锤状。四肢强健，蹄质坚硬而大。成牛公牛体高 128.1cm、体重 477.8kg，成年母牛体高 114.7cm、体重 310.3kg。最大挽力公牛为 255.4kg，母牛为 186.8kg。育肥牛平均屠宰率 56.2%，净肉率 46.2%，胴体产肉率 81.7%。眼肌面积 72.3cm² （张沅等，2011）。

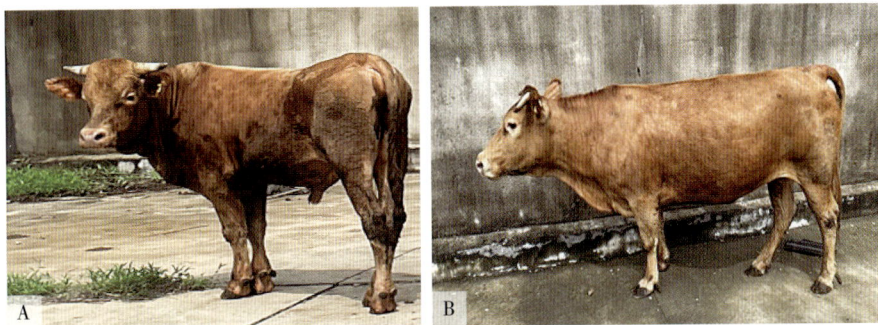

图 9-21 蒙山牛（成海建提供）
A. 蒙山牛（♂） B. 蒙山牛（♀）

22. 郏县红牛

郏县红牛（Jiaxian red cattle）属肉役兼用型品种（图 9-22），主产于河南省郏县、宝丰、鲁山、汝州四县市，是我国八大良种黄牛品种之一。被毛细短，富有光泽，分紫红、红、浅红 3 种毛色。头方正，额宽，鼻镜肉红色，角短质细，角形不一。体格大，结构匀称，体质强健，骨骼坚实，肌肉发达，健壮有力，后躯发育较好，役用能力较强。成年公牛体高 139.20cm、体重 538.20kg，成年母牛体高 127.50cm、体重 450.0kg；阉牛的最大挽力为 421.6kg，公牛为 409kg，母牛为 317.4kg。郏县红牛肉质细嫩，肉的大理石纹明显，阉牛育肥后平均屠宰率 57.57%，净肉率 44.82%（张沅等，2011）。

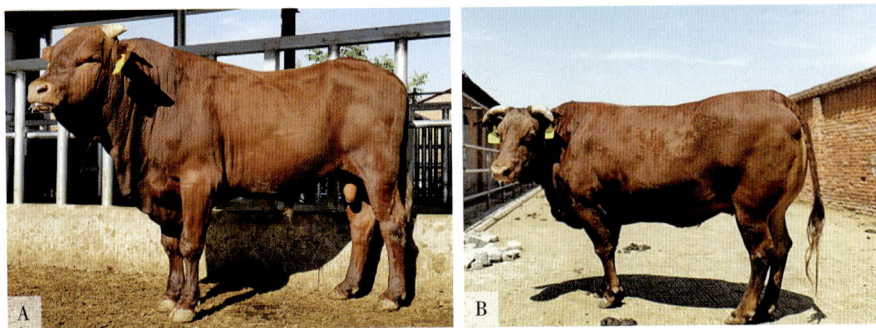

图 9-22 郏县红牛
A. 郏县红牛（♂） B. 郏县红牛（♀）

23. 枣北牛

枣北牛（Zaobei cattle）属肉役兼用型品种（图 9-23），主产于湖北省襄阳市襄州区的北部、枣阳市北部和东北部等地。毛色以浅黄、红、草白为多，全身毛色在四肢、胸腹底部较淡，背线及腹胸两侧色较深。体型中等偏大，体质强壮结实，结构匀称，皮薄毛细，骨骼较粗壮，肌肉发达结实。胸较宽深，尻部稍斜。四肢干燥有力，役用性能好。公牛头方额宽，颈粗短，肩峰发达；母牛头较窄长、清秀，颈细长、平直。成年公牛平均体高 134.2cm、体重 438.2kg，成年母牛平均体高 124.2cm、体重 354.2kg。最大挽力公牛为 467kg，母牛为 240kg，8～14 月龄牛未经育肥的，平均屠宰率 47.4%，净肉率 36.3%，眼肌面积 56.5cm² （张沅等，2011）。

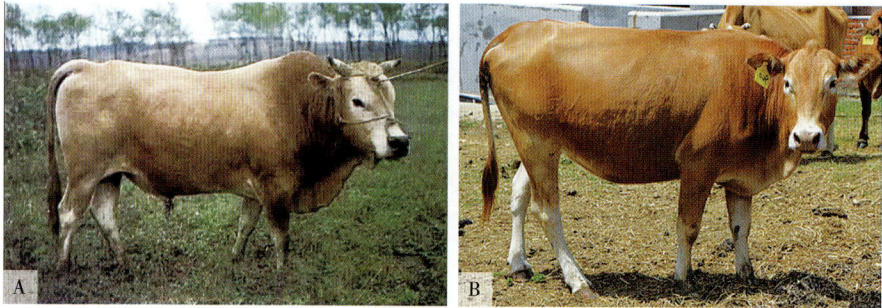

图 9-23　枣北牛
A. 枣北牛（♂）　　B. 枣北牛（♀）

24. 巫陵牛

巫陵牛（Wuling cattle）属肉役兼用型品种（图 9-24），又名恩施牛、湘西牛、思南牛，主产于湖南、湖北、贵州三省交界地区，分布于湖南省凤凰、张家界等地。被毛黄色最多，栗色、黑色次之。角形不一。公牛肩峰肥厚，母牛肩峰不明显。尻部斜，肢长中等。体质结实，肢蹄强健，行动灵活，善于爬山，具有耐劳、耐旱、抗湿及耐粗饲等特性。成年公牛平均体高 114.9cm、体重 308.1kg，成年母牛平均体高 105.0cm、体重 232.1kg。公牛屠宰率 50.1%，母牛屠宰率 51.1%；公牛净肉率 40.1%，母牛净肉率 39.7%；公牛眼肌面积 58.6cm²，母牛眼肌面积 50.1cm² （张沅等，2011）。

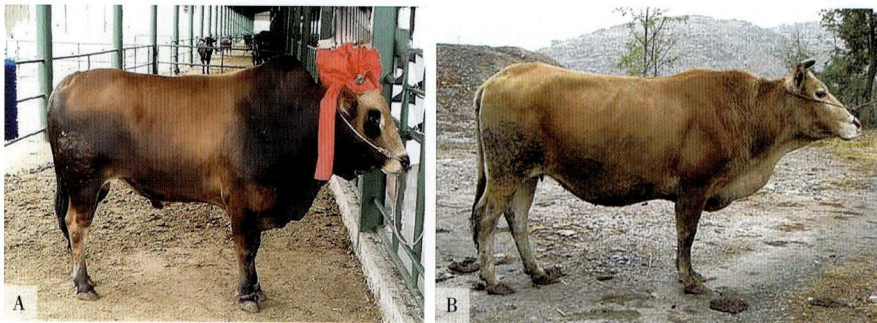

图 9-24　巫陵牛
A. 巫陵牛（♂）　　B. 巫陵牛（♀）

25. 雷琼牛

雷琼牛（Leiqiong cattle）是中国南方亚热带肉牛良种（图 9 - 25），主产于广东省徐闻县和海南省海口市的琼山区，分布于广州的徐闻、海康、遂溪、廉江，以及海南的澄迈、安定、海口、儋州等地。被毛以黄色为主，也有棕色、黄褐色、黑褐色，被毛细短。公牛头重，角长、呈锥形稍弯，母牛角短或无角。公牛垂皮发达，肩峰隆起。大部分牛表现有"十三黑"的特征，即鼻镜、眼睑、耳尖、四蹄、尾帚、背线和阴户及阴囊下部为黑色。耐热耐旱，性情温驯，抗血原虫病，肌肉丰满，肉质优良。成年公牛体高 119.7cm、体长 123cm、胸围 150cm、体重 282.4kg，成年母牛体高 107cm、体长 120cm、胸围 145cm、体重 234kg。中下等膘情的牛的平均屠宰率 49.6%，净肉率 37.3%，泌乳量 400～500kg。公母牛 2 岁开始配种，繁殖率 84.7%。

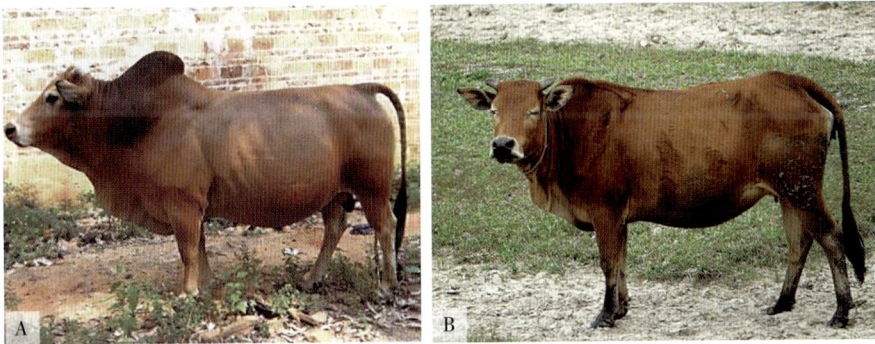

图 9 - 25　雷琼牛
A. 雷琼牛（♂）　　B. 雷琼牛（♀）

26. 隆林牛

隆林牛（Longlin cattle）属肉役兼用型品种（图 9 - 26），产于广西隆林各族自治县、西林县和田林县。毛色以黄色为主，鼻镜、眼睑、肛门多呈黑色，而肛门及眼眶周围被毛多呈白色。公牛肩峰高大、肉垂发达。体型中等，头部大小适中，宽度中等，额平或微凹。耳平直、耳壳薄。骨骼粗细中等，发育良好，肌肉较发达，特别是成年公牛肌肉发育丰满。全身结构匀称，背腰平直，体躯紧凑，体质结实。成年公牛平均体高 114.1cm、体重 264.9kg，成年母牛平均体高 106.6cm、体重 221kg。善爬高山、陡坡，具有较强的耕作能力。耐粗饲。屠宰率 56.8%，净肉率 44.5%，眼肌面积 65.3cm²（张沅等，2011）。

27. 南丹牛

南丹牛（Nandan cattle）属肉役兼用型品种（图 9 - 27），中心产区在广西壮族自治区南丹县境内，以中堡、月里、里湖、八圩 4 个乡、镇为主。基础毛色以黄褐色或枣红色为

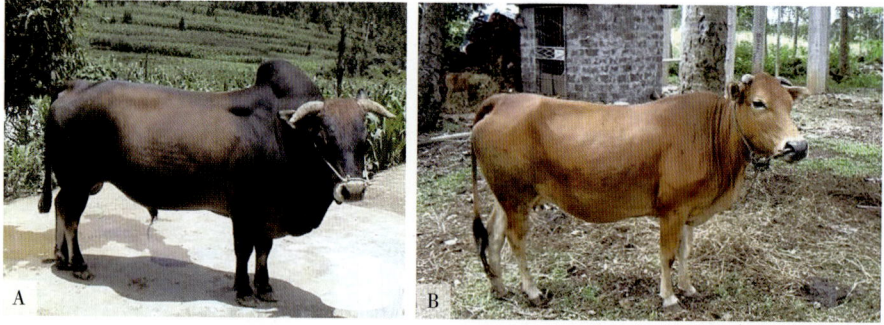

图 9 - 26 隆林牛
A. 隆林牛（♂） B. 隆林牛（♀）

主，多数牛全身毛色一致。四肢下部为浅黄色或黑褐色，少量牛有背线。尾帚毛多为黑色，间有蜡黄色。南丹牛体型中等，背腰平直，四肢健壮，体躯紧凑，体质结实，性情温驯，爬山灵活而有力。角以倒八字形居多。耳平直、耳壳薄。胸部较深宽，尻部短斜，臀中等宽。公牛鬐甲高厚，母牛肩峰不明显。成年公牛体高 109.5cm、体重 276.9kg，母牛体高 104.9cm、体重 211.4kg；乳房大小中等。屠宰率 48.5%，净肉率 38.2%（张沅等，2011）。

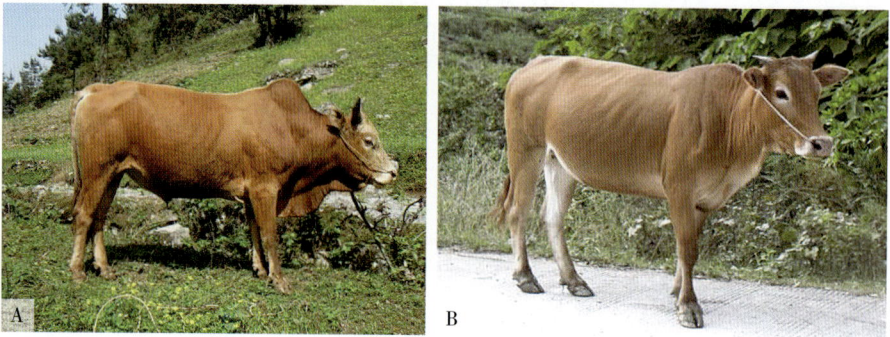

图 9 - 27 南丹牛
A. 南丹牛（♂） B. 南丹牛（♀）

28. 涠洲牛

涠洲牛（Weizhou cattle）属肉役兼用型品种（图 9 - 28），原产于广西北海市的涠洲和斜阳两岛。被毛分黄、棕、黑三种，全身被毛短而细密，柔软而富有光泽。头长短适中，额平，角基粗圆，角呈八字形。颈粗短而肉垂发达。头长短适中，额平。耳平伸、耳端尖、耳壳薄。尾长过飞节，尾帚较大、呈黑色。公牛肩峰明显、高大而发达；母牛肩峰不明显。中后躯胸深广，背腰平直，四肢较短、健壮，体躯短圆、紧凑，体质结实，皮肤坚实、富有弹性，肌肉发达。成年公牛平均体高 112.1cm、体重 295.8kg，成年母牛平均体高 104.3cm，体重 242.9kg。屠宰率 52.5%（张沅等，

2011；韦文雅等，1987）。

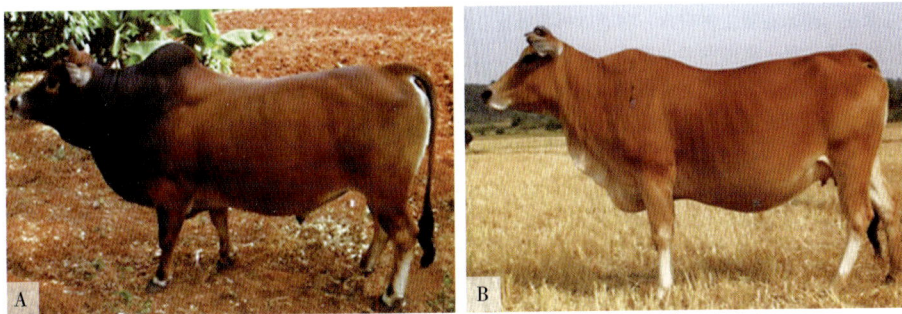

图 9-28 涠洲牛
A. 涠洲牛（♂）　B. 涠洲牛（♀）

29. 巴山牛

巴山牛（Bashan cattle）属肉役兼用型品种（图 9-29），主产于四川、湖北、陕西三省交界的大巴山区。被毛细密，毛色以红黄毛为主色。角有"龙门""芋头""羊叉"等。颈侧皱褶明显，垂皮发达。公牛头较宽，颈粗短，体型长方，鬐甲高而宽，肩峰隆起，峰型分高耸型和馒头型。中躯较短，背腰平直。母牛头较狭长，母牛颈较薄、稍长。母牛肩峰低而薄或无肩峰。善爬坡，抗逆性强。成年公牛体高 118.4～125.4cm、体重 327.2～422.9kg，母牛体高 111.6～114.4cm、体重 261.1～329.6kg。平均屠宰率 52.56%，净肉率 41.63%，眼肌面积 52.4cm² （张沅等，2011）。

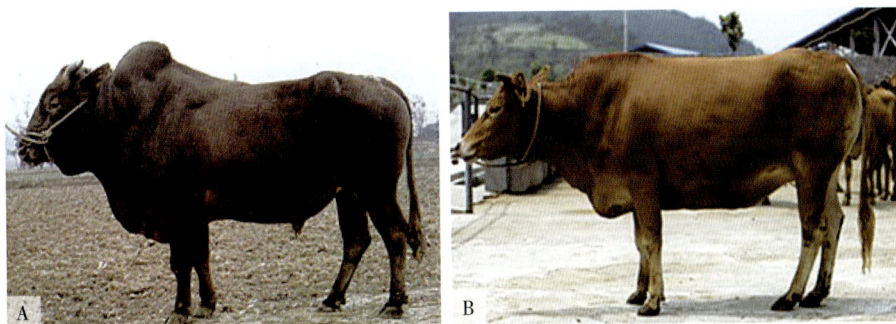

图 9-29 巴山牛
A. 巴山牛（♂）　B. 巴山牛（♀）

30. 川南山地牛

川南山地牛（Chuannan mountain cattle）属肉役兼用型品种（图 9-30），产于四川盆地东南部边缘山区。基础毛色为黄色或黑色；鼻镜呈粉色和褐色。体格较小，体躯紧凑结实。背腰平直，长短适中，胸较宽。公牛肩峰大，母牛肩峰较小或无。公、母牛胸垂大而有皱褶。尻部较长而斜，尾长达后管下部，尾帚较小，尾梢为黄色或黑色。具有耐粗饲、适应性强、性情温驯等优点。公牛平均最大挽力 346.6kg；母牛平均最大挽力 226kg；成年阉牛平均体重 379kg，平均最大挽力 301kg。成年公牛平均体高 121.6cm、体重 372.4kg，成年母牛平均体高 113.5cm、体重 298.4kg。屠宰率 50%，净肉率 41.9%（张沅等，2011）。

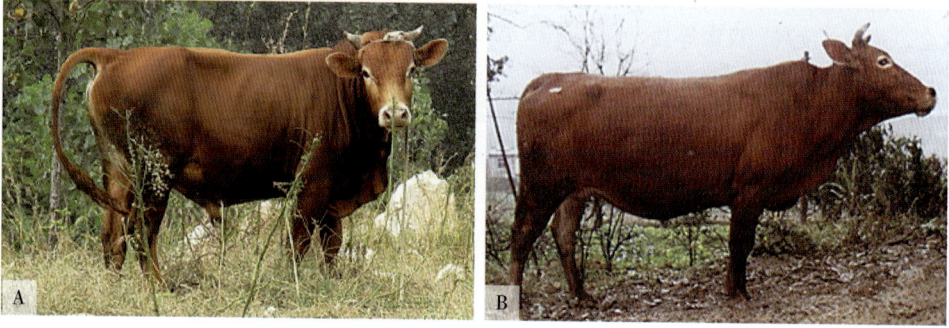

图 9-30 川南山地牛
A. 川南山地牛（♂）　　B. 川南山地牛（♀）

31. 峨边花牛

峨边花牛（Ebian spotted cattle）属肉役兼用型地方品种（图 9-31），中心产区为四川省凉山彝族自治州。毛色呈花斑，以黄白花为主，黑色花次之，亦有黄、白、黑三色相间的个体，花斑为点状到大小不等的块状，从头直到系部，背部和胸腹的正中为一带状白毛。公牛头粗重，母牛头狭长。角形多样，以角尖斜向两侧分开的八字角为主，也有无角个体。颈宽短，垂皮发达。前躯发育较好，胸深，一般无肩峰。成年公牛平均体高 113.3cm±5.4cm、体重 318.6kg±57.2kg，成年母牛平均体高 105.8cm±5.4cm、体重 254.5kg±33.0kg。具有良好的耐粗饲和较强的役力以及较优良的肉用性能，屠宰率 53.7%，净肉率 45.5%，眼肌面积 52.59cm²。

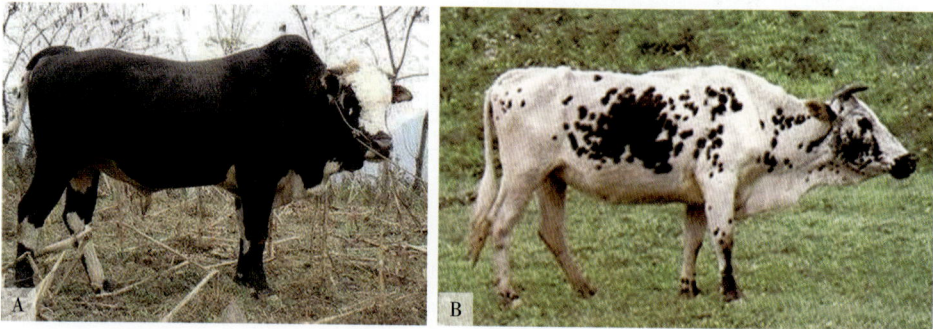

图 9-31 峨边花牛
A. 峨边花牛（♂）　　B. 峨边花牛（♀）

32. 甘孜藏牛

甘孜藏牛（Ganzi Tibetan cattle）属乳肉役兼用型品种（图9-32），主产于四川省甘孜藏族自治州的半农半牧区县。毛色主要为黑色和黄褐色，鼻镜为黑褐色和粉色，眼睑、乳房颜色为粉色。角形多样，角色多为黑褐色，少数为蜡黄色。被毛为贴身短毛。体型矮小，头短而宽。尻部短斜，尾长至后管下部，尾帚较小。具有适应性极强、耐粗饲、温驯，易于管理，生产性能较低。成年公牛平均体高118.8cm、体重397.5kg，成年母牛平均体高110.8cm、体重287.8kg。甘孜藏牛180d泌乳250kg，乳脂率4.1%（张沅等，2011）。

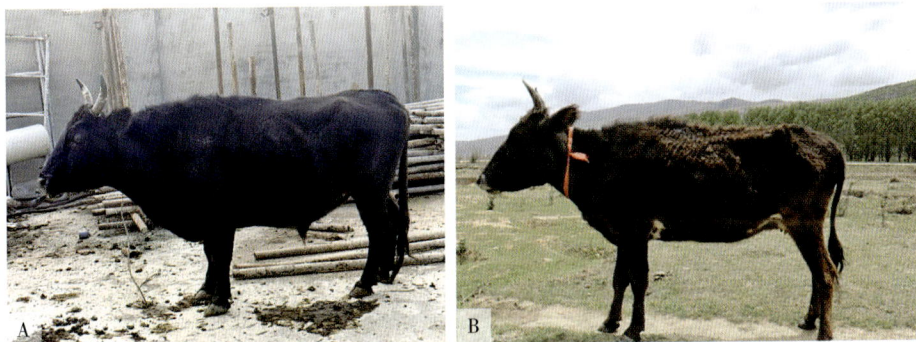

图9-32 甘孜藏牛（罗晓林提供）
A. 甘孜藏牛（♂）　B. 甘孜藏牛（♀）

33. 凉山牛

凉山牛（Liangshan cattle）是以放牧为主的肉役兼用型地方品种（图9-33），主要分布在四川省凉山州境内及攀枝花市部分县区。被毛颜色多种，以黄、红紫和黑色为主。体小灵活，体躯较短，结构匀称，紧凑结实。公母牛均有角，角形多样；公牛肉垂发达有皱褶，肩峰较高，前躯高于后躯；母牛肉垂较小，鬐甲低薄，后躯高于前躯，胸宽深，背腰平直。对气候、饲料及饲养方式等变化具有非常强的适应性。成年公牛平均体高108.59cm、体重290.04kg，成年母牛平均体高102.07cm、体重233.48kg。凉山牛肉质细嫩，大理石纹明显，平均屠宰率达50.9%，净肉率40.3%，胴体产肉率70.8%（张沅等，2011）。

34. 平武牛

平武牛（Pingwu cattle）属肉役兼用型地方品种（图9-34），主产于四川省平武县。基础毛色为黄色或黑色。全身被毛为贴身短毛，额部无长毛，颈侧、胸侧无卷毛。部分牛胁部、大腿内侧、腹下等处有局部淡化和晕毛。鼻镜为粉色和褐色，眼睑和乳房为粉色，蹄为黑褐色，角为蜡黄色。耳平伸，耳壳较厚，耳端钝圆。公、母牛均有

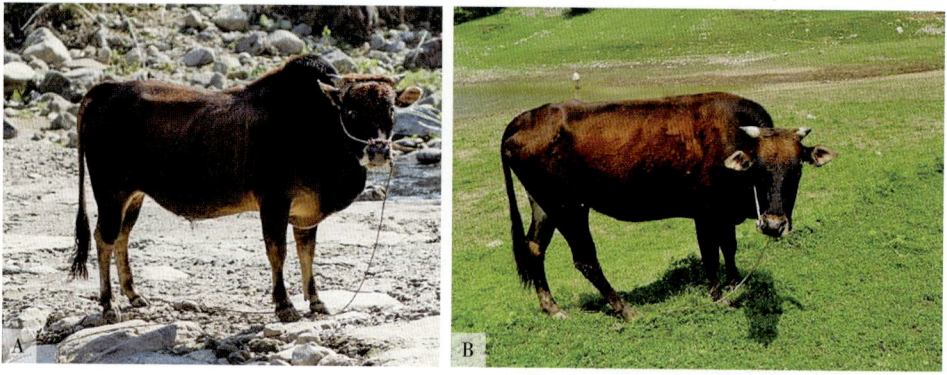

图 9-33　凉山牛
A. 凉山牛（♂）　　B. 凉山牛（♀）

角，角形多样。公牛肩峰较大，母牛无肩峰。颈垂、胸垂较大，尻部短斜。尾长达后管下部，尾梢为黄色或黑色。成年公牛平均体高 127.1cm、体重 463.9kg，成年母牛平均体高 113.7cm、体重 294.1kg。屠宰率 49.1%，净肉率 36.4%。眼肌面积 48.6cm² （张沅等，2011）。

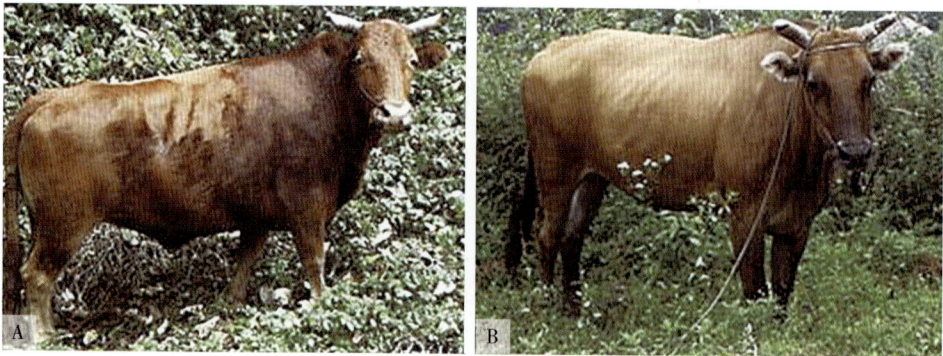

图 9-34　平武牛
A. 平武牛（♂）　　B. 平武牛（♀）

35. 三江牛

三江牛（Sanjiang cattle）属肉役兼用型品种（图 9-35）。主产于四川盆地西北边沿山区。毛细，毛色较为一致，以黄色为主，黑色和草白色次之。头大额较宽，角短向上、形如竹笋。垂皮发达，有皱褶。前躯发育良好，胸较深宽，肩峰稍高；中躯较长，后躯较平直，臀部肌肉较丰满但欠宽，母牛后躯略高于前躯。四肢稳健，筋腱明显，前肢直立，后肢形如弓，步伐轻快。成年公牛平均体高 119.3cm、体重 375.0kg，成年母牛平均体高 106.9cm、体重 266.4kg。三江牛耕作力强，是优良役用品种之一。公牛屠宰率 46.5%，净肉率 32.0%。母牛屠宰率 44.5%，净肉率 32.2%（张沅等，2011）。

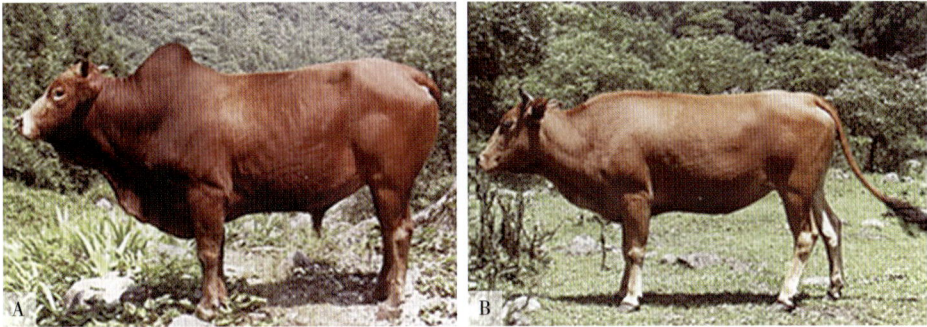

图 9 - 35 三江牛
A. 三江牛（♂） B. 三江牛（♀）

36. 务川黑牛

务川黑牛（Wuchuan black cattle）属肉役兼用型品种（图 9 - 36），主产于贵州省遵义市的务川县。该品种全身被毛黑色，体质结实，体躯匀称，结构紧凑，体格中等；角黑色偏小，公牛多呈萝卜角，母牛以挑担角为主；颈宽粗短，肩峰丰满偏高，四肢粗壮端正，关节结实。务川黑牛具有早熟、耐粗饲、适应性强、遗传性稳定、抗病力强等特性。成年公牛平均体高 120.6cm、体重 340.80kg；成年母牛平均体高 117.61cm、体重 284.24kg。产肉性能较好、肉质鲜美细嫩，屠宰率 52.9%。

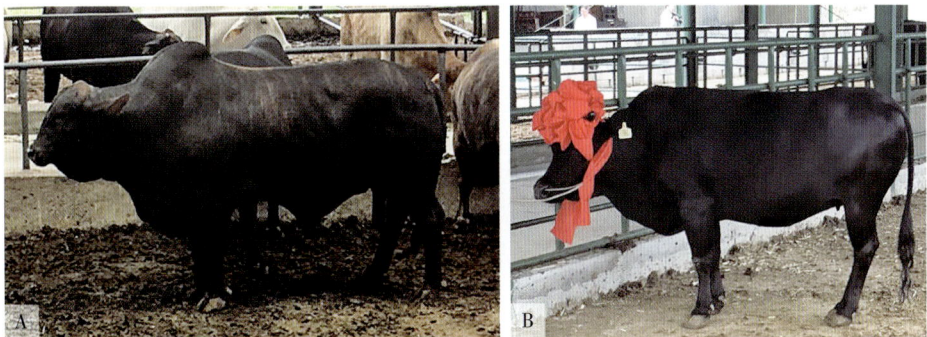

图 9 - 36 务川黑牛
A. 务川黑牛（♂） B. 务川黑牛（♀）

37. 黎平牛

黎平牛（Liping cattle）属肉役兼用型地方品种（图 9 - 37），产于贵州省东南部地区。被毛多为黑色和黄色，褐色次之，少量为黑白花和黄白花。母牛角短细，向前两侧弯曲，多为黑褐色；公牛角粗大，多为竹笋角。母牛颈长薄；公牛颈短，垂肉发达，肩峰高大突出。胸宽深，背腰平直；母牛后躯略高于前躯。腹圆大而充实，尻部宽而丰满，略有倾斜。四肢短小结实，蹄质坚实。成年公牛平均体高 107.6cm、体重 288.1kg，成年母牛平均体高98.9cm、体重196.2kg。屠宰率50.1％～53.6％，净肉率48.5％。

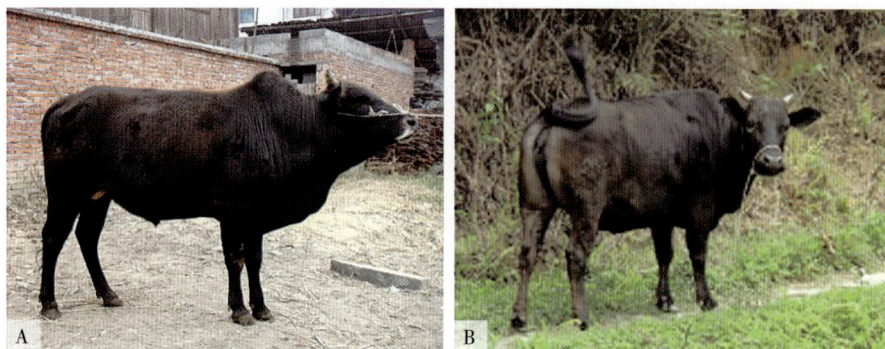

图9-37　黎平牛
A. 黎平牛（♂）　B. 黎平牛（♀）

38. 威宁牛

威宁牛（Weining cattle）属肉役兼用型地方品种（图9-38），产于贵州省威宁县。被毛以黄色居多，黄褐色、黑色次之，间有少量黄白花毛。角短，多为萝卜角或鹰爪角。头稍长而清秀，额平直。颈短，垂皮不发达。公牛肩峰较高，母牛平直；胸深但宽度略显不足，背腰平直，腰部饱满，尻部稍倾斜而略高。四肢较细但结实，前肢端正。尾较高，长过飞节。成年公牛平均体高110.8cm、体重269.3kg，成年母牛平均体高102.2cm、体重200.6kg。在农村饲养条件下，屠宰率52.8％，净肉率44.6％。

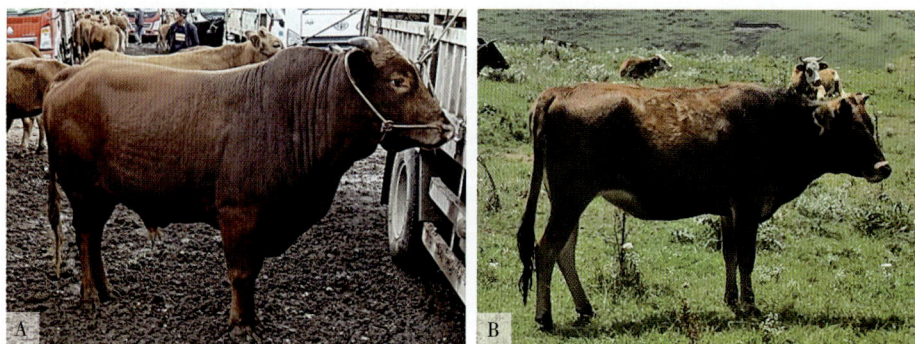

图9-38　威宁牛
A. 威宁牛（♂）　B. 威宁牛（♀）

39. 关岭牛

关岭牛（Guanling cattle）属肉役兼用型地方品种（图9-39），主产于南北盘江流域云南、贵州、广西接壤的山区。被毛细软，黄色居多，其次为褐色和黑色，也有极少数是花斑的。鼻镜多数呈黑色，少数肉色。额平或有微凹，角形多种多样，一般角较短。肩峰明显，垂皮较长，胸较深而略窄，尻部倾斜。尾根较高，尾细长。四肢关节筋腱明显，蹄质致密坚固。乳房较小，乳头细短，皮薄而致密。适应性强，肉质细嫩，皮质好，屠宰出肉率高。成年公牛体高114cm、体重270～300kg，成年母牛体高108cm、体重220～240kg。通常耕作条件下所测得的最大挽力，成年母牛为195kg，阉牛为245kg。

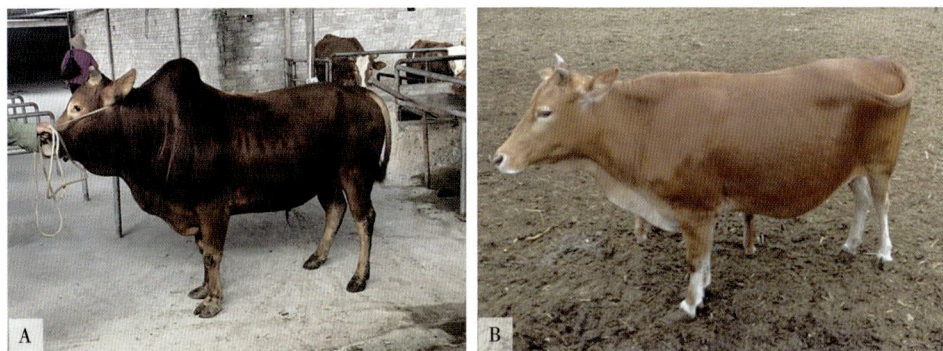

图 9-39　关岭牛
A. 关岭牛（♂）　B. 关岭牛（♀）

40. 邓川牛

邓川牛（Dengchuan cattle）属乳肉役兼用型地方品种（图9-40），主产于云南省的洱源县邓川、右所两镇。被毛有黄色、黄褐色和黑色，舌黑色是邓川牛主要特征。角短细多黑色，角有立角和横向角，眼眶多为黑色，鼻镜黑或粉红色，垂皮较发达，公牛肩峰略高，母牛无肩峰。背腰长而较平，胸深大，肋骨长且距离较宽，十字部宽平。臀部稍斜，尾细长，尾帚大。四肢较短，前肢稍呈外向姿势，后肢多呈X状。乳房较小，乳头短，乳静脉明显。适应性强、耐旱、耐粗饲。成年公牛平均体高108cm、体重239kg，成年母牛平均体高104cm、体重227kg。母牛泌乳期276d，产乳量838.3kg，乳脂率6.89%，乳干物质13.52%（杨勇，2013）。

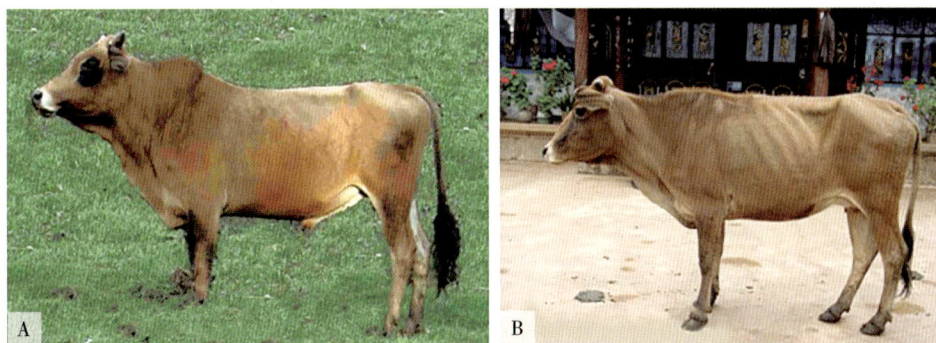

图 9-40　邓川牛
A. 邓川牛（♂）　B. 邓川牛（♀）

41. 迪庆牛

迪庆牛（Diqing cattle）属乳肉役兼用型品种（图 9 - 41），原产于迪庆藏族自治州。被毛较长，适宜高寒地区自然环境；毛色以黄褐色、黑色居多。体型较小，体躯略短，乳房较小。公母牛均有角，公牛角粗长，母牛角细长，稍圆而向上弯曲。颈垂不明显。四肢短细。无胸垂，肋骨开张拱圆，尻部窄短、略斜，四肢短细。尾梢毛色以黑色、白色为主。成年公牛平均体高 102.1cm、体重 212.9kg，成年母牛平均体高 97.6cm、体重 185.5kg。泌乳期 220～250d，泌乳量 416～480kg，含脂率 5.7％。公牛屠宰率 46.3％，母牛屠宰率 54.7％，公牛净肉率 32％，母牛净肉率 37.3％（丁丹等，2011）。

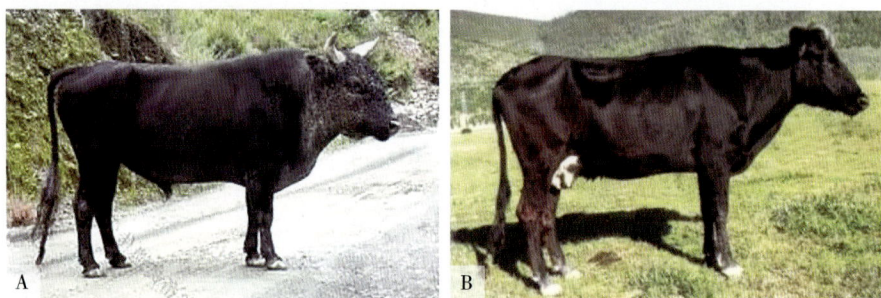

图 9 - 41　迪庆牛
A. 迪庆牛（♂）　　B. 迪庆牛（♀）

42. 滇中牛

滇中牛（Dianzhong cattle）属肉役兼用型品种（图 9 - 42），主产于楚雄州的双柏、楚雄、大姚、武定、禄丰、南华等县市。全身被毛红、红褐、淡黄、黑等色。95％的牛有角，多为黑褐色和蜡黄色，有短角、小圆环角、萝卜角。头颈、颈肩结合良好，背腰平直，腰短宽。最明显的特点是胸宽、臀围小。体质结实，发育匀称，具有体小力大、耐热耐劳、耐粗饲、抗逆性强，性情温驯，行动敏捷，善于爬坡等特点。12 月龄公牛体高 92.9cm、体重 114.9kg，母牛体高 93.4cm、体重 121.9kg。滇中牛肉用性能良好，平均屠宰率 52.9％，肉骨比 5.4（张沅等，2011）。

43. 文山牛

文山牛（Wenshan cattle）属肉役兼用型品种（图 9 - 43），主产区在云南省的文山、麻栗坡、马关等地。毛色以黄色居多，黑色次之，少量紫色、草白色、红色、灰色。前额无垂毛，头大而长，额宽平，耳端尖。公母牛皆有角，呈倒八字形角、龙门形角、大圆环角、小圆环角等。体型分为山地型和平地型。山地型牛整体结构为前躯稍低，前胸发达，四肢较紧凑，躯体略呈楔形。平地型后躯较长，尻部稍平，四肢较为粗大，体躯呈长方形。成年公牛体高 117.3cm、体重 239.8kg，成年母牛体高 109.1cm、体重 229.6kg。公

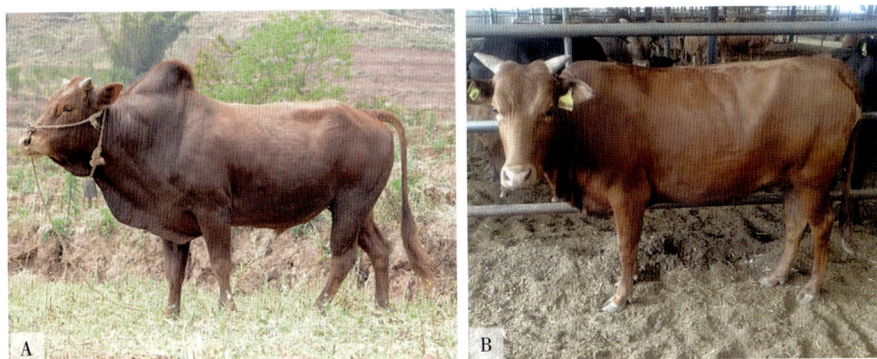

图9-42 滇中牛（亏开兴提供）
A. 滇中牛（♂）　B. 滇中牛（♀）

牛屠宰率44.9%，净肉率36.8%；母牛屠宰率37.8%，净肉率30.9%。公牛最大载重量1 954kg（张沅等，2011）。

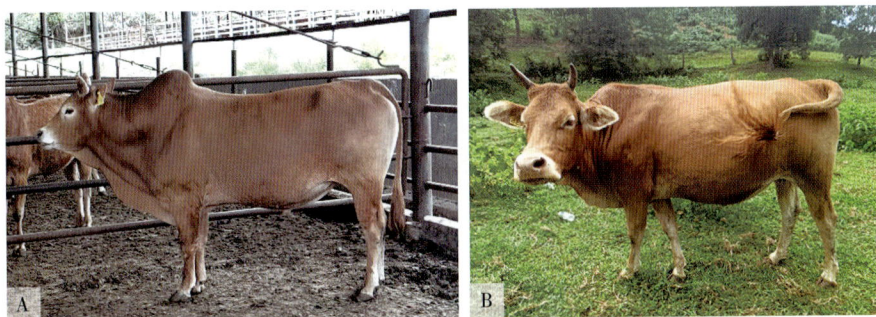

图9-43 文山牛（亏开兴提供）
A. 文山牛（♂）　B. 文山牛（♀）

44. 云南高峰牛

云南高峰牛（Yunnan humped cattle）属肉役兼用型品种（图9-44），又名云南瘤牛。主产区为德宏傣族景颇族自治州、西双版纳傣族自治州。毛色复杂，常见的有黑、褐、红、黄、青和灰白色6种。角多粗短，公牛均有角，常见长角、短角和倒八字形角3种。母牛多数无角，有者也仅寸余。高峰牛最显著的特征是公牛鬐甲前上方有一大的瘤状突起，状如驼峰。高峰牛颈粗短，垂皮十分发达。成年公牛平均体高116.8cm、体重291.0kg，成年母牛平均体高107.0cm、体重213.7kg。未经育肥的成年牛屠宰率52.3%，净肉率39.6%。性情温驯，具有极好的耐苦和耐热能力，以及抗蜱、螨、牛皮蝇等体外寄生虫的能力。

45. 昭通牛

昭通牛（Zhaotong cattle）属肉役兼用型品种（图9-45）。主产于云南省昭通市。基

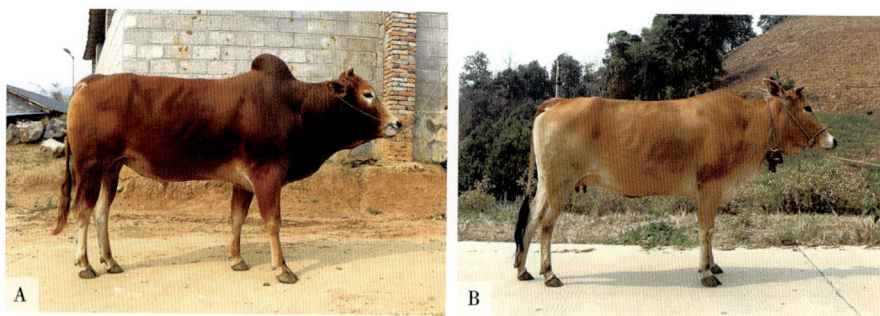

图 9-44　云南高峰牛（亏开兴提供）
A. 云南高峰牛（♂）　　B. 云南高峰牛（♀）

础毛色以黄色、淡黄色、草白色、黑色、红色、浅黄褐色为多。眼圈与蹄冠部毛呈灰白色。公牛头粗短，角粗向外上侧伸展；颈短而厚，肩峰明显。母牛头清秀，角较细，向前上方弯曲，呈弧形。牛颈稍单薄，无肩峰，尻部斜而长，四肢细致紧凑。具有耐粗饲、抗病力强等优良特性，但存在体型小、生长慢、生产性能低等缺点。成年公牛平均体高116.5cm、体重317.3kg，成年母牛平均体高110.2cm、体重255.9kg。公牛经2～3个月短期育肥后，屠宰率54.27%，净肉率39.92%。昭通牛的平均实际挽力97kg。满负荷挽力280～350kg（张沅等，2011）。

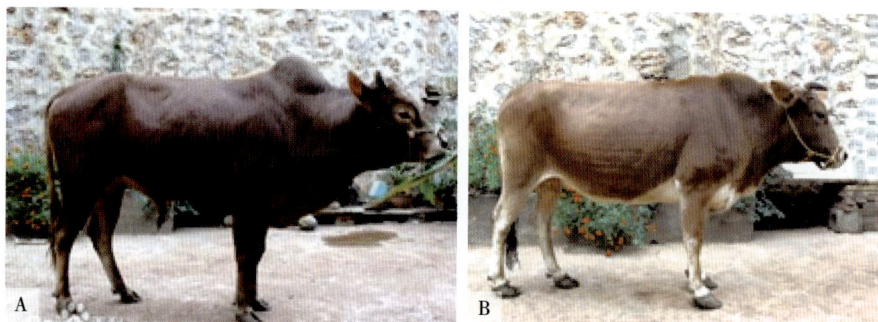

图 9-45　昭通牛
A. 昭通牛（♂）　　B. 昭通牛（♀）

46. 西藏牛

西藏牛（Tibetan cattle）属乳肉役兼用型品种（图 9-46）。原产于西藏雅鲁藏布江中下游、喜马拉雅山东段和三江流域下游地区以及毗邻的草甸草场。毛色以黑色和黑白花为主，黄色和黄白花次之，其他为褐色及杂色。皮薄毛短，头部及腹部静脉明显。四肢细长，蹄坚实，呈黑青色。头平直而显狭长，角小、伸向外前方而向内弯曲。公牛略有肩峰，尻斜。成年公牛平均体高104cm、体重215.2kg，成年母牛平均体高99.9cm、体重197.7kg。267.3d 平均产乳量205.4kg，屠宰率42.8%，净肉率34.1%，眼肌面积49.6cm^2（张沅等，2011）。

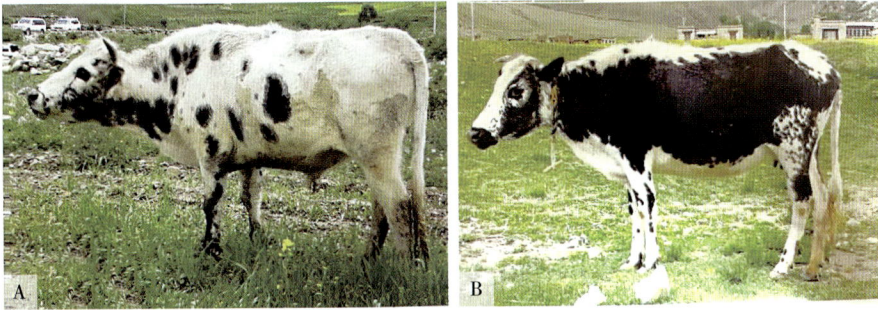

图 9-46　西藏牛（欧珠提供）
A. 西藏牛（♂）　B. 西藏牛（♀）

47. 阿沛甲咂牛

阿沛甲咂牛（Apeijiaza cattle）属乳肉役兼用型品种（图 9-47）。原产于西藏自治区林芝市的工布江达县。毛色较杂，共发现有 12 类毛色，以额部有白星的黑牛和一般黑牛居多。牛体型小，细致紧凑。角细短，质地细致、光滑。公牛角多向前上方、呈 V 形，母牛角竖直向上、呈半弓形，或向外、呈倒八字形。颈部肌肉不充实、较窄，颈垂发达。公牛肩峰明显。前胸不发达，肋弓开张度中等。多数公牛有脐垂。母牛乳房比一般黄牛发达。后躯狭、浅而短。四肢端正，蹄质致密、坚实。成年公牛体高 106cm、体重 243kg，成年母牛体高 102cm、体重 213kg。母牛泌乳期一般为 209d，平均产乳量 539kg（张沅等，2011）。

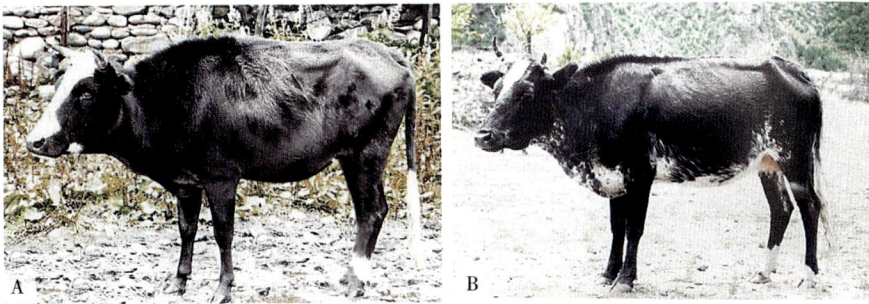

图 9-47　阿沛甲咂牛（欧珠提供）
A. 阿沛甲咂牛（♂）　B. 阿沛甲咂牛（♀）

48. 日喀则驼峰牛

日喀则驼峰牛（Shigatse humped cattle）属肉役兼用型品种（图 9-48），又名驼峰牛、高峰牛。原产于日喀则市藏南河谷农业区和喜马拉雅山南麓山裙地带，是当地农牧民自发地引入瘤牛公牛与当地黄牛杂交，经过长期选育，逐渐形成的独特类群。毛色复杂，黑色和黑白花居多，白腹、白尾帚、白头个体亦见；还有红牛、灰牛和以这些色调为主的花斑牛。体格高大、魁梧雄壮、体质结实、结构匀称，头部较粗重，角根粗实、较短，胸宽而深，前躯发育良好，肩峰发达，高峰状或驼状，臀较宽，肌肉较充实。成年公牛平均体高 131.9cm、体重 382.4kg，成年母牛平均体高 128.4cm、体重 355.8kg。屠宰率 57.4%，净肉率 45.8%。役用能力、持久能力强（张沅等，2011）。

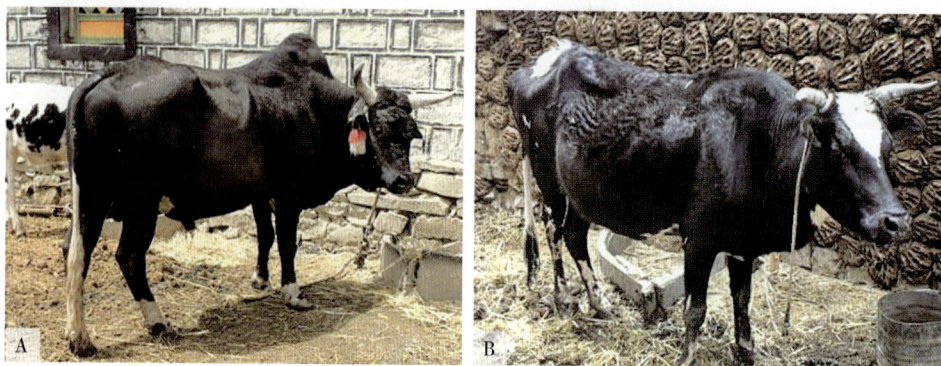

图 9-48 日喀则驼峰牛
A. 日喀则驼峰牛（♂）　B. 日喀则驼峰牛（♀）

49. 樟木牛

樟木牛（Zhangmu cattle）属乳役肉兼用型品种（图 9-49）。主产于日喀则市聂拉木县，是由小型黄牛、瘤牛以及西藏牦牛在特定自然环境条件下通过远缘杂交形成的一种稀有品种，对高山峡谷具有较强适应力。毛色较杂，有黑、黄、白、棕、沙毛、红、草白 7 种毛色，且有色毛中大多具有白斑特征。樟木牛体型较小，结构紧凑、匀称，肩峰大小不一，少数肩峰高而大，公牛肩峰较母牛明显，胸垂不发达。成年公牛平均体高 121.7cm、体重 235kg，成年母牛平均体高 111.5cm、体重 201kg。屠宰率 50%。奶用性能突出，泌乳期长达 6~7 个月，年产奶 1 000kg 以上（张沅等，2011）。

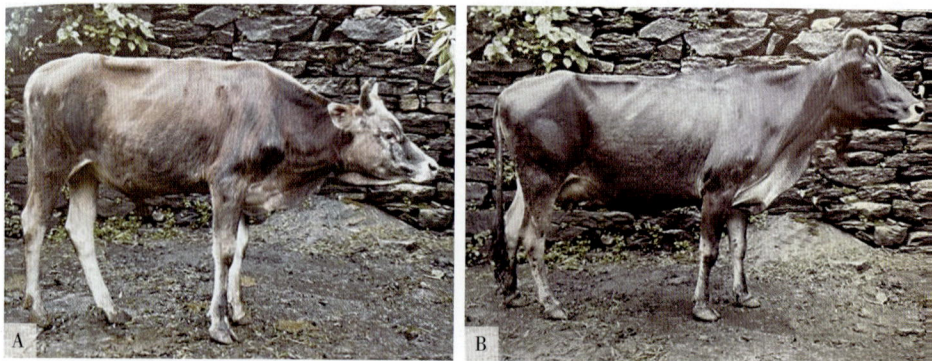

图 9-49 樟木牛（欧珠提供）
A. 樟木牛（♂）　B. 樟木牛（♀）

50. 柴达木牛

柴达木牛（Qaidam cattle）属肉役兼用型品种（图9-50）。原产于柴达木盆地。被毛颜色较杂，公牛头偏短小，额及顶密生卷毛并延伸至前颈上缘；母牛头部狭长、清秀，额宽广，面直。公、母牛均有角，多向外、向上再向前弯曲，也有向前下方弯曲或左右平伸的，角基部呈玉白色或灰白色，角尖部以黑色及黑褐色居多。耳内密生长绒毛。公牛颈短而深厚，母牛颈浅薄而较长。鬐甲低而长，背腰平直。皮肤较厚，后躯略高于前中躯，尻部高而尖斜，乳房较大。成年公牛平均体高115.4cm、体重334.2kg，成年母牛平均体高106.8cm、体重231.0kg。屠宰率52.7%，净肉率39.3%，眼肌面积62.3cm²（张沅等，2011）。

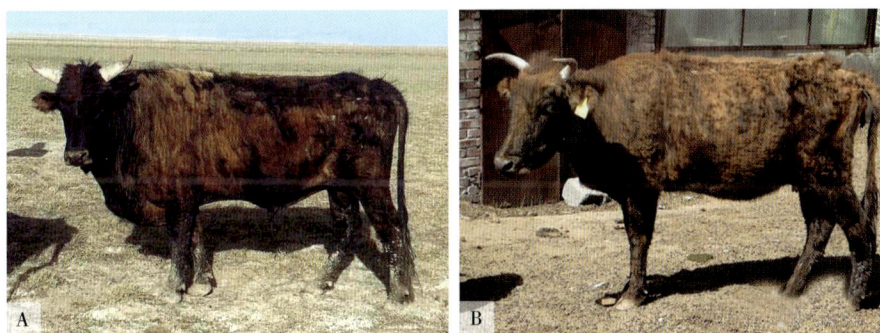

图9-50 柴达木牛（布仁提供）
A. 柴达木牛（♂）　B. 柴达木牛（♀）

51. 哈萨克牛

哈萨克牛（Kazakh cattle）属乳肉役兼用型品种（图9-51）。原产于新疆北部地区。毛色杂，以黄色和黑色为主。角多呈蜡黄色，青紫色和黑灰色次之，角尖色深。蹄多呈蜡黄色和灰白色。角多向侧前上方弯曲、角尖向内呈半椭圆形。颈细、中等长，肉垂不发达。鬐甲低平。背腰平直，后躯较窄，尻部尖斜。被毛粗厚多绒。体格中等，结构紧凑。具有耐粗饲、抗病、抗寒体质强壮结实等优良特性。成年公牛体高115.5cm、体重369.2kg，成年母牛体高110.8cm、体重301.4kg。有良好的肉用性能，屠宰率42.6%，年产乳量1 259.3kg（张沅等，2011）。

52. 阿勒泰白头牛

阿勒泰白头牛（Altay white-headed cattle）是阿勒泰地区特有的乳肉役兼用型地方牛种（图9-52），原产于阿勒泰布尔津县禾木喀纳斯蒙古族乡及其周围地区，现主要分布在新疆阿勒泰布尔津、吉木乃、哈巴河等县。阿勒泰白头牛体质结实，胸宽，背腰平直，垂皮中等发达。公牛头短宽而粗重，颈部发育适中，额宽，额顶高凸，角较小，向前上方弯曲呈半月形，也有一部分无角。母牛角长20～40cm，后躯发育适中，后肋开张较

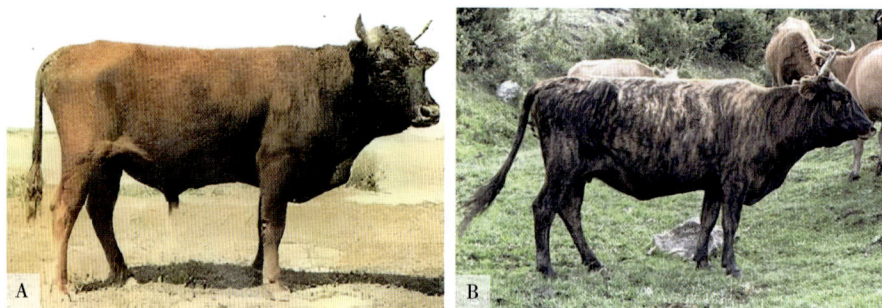

图 9-51　哈萨克牛
A. 哈萨克牛（♂）　　B. 哈萨克牛（♀）（黄锡霞提供）

好，乳房容积较大，结缔组织少，乳头长 4.0～4.5cm。在天然草场放牧条件下，成年公牛最高体重达 787kg，平均 540kg；成年母牛最高体重达 450kg，平均 375kg。母牛妊娠期平均为 270～285d，不同胎次妊娠期差别不大，年妊娠率 70%～80%，繁殖成活率80%～85%。成年公牛屠宰率 49.3%、净肉率 37.4%，成年母牛屠宰率 46.3%、净肉率32.1%。一般情况下泌乳周期为 180d，一个泌乳周期产奶量在 1 500kg 以上。

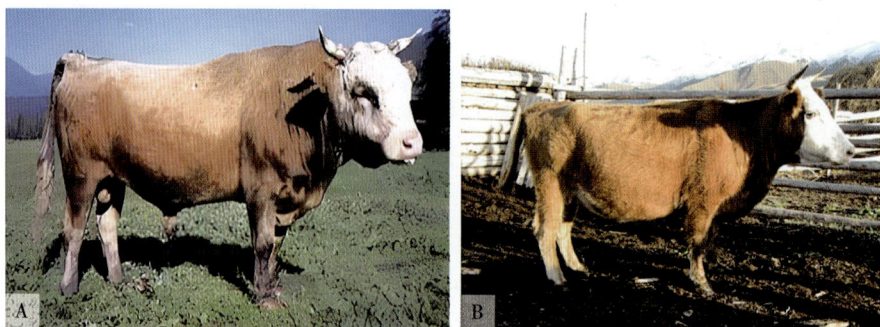

图 9-52　阿勒泰白头牛
A. 阿勒泰白头牛（♂）　　B. 阿勒泰白头牛（♀）

53. 台湾牛

台湾牛（Taiwan cattle）属肉役兼用型地方品种（图 9-53）。分布于台湾省。毛色有淡褐、赤褐和黑褐色，甚至黑色。角小而外向。分布在台湾北部的肩峰较小，南部的肩峰较大。体型不大，头部轻而细致，耳较大，肩峰小而明显，中躯发育较好，后躯发育不良，管围很细，乳房不发达。成年公牛平均体高 122.2cm、体重 340kg，成年母牛平均体高 113.1cm、体重 250kg。育肥公牛的屠宰率 60%，眼肌面积 77cm^2（张沅等，2011）。

54. 皖东牛

皖东牛（Wandong cattle）属肉役兼用型地方品种（图 9-54）。主要分布在安徽省东部地区，中心产区位于凤阳、定远、明光、五河、来安等县（市）。体格中等偏大，后躯

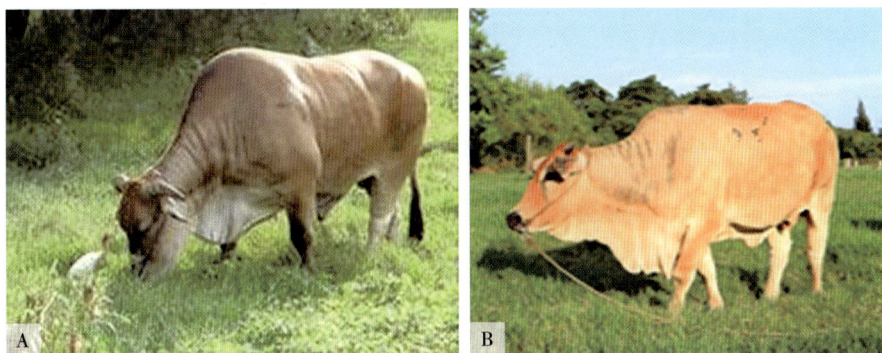

图 9-53 台湾牛
A. 台湾牛（♂） B. 台湾牛（♀）

发达，公牛平均体高 128.59cm、体重 522.55kg，母牛平均体高 118.54cm、体重 374.15kg；在保种场及重点保护区内，公牛平均体高 142.58cm、体重 650.49kg，母牛平均体高 119.33cm、体重 397.57kg；公牛和母牛肉用指数（BPI）值分别达 4.6 和 3.3。未经育肥的公牛平均屠宰率和净肉率分别是 53.3％ 和 43.0％，母牛平均屠宰率和净肉率分别是 48.2％ 和 39.6％。母牛适配年龄 1.52 岁左右，妊娠期 280～290d（平均 282d）。具有耐粗饲、耐热、耐寒、抗病力强，性情温驯，易饲养等特性，是我国宝贵的畜禽遗传资源，在优质肉牛生产中具有较高的开发利用价值（刘洪瑜，2015）。

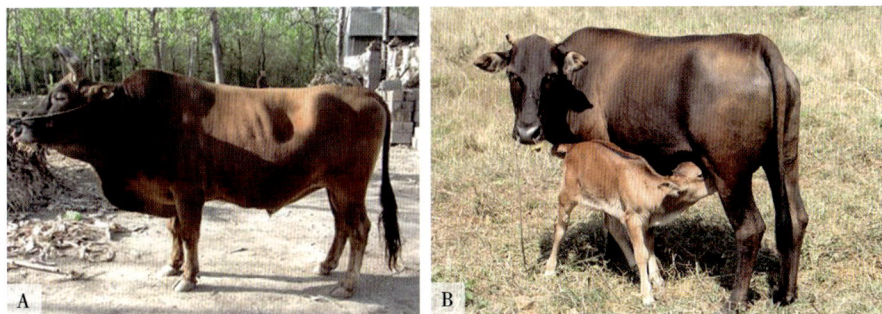

图 9-54 皖东牛
A. 皖东牛（♂） B. 皖东牛（♀）

55. 夷陵牛

夷陵牛（Yiling cattle）是宜昌市独特地理环境下孕育的优良中等肉役兼用型品种（图 9-55），体质强壮结实，结构匀称，耐粗饲，肉用、役用性能优异。被毛以棕黄色、板栗色、黑色为多，体型中等，头窄而长、面目清秀，耳朵较小、微向前倾，眼睛清亮，鼻唇镜微向上翘，角有笋角、羊角，颈部较短，骨骼粗壮，前肢正直，后肢呈弧形多内靠，躯干腰背平直，公牛平均体重 460.0kg，母牛平均 295.6kg；公牛平均体高 125.9cm、体重 460.0kg、体斜长 152.4cm，母牛平均体高 114.7cm、体重 295.6kg、体斜长

131.6cm。育肥后公牛屠宰率59.6％，净肉率46.7％；母牛屠宰率52.7％，净肉率40.9％。公牛一般18月龄性成熟，母牛一般24月龄性成熟。母牛发情多集中于9—11月和第二年的3—5月，母牛终生能生产牛犊7～8胎，12岁左右开始淘汰（沈洪学等，2016）。

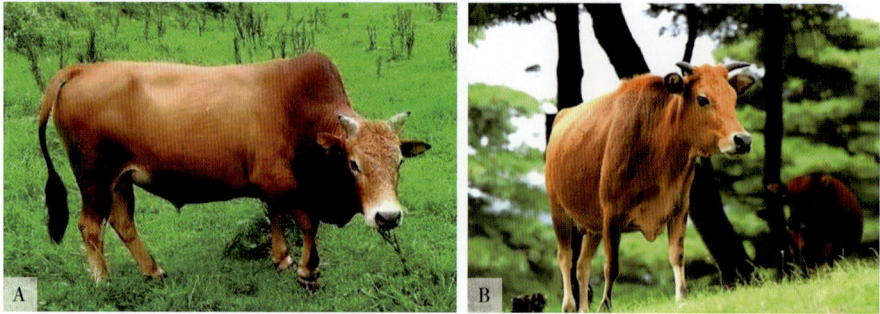

图9-55 夷陵牛
A. 夷陵牛（♂） B. 夷陵牛（♀）

56. 江城黄牛

江城黄牛（Jiangcheng cattle）属肉役兼用型品种（图9-56），主要分布于云南省南部地区及邻近的越南和老挝，群体数量大，中心产区位于普洱市江城哈尼族彝族自治县境内。群体遗传多样性较低，兼含83.85％瘤牛和16.15％普通牛血统。体型小，头型平短，鼻镜、眼睑为粉色和褐色，眼明有神；耳平伸，耳壳薄，耳端尖，活动灵敏；四肢端正，结构良好，骨骼短细，皮薄，管围细，蹄呈黑褐色；长尾，尾尖直达后管下段。公牛肩峰明显，胸垂大，无脐垂；肩腰平直，胸宽深，角双对成倒八字形；全身被毛以深黄褐色为主，伴有黑色。母牛平肩无峰，颈胸部垂皮小，角双对细短尖，呈倒八字形，前倾；全身被毛以深黄褐色为主；母牛乳房圆小，乳头细短。成年公牛体高109.5cm±6.2cm、体重227.2kg±26.8kg，成年母牛体高102.5cm±4.3cm、体重191.0kg±17.4kg。公犊初生重13.75kg±1.28kg，母犊初生重11.17kg±1.17kg。一般饲养条件下，屠宰率46.84％±2.95％，胴体净肉率73.29％±2.14％，第6～7肋眼肌面积28.73cm²±3.65cm²，肉骨比3.28±0.13。

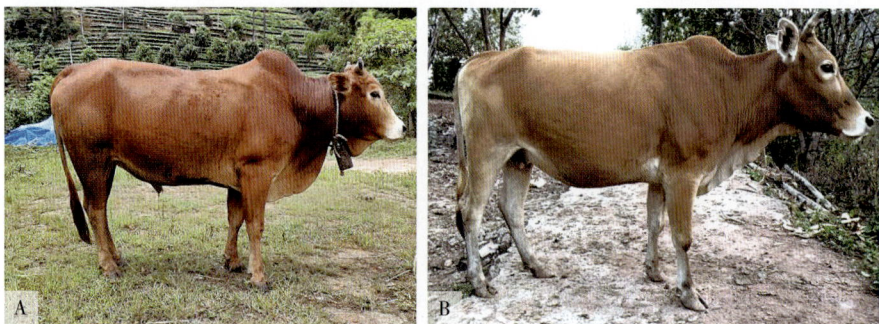

图9-56 江城黄牛（亏开兴提供）
A. 江城黄牛（♂） B. 江城黄牛（♀）

57. 空山牛

空山牛（Kongshan cattle）属肉役兼用型品种，又称通江牛或空山黄牛（图 9 - 57），主产于四川省巴中市通江县。空山牛性情温驯、耐粗饲、适应性强。体型中等，比例匀称，肌肉紧实。贴身短毛，基础毛色主要为黄色、枣红色、棕色、黑色，其中黄色占 84.31%、枣红色占 6.86%、棕色占 4.90%、黑色占 2.61%，极少数个体有晕毛。公牛角多呈倒八字形，占 90.22%，母牛角多为龙门角，占 82.34%，角色为黑褐色和蜡色。公、母犊牛的初生重分别为 21.84kg 和 18.38kg；成年公、母牛体重分别为 430.93kg 和 319.15kg，成年公、母牛平均屠宰率分别为 51.24% 和 47.31%，平均净肉率分别为 43.98% 和 38.45%，平均肉骨比分别为 4.35 和 5.88，平均眼肌面积分别为 89.67cm^2 和 53.67cm^2。空山牛性成熟年龄公牛为 16～20 月龄，母牛为 16～18 月龄。公牛初配年龄为 30 月龄，母牛初配年龄为 24 月龄。繁殖季节为 3—11 月，发情周期平均 21d，妊娠期 285d 左右。

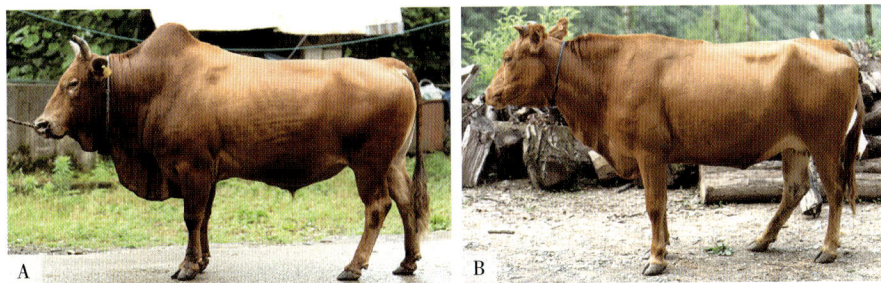

图 9 - 57　空山牛（王之盛提供）
A. 空山牛（♂）　B. 空山牛（♀）

58. 天台牛

天台牛（Tiantai cattle），又称小狗牛、天台犬牛、天台黄牛，属肉役兼用型的小型山地黄牛品种（图 9 - 58）。主产于浙江省台州市，中心产区为天台县，主要分布于坦头、泳溪、平桥、三州、雷峰、南屏等乡镇，以及周边毗邻的仙居、武义等地。天台牛体质结实，骨骼较细致。被毛紧密，短而细软，以黄、淡黄毛色为多，深黄褐、黑色次之。头型清秀较狭长，耳小灵活。鼻镜黑色居多。角以八字角为多，也有铃铛角、横担角等。肉垂明显，前躯略高于后躯。公牛肩峰高 3～8cm，多数母牛肩峰不明显，尻稍斜而尖。乳房较小，以粉红色为多。四蹄圆正较小，蹄壳坚硬。尾梢长至飞节，黑色居多。天台山牛体型小、耐粗饲、是在当地独特的生态地理环境下，经当地劳动人民长期选择而成的特色地方遗传资源。成年公牛体高 113.5cm±9.1cm，体斜长 131.1cm±13.1cm，体重 207.0kg±56.2kg。成年母牛体高 105.2cm±6.2cm，体斜长 126.2cm±10.0cm，体重 201.8kg±38.3kg。公、母牛犊初生重分别为 16.9kg±3.6kg 和 15.5kg±3.8kg。育肥 6 个月平均日增重 275g±79g，眼肌面积 42cm^2±8.91cm^2、屠宰率 44.87%±4.80%、净肉率 34.51％±4.89％、肉骨比 4.0±0.85。母牛 16～18 月龄性成熟，24 月龄以上初配；发情周期 18～21d，发情持续 1～3d；妊娠期 277～291d；自然交配情期受胎率约 70％。公牛 15～16 月龄性成熟，18～24 月龄初配。

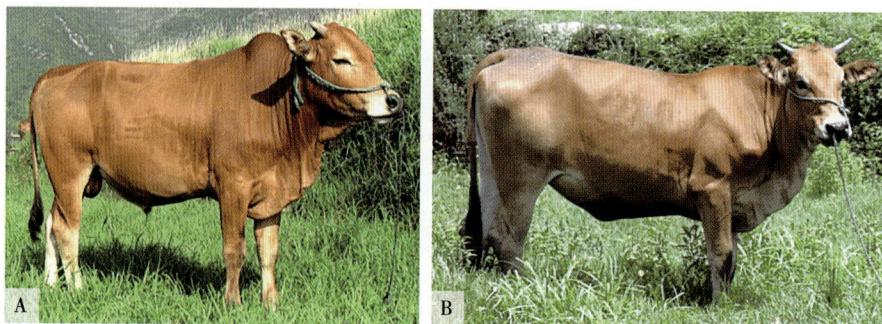

图 9-58　天台牛
A. 天台牛（♂）　B. 天台牛（♀）

第二节　中国培育牛品种

1. 中国荷斯坦牛

中国荷斯坦牛（Chinese Holstein cattle）是荷兰纯种荷斯坦牛与本地母牛的高代级进杂种，经长期选育而成的我国乳用牛品种（图 9-59）。毛色为黑白花。白花多分布于牛体的下部，黑白斑界限明显。体格高大，结构匀称，头清秀狭长，眼大突出，颈瘦长，颈侧多皱纹，垂皮不发达。前躯较浅窄，肋骨弯曲，肋间隙宽大。背线平直，腰角宽广，尻部长而平，尾细长。四肢强壮，开张良好。乳房大，向前后延伸良好，乳静脉粗大弯曲，乳头长而大。公牛体高 140cm 左右，体重 800～1 000kg；母牛体高一般在 135cm 左右，体重 450～750kg。母牛 15～18 月龄开始配种，25～28 月龄产犊。一个泌乳期（305d 计）的产奶量为 4 500～5 000kg，优良牛群为 7 000～9 000kg，高产牛可达 10 000kg 以上，乳脂率一般为 3.0％～3.7％。

图 9-59　中国荷斯坦牛
A. 中国荷斯坦牛（♂）　B. 中国荷斯坦牛（♀）

2. 中国西门塔尔牛

中国西门塔尔牛（Chinese Simmental cattle）为大型乳肉兼用型培育品种（图 9 - 60）。主要分布于内蒙古、河北、吉林、新疆、黑龙江等地。中国西门塔尔牛体躯深宽、高大，结构匀称，体质结实，肌肉发达，行动灵活，被毛光亮，毛色为红（黄）白花，花片分布整齐，头部为白色或带眼圈，尾梢、四肢和腹部为白色，角、蹄为蜡黄色，鼻镜为肉色，乳房发育良好、结构均匀、紧凑。成年公牛体重为 866.75kg±84.2kg，体高为144.75cm±10.7cm，母牛平均胎次产奶量为 4 327.5kg±357.3kg，其中 1 119 头为5 252.1kg±607.2kg，平均乳脂率 4.03%。母牛初情期为 13～15 月龄，体重 230～330kg，发情周期 19.5d±2.3d，发情持续 34.5h±3.2h，妊娠期 285d±5.69d，平均产犊间隔381d±18.2d。

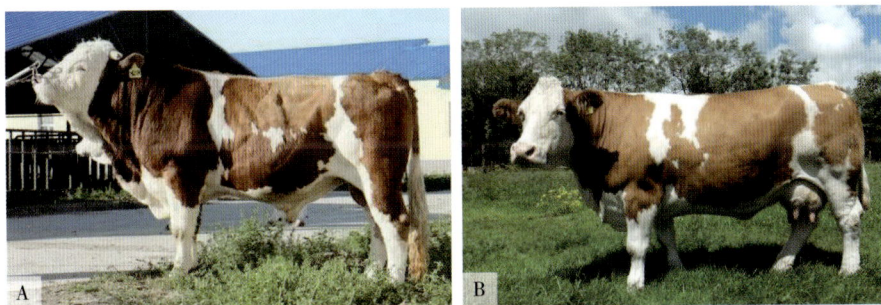

图 9 - 60　中国西门塔尔牛
A. 中国西门塔尔牛（♂）　　B. 中国西门塔尔牛（♀）

3. 三河牛

三河牛（Sanhe cattle）是中国培育的乳肉兼用型品种（图 9 - 61），产于额尔古纳市三河（根河、得耳布尔河、哈布尔河）地区。三河牛血统组成复杂，经西门塔尔牛等 8 品种复杂杂交、横交固定选育而形成。1986 年 9 月正式验收命名为内蒙古三河牛。三河牛体格高大结实，肢势端正，四肢强健，蹄质坚实。有角，角稍向上、向前方弯曲，少数牛

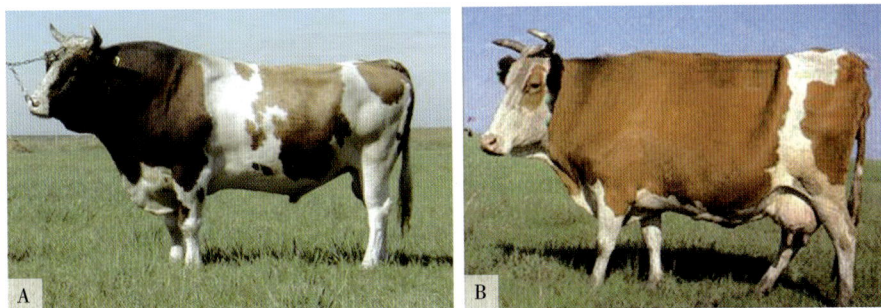

图 9 - 61　三河牛
A. 三河牛（♂）　　B. 三河牛（♀）

角向上。乳房大小中等，质地良好。毛色以红（黄）白花为主，花片分明，头白色，额部有白斑，四肢膝关节下部、腹部下方及尾尖为白色。成年公、母牛的体重分别为 1 050kg 和 547.9kg，体高分别为 156.8cm 和 131.8cm。公、母犊初生重分别为 35.8kg 和 31.2kg。产奶性能良好，年平均产奶量为 4 000kg，乳脂率 4％以上。产肉性能好，2～3 岁公牛的屠宰率为 50％～55％，净肉率为 44％～48％。

4. 新疆褐牛

新疆褐牛（Xinjiang brown cattle）是我国育种工作者自 20 世纪 30 年代起历经 50 多年采用多元杂交技术培育而成的乳肉兼用新品种（图 9-62），其母本为哈萨克牛，父本为瑞士褐牛、阿拉托乌牛，也曾导入少量的科斯特罗姆牛血液。新疆褐牛体格中等，体质结实，被毛、皮肤为褐色，色深浅不一。头顶、角基部为灰白或黄白色，多数有灰白或黄白色的口轮和宽窄不一的背线。角尖、眼睑、鼻镜、尾尖、蹄均呈深褐色。头顶枕骨凸出。角向前上方弯曲呈半椭圆形，角尖稍直。尻部长宽适中，有部分稍斜尖，十字部稍高，臀部肌肉较丰满。乳房中等大。四肢健壮，蹄圆坚实。成年公牛体重 800～1 000kg，成年母牛体重 500～650kg。成年公、母牛平均体高分别为 144.8cm 和 121.32cm，初生重公犊为 36.83kg±0.16kg，母犊为 34.64kg±0.12kg，产奶量可达 3 500～4 500kg。屠宰率 52.5％，净肉率 41.8％，肉骨比 4.94。母牛在 2 岁体重达 250kg 时初配，公牛在 1.5～2 岁、体重达 330kg 以上时初配。

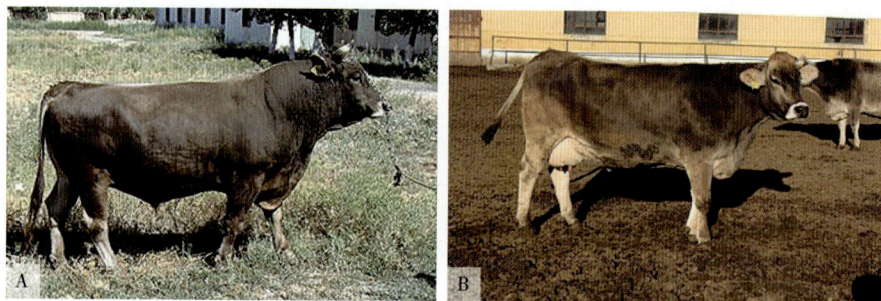

图 9-62　新疆褐牛
A. 新疆褐牛（♂）　B. 新疆褐牛（♀）

5. 中国草原红牛

中国草原红牛（Chinese caoyuan red cattle）是吉林、内蒙古、河北、辽宁四省（区）协作，以引进的兼用短角公牛为父本、我国草原地区饲养的蒙古母牛为母本育成的优质乳肉兼用型新品种（图 9-63）。草原红牛对严寒酷热气候的耐力很强，抗病力强，发病率低，当地以放牧为主。其肉质鲜美细嫩，为烹制佳肴的上乘原料。草原红牛被毛为紫红色或红色，部分牛的腹下或乳房有小片白斑。体格中等，头较轻，大多数有角，角多伸向前外方，呈倒八字形，略向内弯曲。颈肩结合良好，胸宽深，背腰平直，四肢端正。成年公牛体重 700～800kg，母牛为 450～500kg。犊牛初生重 30～32kg。18 月龄的阉牛经放牧育肥，屠宰率 50.8%，净肉率 41.0%。经短期育肥的牛，屠宰率可达 60.2%，净肉率达 50.1%。第二胎的泌乳天数为 214.3d，平均产乳量 1 461.7kg±27.1kg。

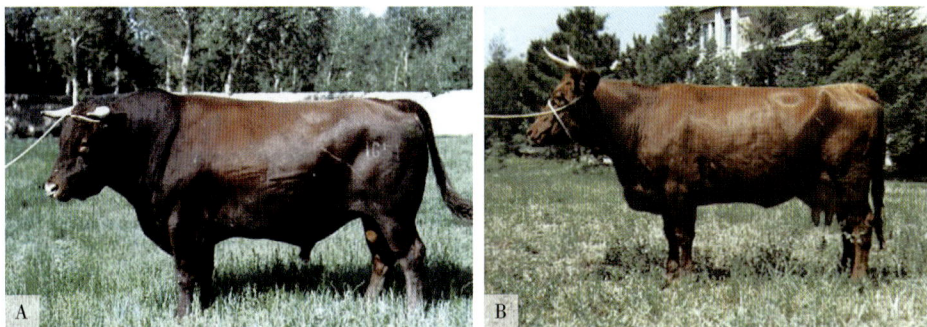

图 9-63 中国草原红牛
A. 中国草原红牛（♂） B. 中国草原红牛（♀）

6. 夏南牛

夏南牛（Xianan cattle）是以南阳牛为母本、夏洛来为父本，采用杂交创新、横交固定和自群繁育三个阶段培育而成的我国第一个专门化肉牛品种（图 9-64），含夏洛来牛血统 37.5%，含南阳牛血统 62.5%。主要分布在河南省驻马店市泌阳县及其周边地区。夏南牛毛色纯正，以浅黄、米黄色居多。成年牛结构匀称，体躯呈长方形，胸深而宽，肋圆，背腰平直，肌肉丰满，尻部长宽而平直。四肢粗壮，蹄质坚实，蹄壳多为肉色。尾细长。母牛乳房发育好。农村饲养管理条件下，公、母牛平均初生重分别为 38kg 和 37kg；成年公牛体重可达 850kg 以上，成年母牛体重可达 600kg 以上。未经育肥的 18 月龄夏南公牛屠宰率 61.2%，净肉率 50.9%，眼肌面积 117.7cm²，熟肉率 58.66%，肉骨比 4.81，优质肉切块率 38.37%，高档牛肉率 14.35%。育肥期日增重可达 1.82kg±0.13kg。

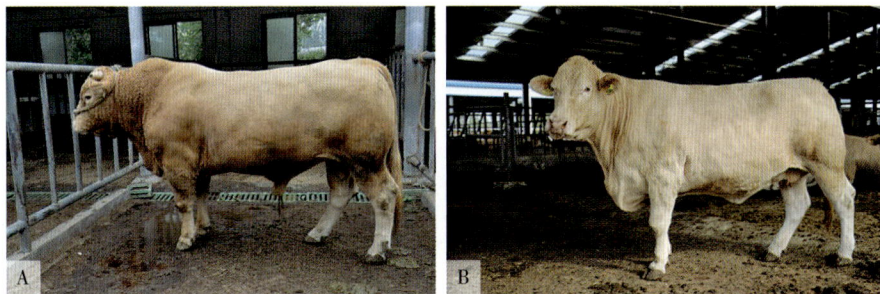

图 9-64 夏南牛
A. 夏南牛（♂） B. 夏南牛（♀）

7. 延黄牛

延黄牛（Yanhuang cattle）是以引进的利木赞牛为父本、延边地方黄牛为母本，经杂交合成、横交固定和群体继代选育而成的专门化肉牛品种（图9-65），其血统为75%延边地方黄牛、25%利木赞牛，遗传性能稳定。延黄牛骨骼坚实，体躯结构匀称，结合良好。尻部发育良好。公牛头较短宽，角较粗壮而平伸；母牛头较清秀，角细，多为龙门角。延黄牛被毛颜色均为黄红色或浅红色，股间色淡。育肥公牛平均体高130cm以上、体重470~500kg，屠宰率58%，净肉率48%，育肥期间每日增重800g左右。母牛初情期8~9月龄，初配期13~15月龄，发情周期20~21d，持续期约20h，平均妊娠期283~285d；产犊间隔360~365d。公牛射精量平均3~5mL/次，精子密度9.5亿/mL，精子活力测定为0.85。

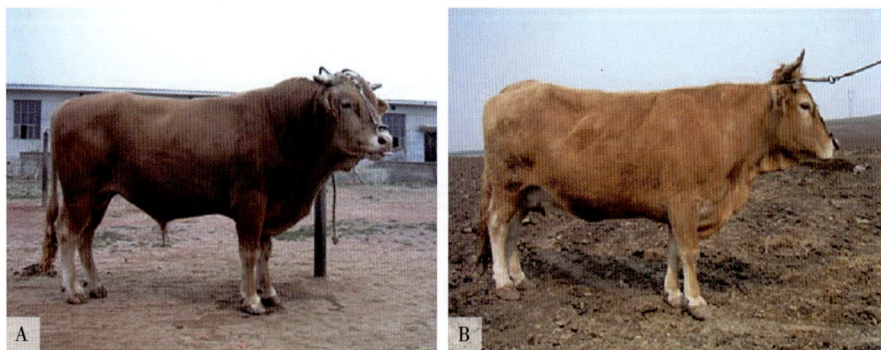

图9-65 延黄牛（吴健提供）
A. 延黄牛（♂）　　B. 延黄牛（♀）

8. 辽育白牛

辽育白牛（Liaoyu white cattle）是以夏洛来牛为父本、辽宁本地黄牛为母本级进杂交，形成了含夏洛来牛血统93.75%、本地黄牛血统6.25%遗传组成的专门化肉牛品种（图9-66）。辽育白牛全身被毛呈白色或草白色，鼻镜肉色，蹄角多为腊色；体型大，体质结实，肌肉丰满，体躯呈长方形；头宽且稍短，额阔唇宽，耳中等偏大，大多有角，少数无角；颈粗短，母牛平直，公牛颈部隆起，无肩峰，母牛颈部和胸部多有垂皮，公牛垂皮发达；胸深宽，肋圆，背腰宽厚、平直，尻部宽长，臀端宽齐，后腿部肌肉丰满；四肢

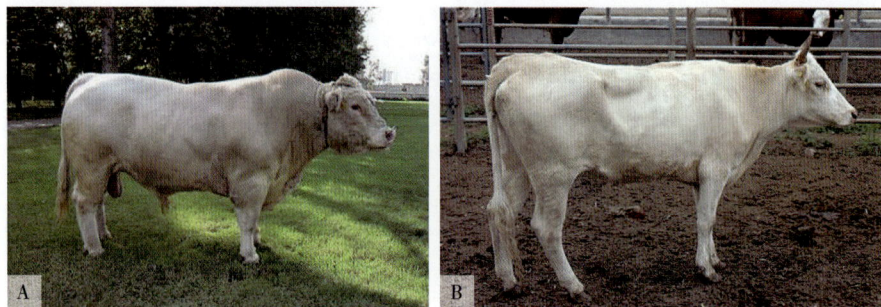

图9-66 辽育白牛
A. 辽育白牛（♂）　　B. 辽育白牛（♀）

粗壮，长短适中，蹄质结实；尾中等长度；母牛乳房发育良好。辽育白牛容易饲养，增重快，6 月龄断奶后，持续育肥的平均日增重可达 1 300g，300kg 以上的架子牛育肥的平均日增重可达 1 500g，辽育白牛成年公牛体重 910.5kg，肉用指数 6.3；母牛体重 451.2kg，肉用指数 3.6；初生重公牛 41.6kg，母牛 38.3kg。

9. 蜀宣花牛

蜀宣花牛（Shuxuan cattle）是以宣汉牛为母本、原产于瑞士的西门塔尔牛和荷兰的荷斯坦乳用公牛为父本培育的，含西门塔尔牛血统 81.25％、荷斯坦牛血统 12.5％、宣汉牛血统 6.25％的乳肉兼用型品种（图 9-67）。蜀宣花牛体型中等，整体结构匀称，头大小适中，体质结实，肌肉发达，行动灵活；体躯深宽，颈肩结合良好，背腰平直，后躯宽广，四肢端正，蹄质坚实；被毛光亮，毛色为黄（红）白花，头部、尾梢、四肢为白色，体躯有花斑；照阳角，角、蹄蜡黄色为主，鼻镜肉色或有斑点；母牛头部清秀，乳房发育良好，结构均匀紧凑，公牛雄性特征明显，略有肩峰。公、母牛初生重分别为 31.6kg 和 29.6kg；6 月龄公、母牛体重分别为 149.3kg 和 154.7kg；12 月龄公、母牛体重分别为 315.1kg 和 282.7kg。成年公、母牛体重分别为 793.4kg 和 510.5kg，体高分别为 149.8cm 和 128.1cm，体斜长分别为 180.0cm 和 157.9cm。日增重为 0.96kg±0.19kg，屠宰率和净肉率分别为 58.5％和 48.0％。297.9d±22.0d 的平均产乳量为 3 836.0kg±581.9kg。

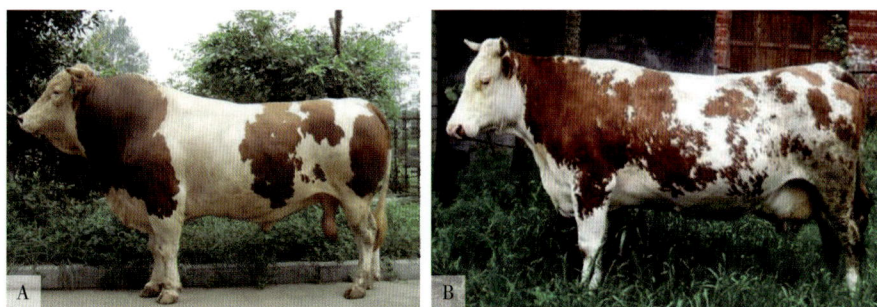

图 9-67 蜀宣花牛
A. 蜀宣花牛（♂） B. 蜀宣花牛（♀）

10. 云岭牛

云岭牛（Yunling cattle）是 1949 年以来，第一个采用三元杂交培育成的具有完全自主知识产权的专门化肉牛新品种（图 9-68），含 1/2 婆罗门牛、1/4 莫累灰牛、1/4 云南黄牛血缘的新品种。云岭牛以黑色、黄色为主，被毛短而细密；体型中等，各部结合良好，细致紧凑，肌肉丰厚；头稍小，眼明有神；多数无角，耳稍大，横向舒张；颈中等长；公牛肩峰明显，颈垂、胸垂和腹垂较发达，体躯宽深，背腰平直，后躯和臀部发育丰满；母牛肩峰稍有隆起，胸垂明显，四肢较长，蹄质结实；尾细长。云岭牛成年公牛体重 780.7kg±165.5kg、体高 140.9cm±8.6cm，成年母牛体重 608.1kg±60.4kg、体高

132.6cm±7.4cm（杨彦红等，2019）。育肥 93d 的平均日增重为 1.19kg±0.06kg，眼肌面积 78.5cm²。屠宰率和净肉率分别为 61.87％和 49.0％。

图 9-68　云岭牛

A. 云岭牛（黑）（♂）　B. 云岭牛（黑）（♀）　C. 云岭牛（黄）（♂）　D. 云岭牛（黄）（♀）

11. 华西牛

华西牛（Huaxi cattle）以肉用西门塔尔牛为父本，以蒙古牛、三河牛、西门塔尔牛、夏洛来组合的杂种后代为母本，经过 43 年杂交改良和选育，形成了当前体型外貌一致、生产性能突出、遗传性能稳定的专门化肉用牛新品种（图 9-69）。其生长速度快，屠宰率、净肉率高，繁殖性能好，抗逆性强。躯体被毛多为红色（部分为黄色）或含少量白色花片，头部白色或带红黄眼圈，腹部有大片白色，肢蹄、尾梢均为白色。公牛颈部隆起发达，颈胸垂皮明显，体格骨架大，背腰平直，肋部方圆深广，背宽肉厚，肌肉发达，后臀

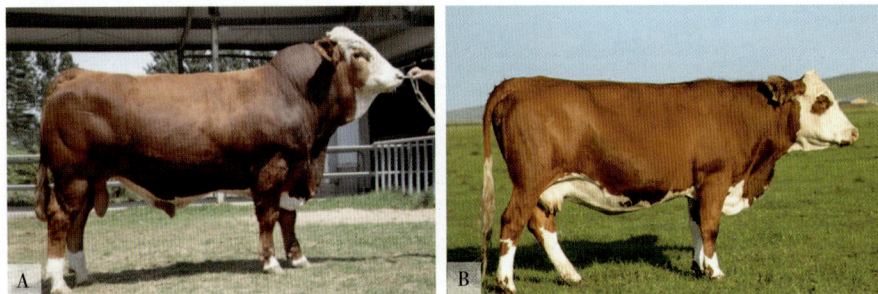

图 9-69　华西牛

A. 华西牛（♂）　B. 华西牛（♀）

丰满，体躯呈圆筒状。成年公牛体重近 1 000kg，体斜长近 2.0m。母牛体型结构匀称，乳房发育良好，母性好，性情温驯。成年母牛体重 570kg 左右，体斜长 1.7m 左右。华西牛适应性广泛，日增重为 1.33kg，眼肌面积、屠宰率和净肉率分别为 101.3cm^2、62.7％和 53.7％。目前已在内蒙古、吉林、河南、湖北、云南和新疆等地试推广。

第三节　中国主要引进牛品种

1. 荷斯坦牛

荷斯坦牛（Holstein cattle）是世界著名的、产乳量最高的乳用牛品种（图 9 - 70）。原产于荷兰北部的北荷兰省（North Holland）和西弗里生省（West Friesland），其后代分布到荷兰全国乃至法国北部以及德国的荷斯坦省（Holstein）。荷斯坦牛体格高大，结构匀称，皮薄骨细，皮下脂肪少，乳房特别庞大，乳静脉明显，后躯较前躯发达，侧望呈楔形，具有典型的乳用型外貌。荷斯坦牛平均年产奶量为 8 016kg，乳脂率为 4.4％、乳蛋白率为 3.42％；荷斯坦牛的平均初产月龄为 26.2 月龄，产犊间隔为 438d，情期受胎率为 45.2％，流产率为 3.4％，死胎率为 10.5％。产后 51～60d 首次配种奶牛情期受胎率最高（85.7％），产后 161～170d 首次配种奶牛情期受胎率最低（30.7％）。

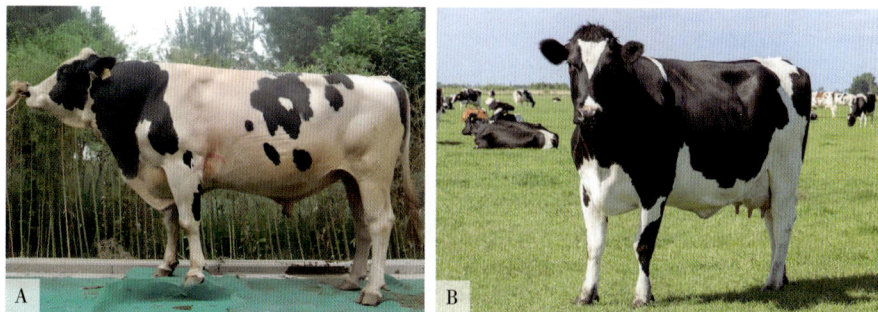

图 9 - 70　荷斯坦牛
A. 荷斯坦牛（♂）　　B. 荷斯坦牛（♀）

2. 西门塔尔牛

西门塔尔牛（Simmental cattle）是产于瑞士阿尔卑斯山区河谷地带的乳肉兼用型品种（图 9 - 71）。毛色多为红白花、黄白花或淡红白花，头、胸、腹下、四肢及尾梢多为白色，皮肤为粉红色，头较长，面宽。角较细而向外上方弯曲，尖端稍向上。颈长中等。体躯长，呈圆筒状，肌肉丰满。前躯较后躯发育好，胸深，尻部宽平，四肢结实，大腿肌肉发达。乳房发育中等，四个乳区匀称。适应性强，耐粗饲，生长速度快。成年公牛体高 147cm、体重 1 100～1 300kg，成年母牛体高 134cm、体重 650～800kg。250d 产奶量 3.5～4.5t，乳脂率 3.64％～4.13％。屠宰率 65.0％，净肉率 50.0％，眼肌面积 90.5cm^2。

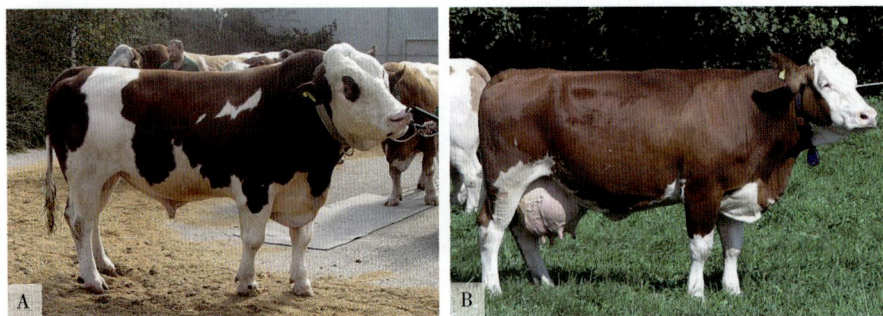

图 9-71　西门塔尔牛
A. 西门塔尔牛（♂）　　B. 西门塔尔牛（♀）

3. 夏洛来牛

夏洛来牛（Charolais cattle）原产于法国的夏洛来省和涅夫勒省，本是古老的大型役用牛，18 世纪开始严格地系统选育，1864 年建立良种登记簿，1887 年成立夏洛来品种协会，1920 年被育成为专门的肉牛品种（图 9-72）。夏洛来体躯高大强壮。该牛最显著的特点是被毛为白色或乳白色，皮肤常有色斑；全身肌肉特别发达，骨骼结实，四肢强壮。夏洛来头小而宽，角圆而较长，并向前方伸展，角质蜡黄、颈粗短，胸宽深，肋骨方圆，背宽肉厚，体躯呈圆筒状，肌肉丰满，后臀肌肉很发达，并向后面和侧面突出，常形成"双肌"特征。夏洛来犊牛初生重大，公犊为 45kg，母犊为 42kg。成年公牛体重 1 100～1 200kg，成年母牛体重 700～800kg。在良好的饲养条件下，6 月龄公犊可达 250kg，母犊 210kg。日增重可达 1 400g。屠宰率达 60%～70%，胴体净肉率 80%～85%，肉骨比 6.3。

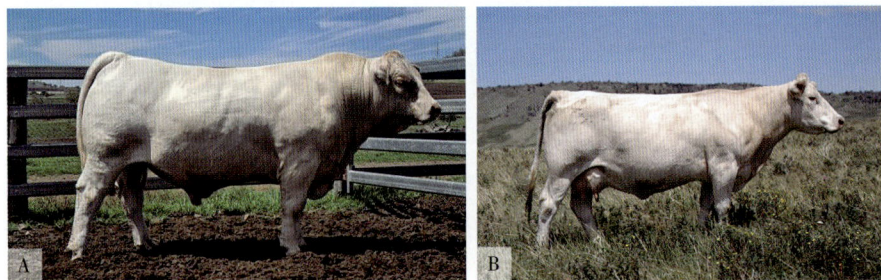

图 9-72　夏洛来牛
A. 夏洛来牛（♂）　　B. 夏洛来牛（♀）

4. 利木赞牛

利木赞牛（Limousin cattle）原产于法国中部的利木赞高原，并因此而得名。2012 年世界上许多国家都有该牛分布，属于专门化的大型肉牛品种（图 9-73）。中国首次是从法国进口，在河南、山东、内蒙古等地改良当地黄牛。利木赞牛毛色为红色或黄色，口、鼻、眼圈周围、四肢内侧及尾帚毛色较浅，角为白色，蹄为红褐色。利木赞牛头较短小，额宽，胸部宽深，体躯较长，后躯肌肉丰满，四肢粗短。成年公牛平均体重为 1 200kg、成年母牛平均体重为 600kg；在法国较好饲养条件下，公牛活重可达 1 200~1 500kg，母牛达 600~800kg。公、母牛体高分别为 147.5cm 和 130.6cm。18 月龄屠宰率、胴体净肉率和肉骨比分别为 63.9％、75.5％和 7.9。初生重公犊 39kg，母犊 37kg，这种初生重小、后期发育快、成年体重大的相对性状，是现代肉牛业追求的优良性状。利木赞牛产肉性能高，眼肌面积大，前后肢肌肉丰满，出肉率高。在集约饲养条件下，犊牛断奶后生长很快，10 月龄体重即达 408kg，12 月龄体重可达 480kg 左右，哺乳期平均日增重为 0.86~1.3kg。

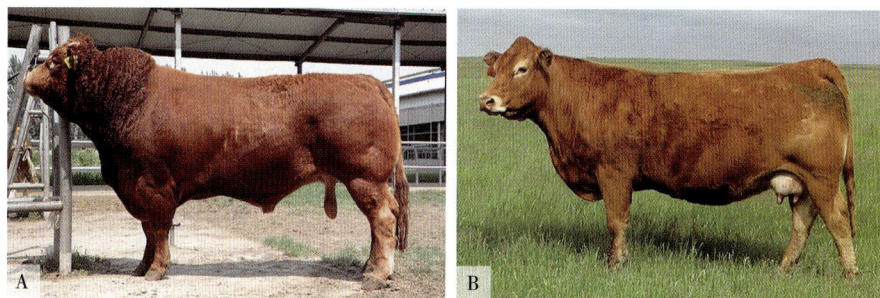

图 9 - 73　利木赞牛（河南省鼎元种牛育种有限公司提供）
A. 利木赞牛（♂）　　B. 利木赞牛（♀）

5. 安格斯牛

安格斯牛（Angus cattle）是英国古老的小型肉用牛品种（图 9 - 74），全称阿伯丁-安格斯牛。因原产于苏格兰东北部的阿伯丁、安格斯等地而得名。安格斯牛被毛有黑色和红色。安格斯牛以被毛黑色和无角为其重要特征，故也称其为无角黑牛（图 9 - 74A、B），部分安格斯牛的腹下、脐部和乳房部有白斑。红色安格斯牛被毛红色（图 9 - 74C、D），与黑色安格斯牛在体躯结构和生产性能方面没有差异。安格斯牛体型较小，体质紧凑结实；头小而方，额宽；体躯宽深，呈圆筒形；四肢短而直，前后裆较宽，全身肌肉丰满；具有典型肉用牛体型外貌特征。安格斯犊牛平均初生重 25~32kg。初生重轻，极少出现难产。公犊 6 月龄断奶体重 198.6kg，母犊 174kg；周岁体重可达 400kg，日增重 950~1 000g。成年公牛体重 700~900kg，高的可达 1 000kg，母牛体重 500~600kg。成年公、母牛体高分别为 130.8cm 和 118.9cm。母牛乳房结构紧凑，泌乳力强，母牛 12 月龄性成熟，可在 13~14 月龄初配。头胎产犊年龄 2~2.5 岁，产犊间隔一般 12 个月左右，情期受胎率 78.4％。安格斯牛肉用性能良好，表现早熟易肥、饲料转化率高、胴体品质好、净肉率高、大理石花纹明显，屠宰率 60％~65％。

6. 娟姗牛

娟姗牛（Jersey cattle）属小型乳用品种（图 9 - 75），原产于英国英吉利海峡的娟姗岛。由当地牛与法国布里顿牛和诺曼底牛杂交选育而成。娟姗牛被毛短细、具有光泽，毛

图 9-74 安格斯牛

A. 安格斯牛（黑）（♂）　B. 安格斯牛（黑）（♀）　C. 安格斯牛（红）（♂）　D. 安格斯牛（红）（♀）

色为深浅不同的褐色，以浅褐色为主，少数毛色带有白斑；腹下及四肢内侧毛色较淡，鼻镜及尾帚为黑色，嘴、眼圈周围有浅色毛环。成年公牛体重 650～750kg，成年母牛体重 340～450kg；成年母牛体高 113.5cm 左右，体长 133cm 左右，胸围 154cm 左右，管围 15cm 左右。英国的娟姗牛体格较小，而美国的相对较大。娟姗牛平均产奶量 4 676kg，乳脂率 6.25%，乳蛋白率 4.0%；娟姗犊牛初生重 23～27kg；母牛初情期通常为 8 月龄，适宜配种年龄 14～16 月龄，妊娠期 278～282d；公牛 15～16 月龄可采精配种。

图 9-75 娟姗牛

A. 娟姗牛（♂）　B. 娟姗牛（♀）

7. 德国黄牛

德国黄牛（Gelbvieh cattle）属肉乳兼用型品种（图 9-76），产于德国和奥地利，其中德国最多。主要分布在维尔茨堡和纽伦堡等地。德国黄牛是一种与西门塔尔牛血缘非常接近的品种，体型外貌与西门塔尔牛酷似，唯毛色从黄棕到红棕色，眼圈的毛色较浅。体躯长，体格大，胸深，背直，四肢短而有力，肌肉强健。母牛乳房大，附着结实。生产性能略低于西门塔尔牛。初生重 40.8kg，断奶重 213kg，平均日增重 985g。胴体重 336kg 时，眼肌面积 91.8cm^2。屠宰率 63％，净肉率 56％。泌乳期产奶量 4 650kg，乳脂率 4.15％。去势小牛育肥到 18 月龄体重达 600～700kg，增重速度快。难产率低。

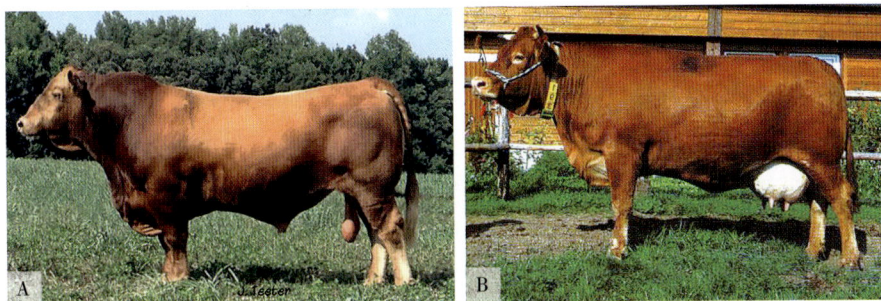

图 9-76　德国黄牛
A. 德国黄牛（♂）　　B. 德国黄牛（♀）

8. 南德文牛

南德文牛（South Devon cattle）属大型肉牛品种（图 9-77），主要分布在英国、美国、加拿大、南非、新西兰、澳大利亚等国。公牛体型较大，结构匀称，体躯健壮结实，全身肌肉丰满，性情温和，雄相明显；母牛体躯呈楔形，皮肤疏松而柔软，乳房发育良好。成年公牛体重 1 114.7kg，体高 149.0cm。南德文牛屠宰率 65％，净肉率 59.5％，肌肉纤维细，脂肪囤积适中，肉质鲜嫩，呈明显大理石纹状。成年南德文牛母牛年产奶量为 1 500～2 000kg，最高可达 3 300kg 左右，乳呈淡黄色、浓而黏稠，乳脂率达 4.2％。南德文牛一般 6 月龄时即有明显的发情表现，母牛一般在 18 月龄左右，平均体重达到 492.6kg，即达到成年体重的 70％ 左右，可以进行配种。进行纯繁时怀公犊的妊娠期 288d，怀母犊的妊娠期 285d，产犊配种间隔 114d±65.2d。母牛的难产率极低，平均

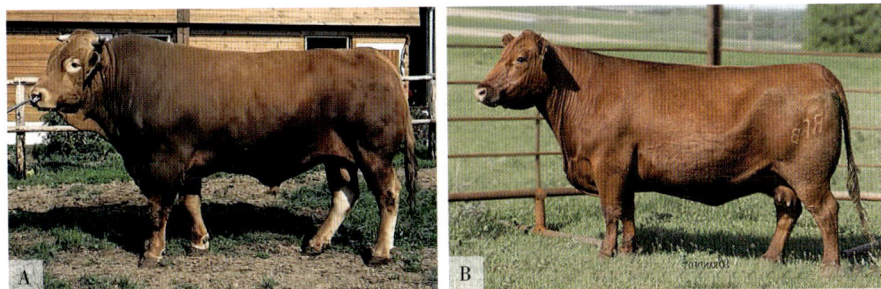

图 9-77　南德文牛
A. 南德文牛（♂）　　B. 南德文牛（♀）

0.25%。犊牛6月龄断奶，犊牛生后1周即喂给优质羊草，任其自由采食；10日龄即训练犊牛采食犊牛料。

9. 皮埃蒙特牛

皮埃蒙特牛（Piedmontese cattle）原产于意大利。原为役用牛，经长期选育，现已成为生产性能优良的专门化肉牛品种（图9-78）。皮埃蒙特牛因其具有双肌肉基因，是目前国际公认的终端父本。皮埃蒙特牛为专门化肉牛品种，体型较大，体躯呈圆筒状，肌肉隆起，高度发达。被毛白色到浅灰色，并有些小凸起（即使口腔内也是如此）。犊牛从出生到断奶被毛为浅黄色，4~6月龄时胎毛退去后呈成年牛毛色。各年龄段的公母牛在鼻镜部、蹄和尾帚部均为黑色。在性成熟时公牛颈部、眼圈和四肢下部为黑色，母牛全部白色，个别牛眼圈、耳廓四周为黑色。皮埃蒙特牛角平直微前弯，角尖黑色。纯种成年母牛体重为650~800kg，成年公牛体重可达1 000~1 300kg。成年公、母牛的体高分别为143.0cm和130.0cm；公、母牛的日增重分别为0.89g±0.14g和0.86g±0.12g；公、母牛的屠宰率分别为70.9%和70.2%，肉骨比均为7.35。母牛280d泌乳量为2 000~3 000kg，乳脂率4.17%。

图9-78　皮埃蒙特牛
A. 皮埃蒙特牛（♂）　　B. 皮埃蒙特牛（♀）

10. 短角牛

短角牛（Shorthorn cattle）是原产于英国的肉用或乳肉兼用型品种（图9-79），原产于英格兰东北部的诺森伯兰郡、达勒姆郡、约克郡和林肯郡。我国于1913年首次引入短角牛，目前在我国云南、广西、贵州、四川等地也有分布。短角牛被毛卷曲，以红色为主，红白花其次，红白交杂的沙毛较少，个别全白，部分个体腹下或乳房部有白斑。鼻镜为粉红色，眼圈色淡。皮肤细致、柔软。头短，额宽，颈短粗而厚，垂皮发达，胸宽而深，四肢骨骼细致，腿较短。成年公牛体重900~1 200kg，成年母牛体重600~700kg。肉用短角牛早熟性好，肉用性能突出，日增重1 000g以上，屠宰率65%以上。乳肉兼用型短角牛年泌乳量3 000~4 000kg，乳脂率3.9%左右。公牛10~16月龄性成熟，母牛8~14月龄性成熟。母牛发情周期19~23d，平均21.9d；青年母牛发情时，体重为成年母牛的 75%～80%（约 350kg）即可配种。

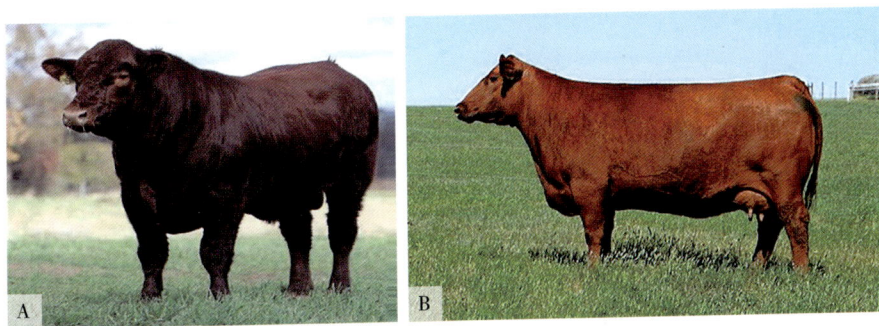

图 9 - 79 短角牛
A. 短角牛（♂） B. 短角牛（♀）

11. 海福特牛

海福特牛（Hereford cattle）产于英国英格兰的赫里福德郡，是世界上最古老的早熟中小型肉牛品种（图 9 - 80）。分布在世界许多国家，我国从 1964 年开始引进。海福特牛体躯宽大，前胸发达，全身肌肉丰满，头短，额宽，颈短粗，颈垂及前后区发达，背腰平直而宽，肋骨张开，四肢端正而短，躯干呈圆筒形，具有典型的肉用牛的长方体型。除头、颈垂、腹下、四肢下部和尾端的被毛为白色外，其他部分被毛均为红棕色。皮肤为橙红色。成年公牛体重 1 000～1 100kg，成年母牛体重 600～750kg。出生后 400d 屠宰时，屠宰率 60%～65%，净肉率达 57%。肉质细嫩，味道鲜美，大理石花纹明显。

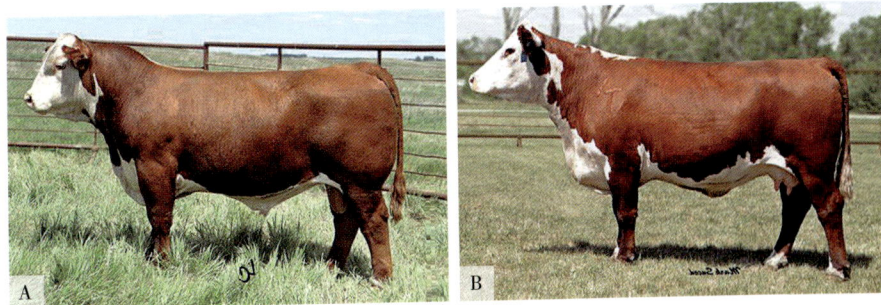

图 9 - 80 海福特牛
A. 海福特牛（♂） B. 海福特牛（♀）

12. 和牛

和牛即日本和牛（Japanese Wagyu），是当今世界公认的品质最优秀的良种肉牛（图 9 - 81），其肉大理石花纹明显，又称雪花肉。在日本，只有黑毛和牛、褐毛和牛、日本短角牛、无角和牛这 4 个品种才能被称为和牛。其中黑毛和牛的产量达到 9 成，是比较著名的品种，包含神户牛肉、松阪牛肉和近江牛肉。和牛毛色以黑色为主，在乳房和腹壁有白斑，或者黑被毛中散发白毛，也有褐色和红色和牛。成年公牛体重约 950kg，母牛约。犊牛经 27 月龄育肥，体重达 700kg 以上，平均日增重 1.2kg 以上。体躯结实、呈圆筒状，前、中躯发育良好，后躯较差，角色浅，皮薄毛顺或卷，四肢轮廓清楚，肋胸开展良好（张莲芝，2018）。

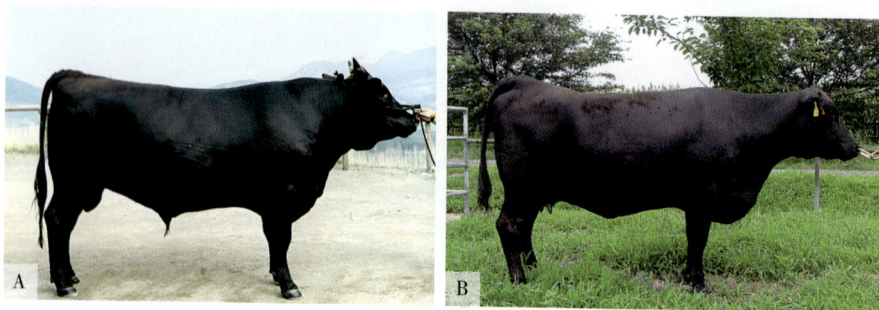

图 9-81　和牛
A. 和牛（黑）（♂）　B. 和牛（黑、无角）（♀）

13. 比利时蓝牛

比利时蓝牛（Belgian blue cattle）是一种原产于比利时的当家肉牛品种（图 9-82）。该牛适应性强，其特点是早熟、温驯，肌肉发达且呈重褶，肉嫩、脂肪含量少。现已分布到美国、加拿大等 20 多个国家。比利时蓝牛易于早期育肥，7～13 月龄公牛平均日增重达到 1.6kg。据测定，增加 1kg 体重耗浓缩料 6.5kg。该牛最高的屠宰率达 71%。比利时蓝牛能比其他品种牛多提供肌肉 18%～20%，骨少 10%，脂肪少 30%。此外，比利时蓝牛肉的肌纤维较细，蛋白含量高，胆固醇少，热能低。成年公牛体重平均 998.8kg±42.9kg，体高 156.2cm±1.4cm；平均屠宰率 70%，胴体瘦肉率 75%。

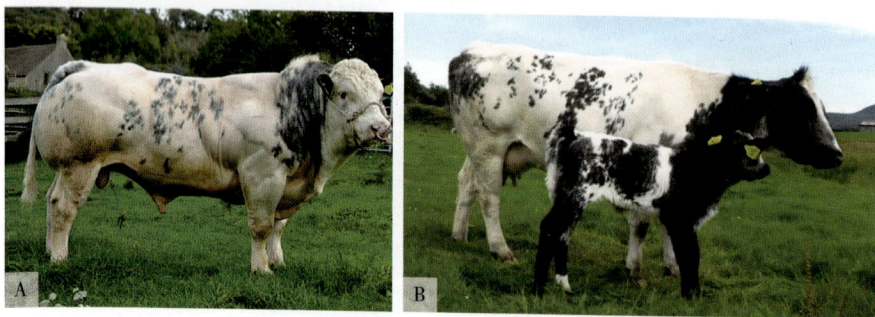

图 9-82　比利时蓝牛
A. 比利时蓝牛（♂）　B. 比利时蓝牛（♀）

14. 瑞士褐牛

瑞士褐牛（Brown Swiss）属乳肉兼用型品种（图 9-83），原产于瑞士阿尔卑斯山区，主要在瓦莱斯地区。由当地的短角牛在良好的饲养管理条件下，经过长时间选种选配而育成。被毛为褐色，由浅褐、灰褐至深褐色，在鼻镜四周有一浅色或白色带，鼻、舌、角尖、尾帚及蹄为黑色。头宽短，额稍凹陷，颈短粗，垂皮不发达，胸深，背线平直，尻部宽而平，四肢粗壮结实，乳房匀称，发育良好。成年公牛体重 1 000kg，成年母牛体重500～550kg。瑞士褐牛年产奶量为 2 500～3 800kg，乳脂率 3.2%～3.9%；18 月龄活重可达 485kg，屠宰率 50%～60%。瑞士褐牛成熟较晚，一般 2 岁才配种。耐粗饲，适应性强。

图 9 - 83 瑞士褐牛
A. 瑞士褐牛（♂） B. 瑞士褐牛（♀）

15. 挪威红牛

挪威红牛（Norwegian red cattle）原产于挪威，是一种中等体型的乳肉兼用型品种（图 9 - 84）。挪威红牛体型适中，体毛以红白花（60%）或黑白花（40%）为主，腹部多为白色。品种最初有角，但经过长时间选育，挪威红牛现在多为无角。公牛与母牛体型差异较大，公牛体型较大，而母牛在奶牛品种中属于中等体型。成年公牛体重可达 600～1 000kg，成年母牛体重 550～600kg。该品种凭借其出色的抗寒能力，在我国北方地区养殖具有显著优势，能够轻松应对严寒冬季。平均产奶量为 6 500kg，其中脂肪含量 4.2%，蛋白质含量 3.3%。初次产犊年龄为 25.6 月龄，产犊间隔为 12.5 个月。挪威红牛具有产犊死亡率低、母牛繁育能力高以及患病率低等特点，同时，挪威红牛还带有无角基因（程国辉等，2008）。

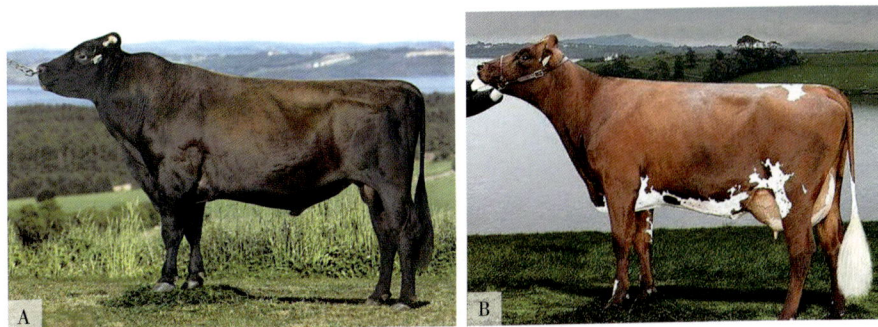

图 9 - 84 挪威红牛
A. 挪威红牛（♂） B. 挪威红牛（♀）

16. 婆罗门牛

婆罗门牛（Brahman cattle）原产于美国西南部，是美国人用印度瘤牛、欧洲瘤牛、美洲瘤牛及部分英国肉牛培育的一个适应热带亚热带气候，且最适于全放牧饲养的优良肉牛品种（图9-85）。常见的毛色有白色、灰色、棕色、红色和黑色等多种。具有良好的耐热、抗寄生虫、耐粗饲、环境适应能力强和生产潜力大的优点。其体格中等偏大，头部狭长，前额平或稍凸，耳大下垂。牛初生重25～35kg。犊牛生长发育快，断奶前日增重0.77kg，犊牛6月龄体重160～200kg，18月龄青年母牛体重300kg左右。婆罗门成年公牛体重800～1 000kg，体高144.5cm±7.72cm，体长167.0cm±5.76cm，胸围223.8cm±2.22cm；成年母牛体重425kg左右。婆罗门牛胴体品质好，出肉率高，皮下脂肪分布均匀。育肥终重控制在320～365kg之间，育肥期日增重900～1 100g，屠宰率55%～60%，净肉率53%（杨国荣等，2009）。

图9-85　婆罗门牛
A、B. 婆罗门牛（♂）　　C、D. 婆罗门牛（♀）

▍本章小结

中国共有黄牛品种85个，其中地方牛品种58个，培育牛品种11个，引入牛品种16个。本章简要介绍这些品种的产地、品种特征、体型外貌特征、体尺体重相关数据，以及经济用途和相关的生产性能等，并展示了85个黄牛品种的公母牛彩色图片，为了解我国现有黄牛遗传资源特征特性奠定了基础，为中国黄牛遗传资源的保种和选育提供了必要的素材。

‖参考文献

陈伟生，徐桂芳，2004. 中国家畜地方品种资源图谱（上）［M］. 北京：中国农业出版社.

程国辉，张南平，2008. 挪威畜牧业及挪威红牛介绍［J］. 中国牧业通讯（1）：18-21.

邓俊，许文坤，刘艺端，等，2020. 云南省地方牛遗传资源介绍［J］. 云南农业（12）：74-76.

丁丹，郭成裕，马文志，等，2011. 我国地方黄牛品种——迪庆黄牛的种质特性研究［J］. 当代畜牧
　　（1）：34-35.

广西家畜家禽品种志编辑委员会，1987. 广西家畜家禽品种志［M］. 南宁：广西人民出版社，9：25-26.

李付强，刘莹莹，张佰忠，等，2009. 安格斯牛的选育［J］. 中国畜禽种业，5（4）：37-38.

李嘉慧，朱月亮，姜俊芳，等，2021. 天台黄牛肉质特性的分析［J］. 浙江农业科学，62（7）：1443-1446.

刘洪瑜，王力生，王恒，等，2015. 皖东牛遗传资源调查报告［J］. 中国牛业科学，41（4）：52-56，62.

刘进新，1998. 鲁西黄牛与利木赞牛杂交效果试验［J］. 黄牛杂志，24（5）：18-19.

莫放，2010. 养牛生产学［M］. 北京：中国农业大学出版社.

沙尔夫，杨文军，马大山，2000. 利木赞牛的培育研究［J］. 内蒙古畜牧科学（2）：33-34.

沈洪学，朱德江田，彦孜，等，2016. 夷陵黄牛品种资源调查报告（三）——夷陵黄牛肉用选育及产业
　　化开发思路［J］. 中国牛业科学，42（6）：78-80.

四川省农业科学院畜牧兽医研究所，1976. 四川优良畜禽品种［M］. 成都：四川人民出版社.

宋光明，常洪，毛永江，2006. 闽南牛遗传多样性及其系统地位的研究［J］. 中国牛业科学（5）：1-6.

孙菲菲，刘桂芬，万发春，等，2012. 渤海黑牛 BOLA-DQA2 基因 SNPs 多态性与生长性状的关联性分
　　析［J］. 西南农业学报，25（1）：271-275.

肖鑫益，2008. 介绍三个役肉兼用地方牛良种［J］. 农村百事通（22）：2.

徐长根，2007. 役肉兼用型地方良种牛——闽南牛［J］. 农村百事通（4）：1.

许红喜，宋兆杰，孙晓玉，2014. 安格斯牛种质资源的研究进展［J］. 中国牛业科学，40（4）：37-38，45.

杨国荣，付美芬，王安奎，等，2009. 婆罗门牛及其杂交优势利用研究［J］. 中国畜牧兽医，36（4）：
　　208-211.

杨彦红，张凤勇，2019. 优良肉牛新品种：云岭牛［J］. 养殖与饲料（4）：35-36.

杨勇，2013. 邓川牛的历史演绎与发展［J］. 中国奶牛（2）：37-40.

尤全胜，2012. 滨州市渤海黑牛产业发展现状及对策［J］. 中国牛业科学，38（3）：62-64.

翟桂玉，2012. 渤海黑牛产业寻求突破［J］. 科技致富向导，3：36-37.

张莲芝，2018. 和牛产业化发展浅谈［J］. 畜牧兽医科技信息（5）：14.

张威，2019. 天台黄牛微小体型类群的生长发育机制研究［D］. 扬州：扬州大学.

张沅，许尚忠，王中华，等，2011. 中国畜禽遗传资源志·牛志［M］. 北京：中国农业出版社.

浙江省畜牧兽医局，2016. 浙江省畜禽遗传资源志［M］. 杭州：浙江科学技术出版社.

（陈宏　黄永震　刘贤　黄锡霞　王丹　吴胜军　吕世杰）

图书在版编目（CIP）数据

中国地方黄牛的保种与选育 / 陈宏主编. -- 北京：
中国农业出版社，2025. 8. -- ISBN 978-7-109-33471-7

Ⅰ. S823.8

中国国家版本馆 CIP 数据核字第 2025K8J063 号

中国农业出版社出版

地址：北京市朝阳区麦子店街 18 号楼
邮编：100125
责任编辑：弓建芳
版式设计：杨　婧　责任校对：吴丽婷
印刷：三河市国英印务有限公司
版次：2025 年 8 月第 1 版
印次：2025 年 8 月河北第 1 次印刷
发行：新华书店北京发行所
开本：787mm×1092mm　1/16
印张：15
字数：336 千字
定价：89.00 元